"十四五"时期国家重点出版物出版专项规划项目
新基建核心技术与融合应用丛书

# 智能制造概论

李琼砚　　路敦民　　程朋乐　　主编

机 械 工 业 出 版 社

本书主要介绍了智能制造技术内涵和技术体系、智能制造系统、智能制造工艺、工业机器人、数字化制造技术、智能检测技术及信息技术承载下的智能制造系统等相关知识。希望帮助读者初步了解智能制造的相关理念和关键技术，进一步普及推广智能制造的相关知识，培养智能制造应用型人才。为了使读者更好地掌握各章内容体系，在每一章开始以思维导图的方式给出了该章完整的知识框架，帮助读者条理化、系统化地梳理所学知识。本书可供高等学校机械工程、电气工程及自动化、自动化、计算机科学与技术等专业的本科生和研究生参考，也可为在政府部门、制造业企业和研究机构中从事制造业研究的人员提供参考。

## 图书在版编目（CIP）数据

智能制造概论/李琼砚，路敦民，程朋乐主编． 一北京：机械工业出版社，
2021.3（2023.9重印）
ISBN 978-7-111-67487-0

Ⅰ．①智…　Ⅱ．①李…②路…③程…　Ⅲ．①智能制造系统–高等学校–教材　Ⅳ．①TH166

中国版本图书馆CIP数据核字（2021）第024799号

机械工业出版社（北京市百万庄大街22号　邮政编码100037）
策划编辑：吕　潇　责任编辑：吕　潇　杨　琼
责任校对：张　薇　封面设计：马精明
责任印制：郜　敏
北京富资园科技发展有限公司印刷
2023年9月第1版第7次印刷
184mm×260mm·16印张·395千字
标准书号：ISBN 978-7-111-67487-0
定价：69.00元

电话服务　　　　　　　网络服务
客服电话：010-88361066　机　工　官　网：www.cmpbook.com
　　　　　010-88379833　机　工　官　博：weibo.com/cmp1952
　　　　　010-68326294　金　书　网：www.golden-book.com
**封底无防伪标均为盗版**　　机工教育服务网：www.cmpedu.com

# 前　言

　　智能制造是面向产品全生命周期的智能化制造，是在现代传感技术、网络技术、自动化技术、人工智能等技术的基础上，通过智能化感知、人机交互、决策和执行技术，实现设计过程、制造过程的智能化，是信息技术、智能技术、机器人技术与装备制造技术的深度融合与集成。智能制造是我国制造业转型升级的关键。面对"工业4.0"及"中国制造2025"的不断推进，要培养适合智能制造的应用型人才，以支撑制造产业的转型发展。

　　本书共7章，各章主要内容如下：

　　第1章　绪论，主要介绍智能制造技术的基本概念、内涵和特征；智能制造技术体系及关键技术。

　　第2章　智能制造系统，主要介绍智能制造系统架构、产品全生命周期管理系统、制造执行系统及信息物理融合系统等知识。

　　第3章　智能制造工艺，主要对制造工艺、智能设计技术、智能制造装备等基础内容进行了阐述。

　　第4章　工业机器人，主要介绍工业机器人的相关知识，包括工业机器人的机械系统、工业机器人的控制系统、工业机器人的传感器系统及工业机器人轨迹规划与编程等。

　　第5章　数字化制造技术，主要阐述数字化制造技术的相关知识，包括产品数据的数字化处理、逆向工程技术、增材制造技术及虚拟制造技术等。

　　第6章　智能检测技术，主要介绍智能检测技术的相关知识，包括射频识别技术、机器视觉检测技术、无损缺陷检测技术及基于深度学习的检测技术等。

　　第7章　信息技术承载下的智能制造系统，主要对制造信息系统、工业大数据与物联网、数据中心与云计算技术等基础内容进行了阐述，并结合实例介绍基于工业物联网、大数据的智能制造解决方案。

　　本书获得了北京林业大学2018研究生课程建设项目的资助（项目编号：JCCB 18001）。由李琼砚（第1、3、5章）、路敦民（第2、4章）及程朋乐（第6、7章）联合编撰，参编人

员还有田野、高宇、李宁、娄黎明和秦政。在编撰过程中，编者参考了许多优秀的专著、论文和教材，在此向本书所借鉴、参考的所有文献的作者们表示衷心的感谢。

　　智能制造技术目前仍处于发展阶段，编者也在不断研究和学习之中，加之编者水平有限，书中不足之处在所难免，恳请广大专家和读者不吝指正。

编　者

2020 年 9 月

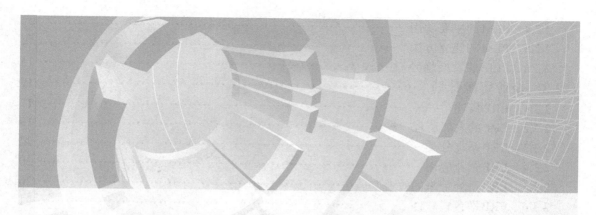

# 目 录

# 第1章 绪 论

　　智能制造（Intelligent Manufacturing，IM）始于20世纪80年代人工智能在制造业领域中的应用，发展于20世纪90年代智能制造技术和智能制造系统的提出，成熟于21世纪基于信息技术的智能制造的发展。它将智能技术、网络技术和制造技术等应用于产品管理和服务的全过程中，并能在产品的制造过程中进行分析、推理、感知等，以满足产品的动态需求。它也改变了制造业中的生产方式、人机关系和商业模式，因此，智能制造不是简单的技术突破，也不是简单的传统产业改造，而是通信技术和制造业的深度融合与创新集成。本章主要介绍智能制造基本概念、技术特征及关键技术，主要内容如下：

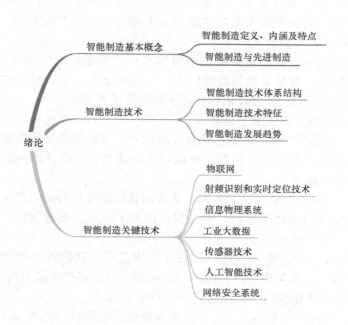

## 1.1 智能制造基本概念

实现智能制造概念的一种形式是智能制造系统（Intelligent Manufacturing System，IMS），被认为是下一代新型制造系统。在工业4.0时代，IMS通过互联网使用面向服务的体系结构（Service-Oriented Architecture，SOA）为最终用户提供协作的、可定制的、灵活的和可重新配置的服务，从而实现高度集成的人机界面制造系统。人机的高度集成合作旨在建立一个智能制造系统中各种制造要素的生态系统，以使组织、管理和技术实现无缝连接。

### 1.1.1 智能制造的定义、内涵及特点

对于智能制造的定义，各个国家有不同的表述，但其内涵和核心理念大致相同。一种认可度较高的是美国国家标准与技术研究院给出的，其将智能制造定义为完全集成和协作的制造系统，能够实时响应工厂、供应链网络、客户不断变化的需求和条件。换句话说，制造技术和系统能够实时响应制造领域复杂多变的情况。我国工业和信息化部将智能制造定义为：基于新一代信息通信技术与先进制造技术深度融合，贯穿于设计、生产、管理、服务等制造活动的各个环节，具有自感知、自学习、自决策、自执行、自适应等功能的新型生产方式。智能制造具有以智能工厂为载体、以关键制造环节智能化为核心、以端到端数据流为基础、以网络互联为支撑等特征，可有效满足产品的动态需求、缩短产品研制周期、降低运营成本、提高生产效率、提升产品质量、降低资源和能源消耗。

智能制造是一种集自动化、智能化和信息化于一体的制造模式，是信息技术特别是互联网技术与制造业的深度融合、创新集成，目前主要集中在智能设计（智能制造系统）、智能生产（智能制造技术）、智能管理、智能制造服务这四个关键环节，同时还包括一些衍生出来的智能制造产品。智能制造需要实现的目标有四个：产品的智能化、生产的自动化、信息流和物资流合一，以及价值链同步。

从智能制造的定义和智能制造要实现的目标来看，传感技术、测试技术、信息技术、数控技术、数据库技术、数据采集与处理技术、互联网技术、人工智能技术、生产管理等与产品生产全生命周期相关的先进技术均是智能制造的技术内涵。

智能制造的特点体现在以下五个方面：

1）全面互联。智能源于数据，数据来自互联感知。互联感知是智能制造的第一步，其目的是为打破制造流程中物质流、信息流和能量流的壁垒，全面获取制造产品全生命周期所有活动中产生的各种数据。

2）数据驱动。产品全生命周期的各种活动都需要数据支持并且会产生大量数据，而在科学决策的支持下通过对大数据进行处理分析，提升了产品的研发创新、生产过程实时优化、运维服务动态预测等性能。

3）信息物理融合。制造物理信息空间融合是指将采集到的各类数据同步到信息空间中，在信息空间分析、仿真制造过程并做出智能决策，然后将决策结果再反馈到物理空间，对制造资源、服务进行优化控制，实现制造系统的优化运行。

4）智能自主。通过将专家知识、人工智能与制造过程集成，进而实现制造资源智能化

和制造服务智能化，使得制造系统具有更好的判断能力，能够进行自主决策，从而更好地适应生产状况的变化，提高产品质量和生产效率。

5）开放共享。分散经营的社会化制造方式正在逐步取代集中经营的传统制造方式，制造服务打破了企业边界，实现了制造的资源社会化开放共享。企业能够以按需使用的方式充分利用外部优质资源进行协同生产，从而满足顾客个性化的需求。

## 1.1.2 智能制造与先进制造

智能制造是以智能技术为指导的先进制造，包括智能化、网络化、数字化和自动化为特征的先进制造技术的应用，涉及制造过程中的设计、工艺、装备（结构设计和优化、控制、软件、集成）和管理。智能制造的核心是制造，本质是先进制造，基础是数字化，趋势是（人工）智能，灵魂和难点是工艺，载体（外在表现形式）是智能装备，精神表现形式（内在表现形式）是软件。

先进制造并不等同于智能制造，各种不同的用于描述目前技术变革的术语造成了相当大的混乱。"先进制造"这个表述经常被用来代替"智能制造"。智能制造源于人工智能的研究。一般认为智能是知识和智力的总和，前者是智能的基础，后者是指获取和运用知识求解。智能制造技术和智能制造系统不仅能够在实践中不断地充实知识库，具有自学习功能，还具有搜集与理解环境信息和自身的信息，并进行分析判断和规划自身行为的能力。从本质上讲，先进制造包括两个方面的概念：先进产品的制造，以及先进的、基于信息通信技术的生产过程。而智能制造则主要指的是后者。智能制造就是将制造、生产、使用各个环节的信息同制造相结合。然而智能制造并不是由单一技术和因素组成的：智能制造必须包括产品从设计（包括能量利用以及操作方面的构思）到产品系统运行效率，再到产品应用的智能程度和可持续性等整个产品生命周期中的连续过程的优化。

智能制造是制造业正经历的一次历史性变革，将重塑全球产业竞争格局，世界上的主要国家和地区纷纷加紧布局、加快发展智能制造。新一代智能制造是人工智能技术与先进制造技术的深度融合，贯穿于产品设计、制造、服务全生命周期的各个环节及相应系统的优化集成，将不断提升企业的产品质量、效益、服务水平，减少资源能耗，是新一轮工业革命的核心驱动力，是今后数十年制造业转型升级的主要路径。

# 1.2 智能制造技术

## 1.2.1 智能制造技术体系结构

智能制造技术体系由复杂的系统组成，其复杂性一方面来自智能机器的计算机理，另一方面则来自智能制造网络的形态。工业4.0给出的一种智能制造体系框架如图1-1所示，主要由信息物理生产系统、物联网、服务互联网、智慧工厂等组成。物联网和服务互联网是智慧工厂的信息技术基础，在典型的工厂控制系统和管理系统信息集成的三层架构基础上，充分利用正在迅速发展的物联网技术和服务互联网技术。与制造生产设备和生产线控

制、调度、排产等相关的制造执行系统（Manufacturing Execution System，MES）、过程控制系统（Process Control System，PCS），通过物理信息系统（Cyber Physical Systems，CPS）实现，这一层与工业物联网紧紧相连。与生产计划、物流、能源和经营相关的企业资源计划（Enterprise Resource Planning，ERP）、供应链管理（Supply Chain Management，SCM）、客户关系管理（Customer Relationship Management，CRM）等，和产品设计技术相关的产品全生命周期管理（Product Lifecycle Management，PLM）处在最上层，与服务互联网紧紧相连。从制成品形成和产品生命周期服务的维度，智慧工厂还需要和智慧产品的原材料供应、智慧产品的售后服务等环节构成实时互联互通的信息交换。而具有智慧的原材料供应和智慧产品的售后服务，应充分利用服务网和物联网的功能。

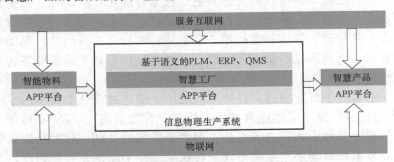

图1-1　智能制造体系框架（来源于工业4.0参考模型）

## 1.2.2　智能制造技术特征

### 1. 无人化制造

工业机器人、机械手臂等智能设备的广泛应用，使工厂无人化制造成为可能。数控加工中心、智能机器人和三坐标测量仪及其他柔性制造单元，让"无人工厂"更加触手可及。

### 2. 基于大数据分析的生产决策

在智能制造背景下，信息技术渗透到了制造业的各个环节，条形码、二维码、射频识别（Radio Frequency Identification，RFID）、工业传感器、工业自动控制系统、工业物联网、ERP及CAD/CAM/CAE/CAI等技术的广泛应用，使得数据日益丰富，但对数据的实时性要求也在提高。这就要求企业顺应制造的趋势，利用大数据技术，实时纠偏，建立产品虚拟模型，模拟并优化生产流程，从而降低生产能耗与成本。

### 3. 生产设备网络化

借助物联网，通过各种信息传感设备，实时采集任何需要监控、连接、互动的物体或过程等各种需要的信息，实现物与物、物与人，以及所有的物品与网络的连接，以方便识别、管理和控制。

### 4. 绿色制造

无纸化生产是指构建绿色制造体系、建设绿色工厂，实现生产洁净化、废物资源化、能源低碳化，是我国智能制造的重要战略之一。传统制造业在生产过程中会产生繁多的纸质文件，不仅产生大量的浪费，而且也存在查找不便、共享困难、追踪耗时等问题。实现无纸化管理之后，工作人员在生产现场即可快速查询、浏览、下载所需要的生产信息，大幅降低基于纸质文档的人工传递及流转，从而杜绝了文件、数据丢失，进一步提高了生产准备效率和生产作业效率，实现绿色、无纸化生产。

**5. 生产过程透明化**

推进制造过程智能化，通过建设智能工厂，促进制造工艺的仿真优化、数字化控制、状态信息实时监测和自适应控制，进而实现整个过程的智能管控。在机械、汽车、航空、船舶、轻工、家用电器和电子信息等行业，企业建设智能工厂模式并推进生产设备（生产线）智能化，目的是拓展产品价值空间，通过生产效率和产品效能的提升，来实现价值增长。

## 1.2.3 智能制造发展趋势

**1. 智慧制造**

智慧制造旨在通过物联网、人际网、互联网等网络的融合实现对现有的制造模式（例如云制造、物联制造等）思想与理念的整合、延伸以及拓展，从而形成一种兼容性较高的制造模式，能够最大程度上满足智能制造的发展需求。

智慧制造包括开发智能产品、打造智能工厂、践行智能研发、实现智能决策。在智能制造的关键应用技术当中，智能产品与智能服务可以帮助企业实现商业模式的创新；智能装备、智能产线、智能车间到智能工厂，可以帮助企业实现生产模式的创新；智能研发、智能管理、智能物流与供应链则可以帮助企业实现运营模式的创新；而智能决策则可以帮助企业实现科学决策。

**2. 数字孪生**

最早，数字孪生思想由密歇根大学的 Michael Grieves 命名为"信息镜像模型"（Information Mirroring Model），而后演变为术语"数字孪生"。数字孪生也被称为数字双胞胎和数字化映射。数字孪生是指充分利用物理模型、传感器、运行历史等数据，集成多学科、多尺度的仿真过程，它作为虚拟空间中对实体产品的镜像，反映了相对应物理实体产品的全生命周期过程。

随着信息化时代的到来，制造业早已摆脱了传统的物理机械加工制造手段，目前主要是信息世界与物理世界之间的交互更迭，为了能够加快制造业的资源和服务在信息空间与物理空间的融合，必须充分利用好新一代信息技术，而数字孪生的出现恰好能够完美地解决这一问题，实现智能制造的目标。数字孪生作为产品制造整个生命周期中连接信息世界与物理世界的重要桥梁，可以为制造业的智能化生产提供新思路和新方法。

**3. 生命周期大数据**

智能制造产生的数据呈现爆发式的增长，这对制造企业来说，既是机遇亦是挑战。制造企业从大量的数据当中能够挖掘出丰富的资料与知识，可以进一步增强企业洞察商机的能力，有助于促进企业的长效发展，提高产品生产的效率和质量。同时，除了关注产品全生命周期的初期制造和服务设计的创新、优化产品中期的运维服务之外，还要重视对产品使用终期的回收决策过程，并且要将产品的整个生命周期阶段的数据与涉及的知识进行全面整合。

## 1.3 智能制造关键技术

**1. 物联网**

物联网（Internet of Things，IOT）即"万物相连的互联网"，是在互联网基础上延伸和

扩展的网络，通过将各种信息传感设备与互联网结合起来而形成一个巨大网络，实现在任何时间、任何地点，人、机、物的互联互通。物联网是通过 RFID、红外线感应器、全球定位系统、激光扫描器等信息传感设备，按约定的协议，把任何物品与互联网相连接，进行信息交换和通信，以实现对物品的智能化识别、定位、跟踪、监控和管理的一种网络。

物联网的基本特征可概括为整体感知、可靠传输和智能处理。整体感知可以利用 RFID、二维码、智能传感器等感知设备来感知、获取物体的各类信息。可靠传输是通过对互联网、无线网络的融合，将物体的信息实时、准确地传送，以便信息交流、分享。智能处理是使用各种智能技术，对感知和传送到的数据、信息进行分析处理，实现监测与控制的智能化。智能制造系统的运行，需要物联网的统筹细化，通过基于无线传感网络、RFID、传感器的现场数据采集应用，用无线传感网络对生产现场进行实时监控，将与生产有关的各种数据实时传输给控制中心，上传给大数据系统并进行云计算。为了能有效管理一个跨学科、多企业协同的智能制造系统，物联网是必需的。德国工业 4.0 计划就推出了"工业物联网"的概念，从而实现制造流程的智能化升级。

**2. RFID 和实时定位技术**

识别功能是智能制造服务环节关键的一环，需要的识别技术主要有 RFID 技术、基于深度三维图像识别技术，以及物体缺陷自动识别技术。基于深度三维图像识别技术的任务是识别出图像中有什么类型的物体，并给出物体在图像中所反映的位置和方向，是对三维世界的感知和理解。在结合了人工智能科学、计算机科学和信息科学之后，三维图像识别技术在智能制造服务系统中成为识别物体几何情况的关键技术。以 RFID 技术、传感技术、实时定位技术为核心的实时感知技术已广泛用于制造要素信息的识别、采集、监控与管理。RFID 是无线通信技术中的一种，通过识别特定目标应用的无线电信号，读写出相关数据，而不需要机械接触或光学接触来识别系统和目标。无线射频可分为低频、高频和超高频三种，RFID 读写器可分为移动式和固定式两种。RFID 标签贴附于物件表面，可自动远距离读取、识别无线电信号，可作快速、准确记录和收集用途。使用 RFID 技术能够简化业务流程，增强企业的综合实力。RFID 技术可以在产品全生命周期中为访问、管理和控制产品数据与信息提供可能。

在生产制造现场，企业要对各类别材料、零件和设备等进行实时跟踪管理，监控生产中制品、材料的位置、行踪，包括相关零件和工具的存放等，这就需要建立实时定位管理体系。通常的做法是将有源 RFID 标签贴在跟踪目标上，然后在室内放置三个以上的阅读器天线，这样就可以方便地对跟踪目标进行定位查询。

**3. 信息物理系统**

信息物理系统（Cyber Physical Systems，CPS）是一个综合计算、网络和物理环境的多维复杂系统，通过 3C（Computing、Communication、Control）技术的有机融合与深度协作，实现大型工程系统的实时感知、动态控制和信息服务，让物理设备具有计算、通信、精确控制、远程协调和自治五大功能，从而实现虚拟网络世界与现实物理世界的融合。CPS 可以将资源、信息、物体及人紧密联系在一起，从而创造物联网及相关服务，并将生产工厂转变为一个智能环境。

CPS 取代了以往制造业的逻辑。在该系统中，一个工件能计算出哪些服务是自己所需的，在现有生产设施升级后，该生产系统的体系结构就被彻底改变了。这意味着现有工业可通过不断升级得以改造，从而改变以往僵化的中央工业控制系统，转变成智能分布式控制系统，并应用传感器精确记录所处环境，使用生产控制中心独立的嵌入式处理器系统做出决策。CPS 作为这一生产系统的关键技术，在实时感知条件下，实现了动态管理和信息服务。CPS 被应用于计算、通信和物理系统的一体化设计中，其在实物中嵌入计算与通信的过程，使这种互动增加了实物系统的使用功能。在美国，智能制造关键技术即信息物理技术，该技术也被德国称为核心技术，其主攻方向为智能化应与实际生产紧密联系起来。

**4. 工业大数据**

工业大数据是从客户需求到销售、订单、计划、研发、设计、工艺、制造、采购、供应、库存、发货和交付、售后服务、运维、报废或回收再制造等整个产品全生命周期各个环节所产生的各类数据及相关技术和应用的总称。其以产品数据为核心，极大地延展了传统工业数据范围，同时还包括工业大数据相关技术和应用。工业大数据是智能制造的关键技术，主要作用是打通物理世界和信息世界，推动生产型制造向服务型制造转型。工业大数据技术是使工业大数据中所蕴含的价值得以挖掘和展现的一系列技术与方法，包括数据规划、采集、预处理、存储、分析挖掘、可视化和智能控制等。工业大数据应用则是对特定的工业大数据集，集成应用工业大数据系列技术与方法，获得有价值信息的过程。

依托大数据系统，采集现有工厂设计、工艺、制造、管理、监测、物流等环节的信息，实现生产的快速、高效及精准分析决策。这些数据综合起来，能够帮助发现问题、查找原因、预测类似问题重复发生的概率，帮助完成安全生产、提升服务水平、改进生产水平、提高产品附加值。应用大数据分析系统，可以对生产过程数据进行分析处理。鉴于制造业已经进入大数据时代，智能制造还需要高性能计算机系统和相应网络设施。云计算系统提供计算资源专家库，通过现场数据采集系统和监控系统，将数据上传至云端进行处理、存储和计算，计算后能够发出云指令，对现场设备进行控制（例如控制工业机器人）。

**5. 传感器技术**

智能制造与传感器紧密相关。现在各式各样的传感器在企业里用得很多，有嵌入的、绝对坐标的、相对坐标的、静止的和运动的，这些传感器是支持人们获得信息的重要手段。传感器用得越多，人们可以掌握的信息就越多。传感器很小，可以灵活配置，改变起来也非常方便。传感器属于基础零部件的一部分，它是工业的基石、性能的关键和发展的瓶颈。传感器的智能化、无线化、微型化和集成化是未来智能制造技术发展的关键之一。

**6. 人工智能技术**

人工智能（Artificial Intelligence，AI）是研发用于模拟、延伸和扩展人的智能的理论、方法、技术及应用系统的科学。它企图了解智能的实质，并生产出一种新的能以人类智能相似的方式做出反应的智能机器，该领域的研究包括机器人、语言识别、图像识别、自然语言处理和专家系统、神经科学等。

**7. 网络安全系统**

数字化对制造业的促进作用得益于计算机网络技术的进步，但同时也给工厂网络埋下了安全隐患。随着人们对计算机网络依赖程度的提高，自动化机器和传感器随处可见，将数据转换成物理部件和组件成了技术人员的主要工作。产品设计、制造和服务的整个过程都用数字化技术资料呈现出来，整个供应链所产生的信息又可以通过网络成为共享信息，这就需要对其进行信息安全保护。针对网络安全生产系统可采用IT保障技术和相关的安全措施，例如设置防火墙、预防被入侵、扫描病毒仪、控制访问、设立黑白名单、加密信息等。工厂信息安全是将信息安全理念应用于工业领域，实现对工厂及产品使用维护环节所

涵盖的系统及终端进行安全防护。所涉及的终端设备及系统包括工业以太网、数据采集与监视控制（Supervisory Control And Data Acquisition，SCADA）系统、分布式控制系统（Distributed Control System，DCS）、过程控制系统（Process Control System，PCS）、可编程序控制器（Programmable Logic Controller，PLC）、远程监控系统等网络设备及工业控制系统。应确保工业以太网及工业系统不被未经授权的访问、使用、泄漏、中断、修改和破坏，为企业正常生产和产品正常使用提供信息服务。

# 第2章　智能制造系统

智能制造系统通过生命周期、系统层级和智能功能三个维度构建完成。从系统的功能角度，智能制造系统可以看作若干复杂相关子系统的一个整体集成，包括产品全生命周期管理（PLM）系统、制造执行系统（MES）、过程控制系统（PCS）、企业资源计划（ERP）及将各子系统无缝衔接起来的信息物理系统（CPS）等。本章将分别讲解这几个系统的知识，主要内容如下：

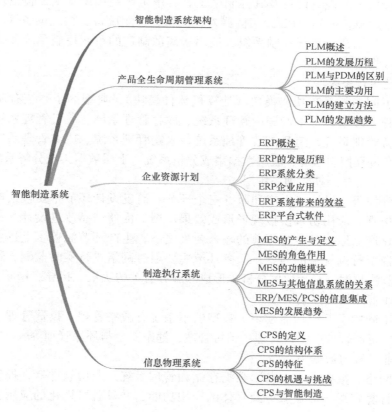

## 2.1 智能制造系统架构

如图2-1所示，智能制造系统的整体架构可分为五层。上文所说的几种子系统，贯穿在这五层中，帮助企业实现各个层次的最优管理。

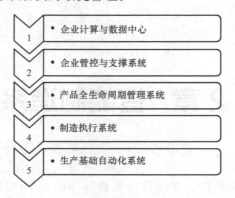

| | |
|---|---|
| 1 | • 企业计算与数据中心 |
| 2 | • 企业管控与支撑系统 |
| 3 | • 产品全生命周期管理系统 |
| 4 | • 制造执行系统 |
| 5 | • 生产基础自动化系统 |

图2-1 智能制造系统架构

各层的具体构成如下：

（1）生产基础自动化系统层

它主要包括生产现场设备及其控制系统。其中生产现场设备主要包括传感器、智能仪表、可编程序逻辑控制器（PLC）、机器人、机床、检测设备、物流设备等。控制系统主要包括适用于流程制造的过程控制系统、适用于离散制造的单元控制系统和适用于运动控制的数据采集与监控系统。

（2）制造执行系统层

它包括不同的子系统功能模块（计算机软件模块），典型的子系统有制造数据管理系统、计划排程管理系统、生产调度管理系统、库存管理系统、质量管理系统、人力资源管理系统、设备管理系统、工具工装管理系统、采购管理系统、成本管理系统、项目看板管理系统、生产过程控制系统、底层数据集成分析系统、上层数据集成分解系统等。

（3）产品全生命周期管理系统层

它主要分为研发设计、生产和服务三个环节。研发设计环节主要包括产品设计、工艺仿真和生产仿真。应用仿真模拟现场形成效果反馈，促使产品改进设计，在研发设计环节产生的数字化产品原型是生产环节的输入要素之一；生产环节涵盖了上述生产基础自动化系统层与制造执行系统层的内容；服务环节主要通过网络进行实时监测、远程诊断和远程维护，并对监测数据进行大数据分析，形成和服务有关的决策、指导、诊断和维护工作。

（4）企业管控与支撑系统层

它包括不同的子系统功能模块，典型的子系统有战略管理、投资管理、财务管理、人力资源管理、资产管理、物资管理、销售管理、健康安全与环保管理等。

（5）企业计算与数据中心层

它包括网络、数据中心设备、数据存储和管理系统、应用软件等，提供企业实现智能制造所需的计算资源、数据服务及具体的应用功能，并具备可视化的应用界面。企业为识别用户需求而建设的各类平台，包括面向用户的电子商务平台、产品研发设计平台、制造执行系统运行平台、服务平台等。这些平台都需要以该层为基础，方能实现各类应用软件的有序交互工作，从而实现全体子系统信息共享。

## 2.2    产品全生命周期管理系统

### 2.2.1    PLM概述

产品全生命周期管理（Product Lifecycle Management，PLM）系统是智能制造系统的一个重要组成部分。它对产品从需求提出至被淘汰回收的整个过程进行严格的流程控制管理，是对产品生命周期中全部组织、管理行为的综合与优化，包括产品需求分析、产品计划、概念设计、产品设计、数字化仿真、工艺准备、工艺规划、生产测试和质量控制、销售与分销、使用与维修及报废与回收等主要阶段。

PLM是一种先进的企业信息化思想，是企业在激烈的市场竞争中降低成本、增加收入、加快产品上市的最有效的手段之一。CIMdata认为PLM是一种企业信息化的商业战略；Aberdeen认为PLM是覆盖了从产品诞生到消亡的产品生命周期全过程的、开放的、互操作的一整套应用方案；Collaborative Vision认为PLM是一种极具潜力的商业IT战略；AMR认为PLM是一种技术辅助策略；EDS认为PLM是一种以产品为核心的商业战略。业界认为PLM是一种应用于单一地点的企业内部、分散在多个地点的企业内容，以及在产品研发领域具有协作关系的企业之间的，支持产品全生命周期的信息的创建、管理、分发和应用的一系列解决方案。

PLM是当代企业面向客户和市场，快速重组产品每个生命周期中的组织结构、业务过程和资源配置，从而使企业实现整体利益最大化的先进管理理念。PLM是在经济、知识、市场和制造全球化环境下，将企业的扩展、经营和管理与产品的全生命周期紧密联系在一起的一种战略性方法。先进制造与管理技术认为，把以一个核心企业为主，根据企业产品的供应链需求而组成的一种超越单个企业边界的、包括供应商、合作伙伴、销售商和用户在内的跨地域和跨企业的经营组织称为扩展企业。目前，客户和供应商的参与已经相当普遍，任何企业必须扩展，传统封闭孤立的企业已无法生存。

PLM将先进的管理理念和一流的信息技术有机地融入现代企业的工业和商业运作中，从而使企业在数字经济时代能够有效地调整经营手段和管理方式，以发挥企业前所未有的竞争优势。贯穿产品全生命周期价值链，企业的各个部门（可以是独立的企业）形成了一个完整、有机的整体。为了实现利益最大化，作为这个整体上的各部门之间需要紧密地协同运作，同时，这些部门的组合方式也在不断地发生变化。

根据CIMdata报告定义，PLM主要由三大类软件系统组成：CAX软件（产品创新的工具类软件）、cPDM软件［产品创新的管理类软件，包括产品数据管理（Product Data Management，PDM）和在网上共享产品模型信息的协同软件等］和相关的咨询服务软件系统。我国还提出了具有自主创新特色的C4P（CAD/CAPP/CAM/CAE/PDM）概念，即基于产品创新的技术信息化体系。根据此定义，可以发现，PLM形成了一种独特的生命周期管理理

念——涵盖从产品创建至产品完全报废的全生命周期内的产品数据信息管理理念。之前，工业界主要基于PDM来进行产品研发过程的数据信息管理。但是，由于PDM无法承担研发部门及企业间的产品数据交互融合功能，因此，PLM出现了，使这一不利状况得以改变。综上所述，PLM的理念有助于拓展PDM的功能，使其进而升级为cPDM-基于协同的PDM。

根据上述分析，PLM软件的核心基于PDM软件，实现了PDM软件的功能拓展。目前，软件厂商推出的PLM软件能有效涵盖cPDM中的大部分功能模块，进而实现对研发过程产品数据进行管理，最终确保产品数据服务于生产、营销、采购、服务、维修等环节。

## 2.2.2　PLM的发展历程

较之于ERP、SCM（软件配置管理）、CRM（客户关系管理），PLM系统的发展时间相对较长，同时不易被用户所理解。与其他系统最大的差别是，PLM是独有的面向产品创新的系统，同时极具交互操作的便利性。企业在使用PLM软件管理产品生命周期时，需要ERP、CRM、SCM集成，这样才能真正管理一个产品的全生命周期。PLM 作为一个概念，出现的历史很悠久。但是，直到最近几年，才开始彰显它强大的生命力。这其中的原因，除了需要花费大量时间对产品生命周期管理进行市场前景评估分析以外，还需要认真分析PLM与PDM、CAD软件系统之间的相互关系，从而在产品全生命周期内对PLM衍生的产品数据信息进行精确管理。

需要澄清的误区是PLM并非单纯的企业单一功能应用产品。目前成熟的企业功能营业管理事务和资源交易系统，如ERP、CRM和SCM等都聚焦于实物产品生产过程优化、企业管理事务和资源交易等某一关键流程。如果仅要求重复迭代式地进行这些相对机械的流程，那么这些管理系统软件是能够胜任这些工作的。但是，在实际工作过程中，一旦涉及系统层面的创新型优化迭代开发工作，以上功能相对单一的软件就无能为力了。

基于此，必须为产品开发者设计一套能灵活有机协调各关键事务流程的系统解决方案。只有这样，才能保证产品可以成功地推向市场。目前，PLM形成了涵盖从规划到具体的支持解决方案的流程体系，这一体系覆盖整个企业部门及供应链。一旦使用了完整的数字化产品关键参数，企业课题人员便可在此基础上进行试验分析、设计方案修正、工作方案假设分析、局部精细化设计等工作。另外，为所有涉利者提供个性化的示例修正界面，可以促使相关人员更加便利地将这些数字化产品性能逐渐完善并形成稳定的产品体系。由于这一过程发生在实际制造过程之前，因此节省了不必要的高昂费用。

2008 年，Dassault公司率先提出了 PLM 2.0 的概念，并给出了以社会社区方式来实现PLM的具体手段方法。PLM 2.0是基于 Web 2.0 的PLM领域应用软件。

当前，PLM 2.0主要处于概念设想阶段，但是，其发展前景广阔，因为很多公司都在设法基于PLM 2.0理念开发自己的PLM系统。

基于网络环境，PLM体现出了在线交互信息融合、在线社区协作服务、云数据智能算法等诸多优势。一旦将PLM的应用拓展至企业以外，通过网络激活等手段，其业务流程可以快速大规模进行。

PLM领域的著名公司有PTC、Dassault、SIEMENS PLM、Autodesk等。

## 2.2.3  PLM 与 PDM 的区别

PLM 有效涵盖了 PDM 的核心内容，使得 PDM 成为了 PLM 的一个子集。而且，PLM 还能够完成对产品生命周期各层级供应链信息的有效整合利用，从而更加高效。

由于 PLM 与 PDM 的继承关系，各大 PLM 厂商所推出的相关系列产品不会让客户感到面目一新，往往能从中发现 PDM 的影子。这些厂商中，一些原 PDM 厂商在形成一整套 PLM 解决方案的基础上，成功地完成了向 PLM 厂商转型的过程，如 EDS、IBM 等。这个过程中，还有一些 ERP 厂商融入进来，如 SAP 等。这些 ERP 厂商基于 ERP 系统的特点需求，提出了独具特色的 PLM 解决方案，进而在这一广大市场中占据了一席之地。此外，一些 CAD 工程软件厂商也在向这一方面靠拢。当然，在这一过程中，需要注意有的 PDM/CAD 厂商并没有真正开发相应的 PLM 产品，而仅仅是将原产品改名后上市出售。这是需要认真辨别的，辨别的关键是需要注意 PLM 并非简单的"系统集成"。如果仅仅将 PDM、CAD、数字化装配与某个 ERP、SCM 系统连接起来，并以 Web 技术支持其流程运作，是无法实现 PLM 系统功能的。因为这只是技术的盲目堆积，故只能完成流程自动化运行功能，体现不出产品生命周期管理的真正思想内涵。当然，PLM 的实现是以上述技术为根基的，但这并不意味着有了上述技术就是完美的。由于 PLM 涉及不同层面的复杂的生产制造商务流通环节，因此需要在以上技术的基础上构建更复杂的体系结构。为此，PLM 构建过程中必须考虑更广阔的商业生命周期影响层面，并在这一宏观高级层面上完成产品生命周期管理和财富评估分析。以此为纲，以上下层的支持技术自动化、高精准、流程式运转才是必须的，而不是像传统厂商进行反向操作。

## 2.2.4  PLM 的主要功用

根据世界知名咨询公司的调研报告，PLM 系统在发达国家制造业 IT 管理系统的应用上最受欢迎，其市场预期远远超过 ERP 系统。根据 Aberdeen 公司的预测，全球 PLM 市场的年增长率高达 10.9%。在可以预期的将来，其市场需求量超过 ERP 系统是主流趋势。此外，根据 Aberdeen 公司的分析报告，实施了 PLM 系统的企业，其原材料成本可节省 5%~10%，库存流转率可提高 20%~40%，开发成本可降低 10%~20%，市场投放时间可减少 15%~50%，质保费用可降低 15%~20%，制造成本可降低 10%，生产率可提高 25%~60%。

实施了 EDS-PLM 解决方案以后，可以发现，以上分析和预测是客观合理的。以通信设备厂商摩托罗拉为例，全企业内部数据存取变得方便快捷，创建和维护物料清单（Bill of Material，BOM）的时间减少了 50%~75%。百分之百地实现 CAD 的 BOM 以后，工程更改、评估和批准的平均时间减少了 38%。再以汽车厂商福特为例，开发 Mondeo 这款车节省了两亿美元的研发费用，缩短开发周期 13 个月，提高设计工程效率 25%。对计算机硬盘厂商 Seagate 而言，数据存取时间从几天降至几分钟，并实现了从北美、欧洲到亚太地区的数据共享。航空轮胎厂商 Goodrich 采用 PLM 解决方案以后，原有的 40 多个企业信息化系统合并为 1 个，在单一 Web 界面下实现了对原 4200 个用户自动化产品开发流程的系统监管协调，达到了实时获取系统数据的目的。

## 2.2.5　PLM的建立方法

PLM可保证将跨越时空的信息综合有机集成，以便在产品的全生命周期内，充分利用ERP、CRM、SCM等系统中的产品数据与智力资产。因此，为使PLM发挥出最大的系统化价值，必须考虑能否将ERP、CRM、SCM等综合有机集成后发挥最大效用。考虑到企业各自不同的特点及需求，这几个系统的规划建设需分清轻重缓急，并按照企业的具体需求选择最佳综合方案，即"统一规划，按需建设，重点受益"。

**1. 基于企业资源规划PLM系统**

（1）物料需求规划（Material Requirement Planning，MRP）与产品数据管理（PDM）

根据PDM系统物料清单（BOM），MRP系统分析确定需要自行创建的装备以及需要外购的材料，从而从根本上保证解决工程BOM和制造BOM的有机衔接问题。

（2）人力资源与项目管理（HR and Project Management）

在进行日常协调过程中，必须最大限度地利用企业内部资源进行相关人力资源及项目管理工作。

（3）采购与项目管理（Purchasing and Project Management）

在设备制造过程中，需要购买原材料。在购买原材料的过程中，必须具备采购订单生成的能力。这样，才能通过订单紧密跟踪财务预算数据详情。

（4）财务与项目管理（Financials and Program Management）

监测预算、进行跨项目可行性预测，必须依赖于相关的财务与项目管理软件。在实施过程中，必须仔细审查每个项目的关键财务信息。如果当前成本不符合预期成本，当前时间进度不符合项目进度，则需重新利用软件分析规划。

（5）生产管理与工程（Production Management and Engineering）

为了有效地沟通从工程研发到车间工作面的工程变更指令（ECO），产品数据需要在制造系统和PMD系统（经由CAD系统）之间流动起来。这将有助于减少不合格零件的生产。

**2. 以供应链管理为出发点组成PLM系统**

（1）供应链规划（Supply Chain Planning，SCP）与产品数据管理（PDM）

B2B（企业对企业）指令管理可以分析出供应链的隐藏成本。这就要求制造商有机连接PDM系统与供应链规划系统，从而详细了解某个工程变更指令的具体细节，进而精准预测供应链工程变更指令对下游环节的影响。工程变更指令所消耗的成本源于存货、制造、供应链规划和客户服务的不连续性。一旦使SCP和PDM环节有效打通，制造商便可基于"what-if"逻辑来分析工程变更指令的最佳引入时间。

（2）生产规划与项目管理（Production Planning and Program Management）

企业规划的各种项目使得企业便于从相关管理系统中提取重要数据，进而利用软件仿真的方法来提前预测问题出现的根源。基于此，制造商可以合理有效组织资源，计算分析总体成本，确定最佳的产品生产地点。

（3）资源获取与产品数据管理（Resource Acquisition and PDM）

在准备建议需求的过程中，应该详细定义产品数据性能。如果仅凭软件配置管理（SCM）或供应商关系管理（Supplier Relationship Management，SRM）系统，是无法获得相关的翔实信息的。为此，必须将资源获取与PDM进行有效的集成。

（4）资源获取与协同产品设计（Resource Acquisition and Collaborative Product Design）

获取资源时，可以提供完整的产品定义。这样，就可保证协同 B2B 产品设计的顺利实施。外协供应商投标项目中，可以将标准件资源与 PDM 无缝有机链接，从而在投标标准零部件的同时，结合自身独特的技术优势和客户的特殊需求，在产品设计制造中发挥自身优势。在这个过程中，OEM 厂商由于共享了外协供应商的智力资源而获益匪浅。

（5）需求预测与产品组合管理（Demand Forecasting and Portfolio Management）

新产品上市需要调拨拆分一定的产品零部件。根据市场分析数据，企业可以基于需求预测结果，对其不同的产品组合将会呈现的市场表现进行精准评估。

**3. 以客户关系管理为出发点组成 PLM 系统**

（1）市场分析与产品组合管理（Marketing Analytics and Portfolio Management）

计划上市新产品以后，制造商需要利用市场分析软件对整个产品系统进行详细的技术分析，从而确定如何将新产品与现有产品的性能要求有效对接起来，并进一步考虑是否需要相关零部件的调拨使用。

（2）客户服务与产品数据管理（Customer Service and PDM）

以往的产品服务数据十分重要，是制定后续管理服务策略的基础依据。如何将其与产品数据管理系统集成十分重要。只有有机高效集成，才能保证工程设计都可以利用这些产品设计信息进行设计工作。

（3）销售预测与项目管理（Sales Forecasting and Program Management）

项目管理预测数据需要与销售和市场对接，才可以实现生产制造承诺。在按单设计过程中，不能一味承诺客户需求。为此，需要对销售进行精准预测，这需要实时获取项目执行过程中的信息。

（4）客户关系管理与客户需求管理（CRM and Customer Demand Management）

1）将客户的需求信息反馈到工程开发环境中实现客户化设计；

2）将销售数据生成销售指南使客户按预先配置购买产品；

3）批处理（例如消费品）时根据销售数据建立价格敏感模型进行效用分析。

（5）知识管理与产品组合管理（Knowledge Management and Portfolio Management）

利用产品组合管理软件，可以分析产品为何在市场上存在。在这个过程中，需要使用专利、规则需求、测试等各种知识产权信息。因此，产品组合管理是企业智力资产的集散中心。

## 2.2.6 PLM 的发展趋势

PLM 在未来几年将围绕以下几个重要的方向发展：

定制化的解决方案；高效多层次协同应用；多周期产品数据管理；知识共享与应用管理；数字化仿真应用普及。

（1）定制化的解决方案

为确保 PLM 的成功应用，必须要求软件供应商能快速响应企业需求。只有做到了尽可能快速的响应并保证合理的代价，才能使系统成功实施并向深入方向发展。基于此，必须要求 PLM 是可以提供定制化解决方案的。研究 PLM 的发展历程，可以发现其定制功能经历了缺乏可定制、模型可定制、模型驱动的构件可定制这一系列发展过程。随着企业理性的

日益增长，PLM必须积极响应企业对快速、稳定、安全且成本低廉的资产部署要求，并在此基础上，通过数据仿真模型和业务模型的运作来制定解决方案。不过，即便如此，PLM也难以满足日益增长的企业个性化需求。所以，将来PLM发展的重点是能提供用户需求引导的最终产品形态配置解决方案。

（2）高效多层次协同应用

目前，PLM的快速发展已涵盖产品市场需求、概念设计、详细设计、加工制造、售后服务、产品报废回收等全过程，同时与企业其他信息系统间实现了深度集成。PLM系统现已在集团型企业内部实现了广泛使用，同时促进了产业链上下游企业间的协同。在这个过程中，会有产品阶段不同、参与人员组织不同等带来的协同问题。为此，只有实现高效的协同应用发展，优化具体的业务执行流程，才可保证提高工作效率，进而提高企业的利润回报。

（3）多周期产品数据管理

PLM产品由PDM产品发展而来，并在企业应用过程中延伸到相关设计决策部门。由于企业对同一系统中的数据有不同的划分标准要求，因此同一产品数据会有不同的生命周期分析结果。

（4）知识共享与应用管理

知识管理系统能够把企业的事实知识、技能知识、原理知识与公司数据库中的显性知识组织衔接起来。目前，企业的知识管理解决方案数量众多。

企业多年积淀的数据会随着时间的增加而增加，让这些知识在企业内部方便快捷地传播共享是非常重要的事情。

知识共享和应用过程中，首先要做到知识的有效获取，即数据挖掘整理必须落实到位。其次，需要做好知识的传播工作，即在PLM系统中有机融入体系化的理论知识，并利用PLM系统完成知识的传递，进而服务企业生产，减少不必要的重复劳动与探索。此外，通过知识的系统分类整理，可以形成体系化的企业知识管理流程规范，进而变成企业的无形资产。

（5）数字化仿真应用普及

企业对生产过程的仿真管理需求是不断增加的。全球三大PLM厂商，UGS Tecnomatix、达索Delmia、PTC-Polyplan，均形成了成熟的基于数字化仿真的制造过程解决方案，进而帮助企业节约产品研发成本及时间。

数字化仿真的重点集中在产品生产制造和管理过程仿真两大环节上。目前，产品生产制造仿真以航空航天、汽车和电子等大型制造行业的应用为主。由于一款产品的研制时间较长，复杂度要求通常比较高，因此传统的生产流程会在产品形成和测试过程中耗费大量的人力和物力以完成验证工作，进而消耗了企业的大量成本，还存在多次测试才有一次成功的问题。基于数字化仿真技术，可以在计算机上完成测试验证工作，降低成本和时间消耗。

管理过程仿真主要服务于管理者的新业务制定过程。如果按照传统的过程实施，会导致适应磨合时间较长，同时已有业务规则的调整也需要大量实际人员的参与，从而导致这一过程周期比较长。对于企业管理而言，这是一个重大的挑战。基于数字化仿真技术，管理者可以通过PLM系统仿真软件提供的算法完成相应流程的制定和执行过程，基于相关数据的生成来完善相关业务制定流程，并通过数值模拟仿真来发现问题、改进问题，进而节省制造管理成本，最终使整个管理过程精准可控。只有坚持以人为本的理念，并借助于先

进的信息管理技术，才能切实有效地提高企业的管理水平。

目前，各主要 PLM 厂商重点关注产品生产制造的仿真研究，而管理过程的仿真研究相对发展不够成熟，而这也是将来 PLM 发展应用的热点。

## 2.3 企业资源计划

### 2.3.1 ERP概述

企业资源计划（Enterprise Resource Planning，ERP），通过科学、精准及系统化的管理方法，为企业及员工制定科学有效的具体决策执行方法。其中，智能信息化技术是它的物质基础。

ERP 系统是现代所有企业采用的标准信息管理运作模式。它可以保证企业更加高效地根据市场配置资源，从而提高财富创造的效率，进而为企业在全面智能制造时代的深度发展奠定基础。

可以从管理思想、软件产品、管理系统三个层次定义 ERP，不同层次侧重不同。

**1. 管理思想层次**

制造资源计划（Manufacturing Resources Planning，MRP Ⅱ）需要与供应链（Supply Chain，SC）无缝对接，才可以保证整套企业管理系统有效运作。基于此，方可形成科学有效的企业管理系统体系标准。具体而言，有以下三个重要方面：

（1）管理整个供应链资源

市场竞争优势的获得要求企业能够将供应商——制造工厂——分销网络——客户这一供应链纳入一个由自己能精准掌控的大的反馈闭环系统当中，进而对生产、物流、营销、售后服务过程无缝精准对接，从而避免资源浪费，达到市场导向的精益生产要求。在这个闭环反馈实现的过程中，供应链的无缝精准高效运行至关重要，是保证资源有效配置的物质信息基础，而 ERP 系统又是实现供应链无缝精准高效运行的重中之重。因此，只有开发出先进的 ERP 系统，才能保证企业在供应链环节的竞争中掌握绝对优势，确立其在市场经济时代的重要地位。

（2）精准服务精益生产、同步工程和敏捷制造

混合型生产方式要求精益生产（Lean Production，LP）和敏捷制造（Agile Manufacturing，AM）能够同步进行。这需要同步工程（Synchronous Engineering，SE）来协调完成。精益生产要求生产、物流、营销、售后服务过程无缝精准对接，避免资源浪费。而确保无缝对接的智能控制算法必须综合权衡企业同其销售代理、客户和供应商的利用共享合作模式。只有这样，才能确保供应链的精准高效运行。但是，精益生产只能在市场需求确定的前提下确保企业供应链的无缝精准运行。且市场需求发生变化，生产模式和生产方法都会发生不同程度的改变。为了保证设计制造部门能够迅速反馈市场变化，基于敏捷制造思想，以同步工程为纽带，建立特定的生产——供应销售部门的虚拟供应链系统进行分析，最终形成虚拟工厂，以指导产品生产部门良性地反馈市场需求，不断提供高质量的新产品。

（3）保证事先计划与事中控制形成精准闭环反馈

主生产计划、物料需求计划、能力计划、采购计划、销售执行计划、利润计划、财务预算和人力资源计划等必须完全集成到整个供应链系统中，这样 ERP 系统才能真实地发挥作用。具体而言，可以通过监控物流和资金流的同步性及一致性来完成相关作业。为此，需要精准定义会计核算项目及方法，以便在需要监管时自动生成会计核算分录，进而实现财务状况的追根溯源并对相关企业生产活动进行判断评估，避免物流和资金流的不同步，最终为做出正确的企业生产销售决策奠定基础。

在实现决策的过程中，最关键的角色还是人。只有每个工作人员充分发挥自己的主观能动性和积极性，并且相互协调配合，才可以保证整个计划控制决策过程得以真正有效落实，这也是管理向扁平化组织方式转变的关键所在。只有这样，才能使企业对市场的需求达到最大限度的优化响应。随着人工智能时代的到来，ERP 系统可以将越来越多的专业决策过程纳入计算机可控编程逻辑中实现企业的柔性化、精准化、快速管理。

**2. 软件产品层次**

产品以 ERP 管理思想为灵魂，基于客户机/服务器体系、关系数据库结构、面向对象、图形用户界面第四代语言（4GL）、网络通信等核心技术，通过专家智能控制算法，满足特性各异的企业资源规划要求。

**3. 管理系统层次**

ERP 管理系统必须实现企业管理理念、业务流程、基础数据、人力物力、计算机硬件和软件的综合最佳无缝衔接匹配。

## 2.3.2　ERP 的发展历程

根据 Gartner 的开发理念，ERP 软件本质上是制造商业系统和制造资源计划（MRP Ⅱ）软件。该软件的关键组成是客户/服务架构、图形用户接口、应用开放系统。此外，它还包括品质、过程运作管理、调整报告等其他关键部分，同时具有软硬件快速升级的能力。这就要求开发出关键的基础技术来支承 ERP 的快速更新换代的能力。总而言之，ERP 系统必须对用户友好，便于其制定个性化的使用方案。

以 ERP 理论思想为指导，以服务产品设计为目的，能够有效综合企业财务、物流、供应链、生产计划、人力资源、设备、质量管理等软件操作系统的综合企业资源计划系统软件均可被定义为 ERP 软件。国内外均有著名的 ERP 软件商。国际上，水平最高的 ERP 软件之一是 SAP 公司的 SAP ERP 软件，其开放性、严谨性和功能性均属世界顶级。此外，美国的 Oracle ERP、丹麦的 Axapta ERP 等都是世界顶级的 ERP 产品。我国做得较好的有用友 ERP、方天 ERP 等，用友 ERP 软件的子模块涵盖了生产计划、物资管理、质量管理、设备管理、人力资源管理、财务管理等诸多核心方面。此外，航信软件、金蝶、启航软件、天思、蓝灵通、迅达、道讯、和佳等公司也在部分细分市场领域占有一席之地。

ERP 的发展经历了以下四个阶段：

（1）20 世纪 60 年代的 MRP 系统

MRP（Material Requirements Planning）即物料需求计划。基于 MRP 系统，可以针对具体的主生产计划（Master Production Schedule，MPS）、物料清单（Bill of Material，BOM）、存货单（库存信息）等资料，通过计算制定相应的生产物流计划，并对订单进行实时修正，以期达到满意的效果。

由于工业企业所需要的产品是非常繁杂的，所以从计划制定的角度而言，计算量大，工作任务烦琐困难。因此，1965年，IBM的JosephA.Irlicky基于"独立需求"和"非独立需求"等理念，并且随着计算机技术的发展以及在企业管理中的广泛推广与应用，开发了在计算机系统上可对装配产品进行生产过程控制的MRP系统。

（2）20世纪70年代的闭环MRP系统

将MRP系统与能力需求计划（Capacity Requirement Planning，CRP）相结合，可以形成闭环反馈计划管理控制系统，简称为闭环MRP系统。相应地，此前的MRP系统为开环MRP系统。对于开环MRP系统而言，其主要功能是完成产品零部件配套服务的库存控制，从而从根本上解决产品订货物料项目、物料数量以及供货时间的计算等问题。

而闭环系统与开环系统相比，在完成物料需求计划以后，基于开环系统功能可根据生产工艺完成对基于物料需求量的生产能力的计算工作；此后，利用闭环系统的反馈比较功能，和现有生产能力进行对比，同时对计划可行性进行检查，如果反馈结果不合要求，则必须重新对物料需求及主生产计划进行修正，直至达到综合最优平衡效果；最后，为了实际检测闭环控制方案的落实情况，需进入车间作业控制系统进行实地监察。

闭环MRP系统具有以下扩展功能：

1）CRP子系统；

2）车间作业控制子系统。

（3）20世纪80年代的MRP Ⅱ系统

MRP Ⅱ系统是对企业的制造资源进行计划、控制和管理的系统，也是对闭环MRP系统的改进。MRP Ⅱ系统可实现物流与资金流的信息集成，并增加了模拟功能，可对计划结果进行模拟仿真及评估。

MRP Ⅱ系统的制造资源有以下四类：

1）生产资源；

2）市场资源；

3）财务资源；

4）工程制造资源。

MRP Ⅱ系统具有以下六大特性：

1）计划的一贯性和可靠性；

2）管理的系统性；

3）数据的共享性；

4）动态应变性；

5）模拟预见性；

6）物流、资金流的统一性。

（4）20世纪90年代的ERP系统

市场竞争在20世纪90年代进一步加剧，因此，MRP Ⅱ系统也需要与时俱进。在20世纪80年代，如前所述，MRP Ⅱ系统的重点是如何在企业内部进行制造资源的集中优化管理。而20世纪90年代更加开放的市场竞争环境，要求MRP Ⅱ系统将重点放在企业整体资源的管理与优化上，这就促使了ERP系统的产生。新产生的ERP系统具有以下特点：

1）ERP系统基于MRP Ⅱ系统拓宽了管理范畴，形成了新型管理结构；

2）ERP系统整合优化匹配企业的所有资源，将物流、资金流、信息流完全纳入一体化

系统管理过程；

3）ERP系统基于MRP Ⅱ系统，完成了对生产管理方式、管理功能、财务系统功能、事务处理控制、计算机信息处理等重要业务领域的改进工作。

## 2.3.3　ERP系统分类

**1. 按功能分类**

（1）通用型ERP系统

一般只能完成买入卖出、仓库管理、产品分类、客户关系管理等基本通用功能。这些功能的实现只需系统具备基本的数据记录能力，无法增加满足企业特殊性质要求的功能接口。

（2）专业ERP系统

必须根据企业的特殊性质要求提前设计定制。专业ERP系统在通用型ERP系统的数据记录功能基础上，基于不同人工智能算法，结合企业特色，可以实现管理服务的多元细致化设计。

**2. 按所采用的技术架构分类**

（1）C/S架构ERP系统

C/S构架即Client/Server（客户/服务器）架构。该架构需要使用高性能计算机、工作站或小型机，客户端需要安装专用的客户端软件。

（2）B/S架构ERP系统

B/S架构即Browser/Server（浏览器/服务器）架构。该架构要求客户端必须安装一个浏览器（Browser）并保证它能通过网络服务器（Web server）同数据库进行数据交互。

## 2.3.4　ERP企业应用

ERP系统的顺利实施需要整个企业部门通力配合。上至管理层，下至操作人员，需要无保留贡献自己的专业技术经验。在此前提下，依然需要实施者花费大量的时间和精力来完成这一系统工程。因为在实施过程中需要协调各种问题确保利益不受太大损失。具体的问题如下：

1）利益矛盾导致项目难以有效推进；

2）风险承担意识不统一，往往难以做出符合市场需求的最优的市场决策；

3）企业需求的定义和描述往往受制于管理人员的思维定式和具体的企业条件，难以发现企业面临的关键问题；

4）管理者缺乏某些项目经验，导致ERP系统管理方法的分析建模不能反映项目的真实需求。

为解决以上问题，需要专业的ERP咨询公司来起到桥梁纽带作用。在实施过程中，ERP咨询公司必须以独立客观的第三方形象出现，同时具备扎实的跨学科技术知识体系以及经实践证明正确的方法论指导体系，才可以在企业信息化建设中起到关键作用。

## 2.3.5　ERP系统带来的效益

据美国生产与库存控制学会（APICS）资料显示，MRP Ⅱ/ERP系统能产生以下经济

效益：

  1）库存减少 30%~50%；

  2）延期交货情况减少 80%；

  3）采购提前期缩短 50%；

  4）停工待料情况减少 60%；

  5）制造成本降低 12%；

  6）管理人员减少 10%的同时生产能力提高 10%~15%。

## 2.3.6　ERP 平台式软件

我国企业信息化的日益成熟与系统的深入发展，引导了企业对 ERP 软件的大规模个性化需求，从而促使大型的公共 ERP 集成系统运营平台，即 ERP 平台式软件出现。

ERP 平台式软件基于现有的 ERP 开发平台，通过调整平台系统的具体参数设置，可以达到快速、精准、高效地制定符合企业特色需求的 ERP 管理系统的目的。由于无须进行二次开发工作，它可以保证在很短时间内有效地集成企业内部组织资源，进而实现企业与客户、供应商及合作伙伴的协同高效发展，最终为中小企业的发展壮大及大型企业的全球化提供必要的技术支撑。

ERP 平台式软件具有以下特点：

（1）功能搭建工作可快速完成

需要进行二次开发时，软件公司可结合企业的实际需求，迅速完成软件功能的增加、修改、删除等工作。上至界面输入查询、统计、打印、企业业务流程，下至数据库表结构，都可以进行访问、编辑和重新定义。

（2）全面和一体化的应用开放式平台

除了集成优化企业内部管理业务工作流程以外，供应商、合作伙伴、客户之间的商务往来也可以通过 ERP 平台式软件进行协同优化，从而保证业务物流、生产计划、生产控制、财务、销售、客户关系、人力资源办公自动化、知识、项目、企事业机构等均可以纳入平台进行全维度综合最优化管理。

（3）协同商务

ERP 平台式软件根据企业的营利及效益目标要求，通过智能控制优化算法，可以助力企业形成良性的电子商务开放运营环境，从而从根本上保证商务供应链协同优化管理的目标得以实现。

（4）灵活的调整机制

ERP 平台式软件能够快速精准地响应企业在管理运营方式上的变化，进而指导企业管理层做出业务流程、审核流程、组织结构、运算公式、各类单据、统计报表以及单据转换流程等的灵活调整工作，随机应变，随需应变。

（5）管理软件完全受企业掌控

ERP 平台式软件的所有接口均具有自定义功能。这就意味着，一旦开始计划管理工作，相关项目人员便可对软件的功能模块进行设置、匹配及修改完善等工作。这样，企业就具有足够的自我开发权限，而不必受制于软件供应商。

（6）无须代码开发

ERP平台式软件最大的优势，就是解决了管理人员编程水平参差不齐的问题。这就意味着只要精熟具体的业务流程，就可以依靠软件提供的界面友好的编程模块进行深度编程设计工作。工作完成后，只需将相关模块融入软件产品体系中，便可对各类特色功能进行按需配置，从而显示出极强的个性化设计开发功能。

## 2.4　制造执行系统

### 2.4.1　MES的产生与定义

信息技术和网络技术的发展，有力地推动了制造业信息化的进程。在企业管理层，以ERP为代表的信息管理系统实现了对企业产、供、销、财务等企业资源的有效计划和控制。在企业生产车间底层，以CNC、PLC、DCS、SCADA（数据采集与监视控制系统）等为代表的生产过程控制系统（PCS），实现了企业生产过程的自动化，大大提高了企业生产经营的效率和质量。

然而，在企业的计划管理层与车间执行层之间还无法进行良好的双向信息交流，导致企业上层的计划缺乏有效的生产底层实时信息的支持，而底层生产过程自动化也难以实现优化调度和协调。为此，美国先进制造研究中心（Advanced Manufacturing Research，AMR）于20世纪90年代提出了制造执行系统（Manufacturing Execution System，MES）的概念，旨在加强MRP Ⅱ/ERP的执行功能，把ERP的计划同车间PCS的现场控制，通过MES执行系统联系起来。

AMR将MES定义为位于上层计划管理系统与底层过程控制系统之间的面向车间层的管理信息系统，它为生产操作人员和企业管理人员提供计划的执行、跟踪以及所有资源（人、设备、物料、客户需求等）的当前状态。

国际制造执行系统协会MESA对MES也给出了较为详细的定义："MES能够通过信息传递对从订单下达到产品完成的整个生产过程进行优化管理。当生产车间发生实时事件时，MES能够对此做出及时的反应和报告，并用当前的准确数据进行处理和指导。通过对状态变化的迅速响应使MES减少企业内部无附加值的活动，有效地指导生产车间的生产运作过程，从而使其既能提高及时交货能力，改善物料的流通性能，又能提高生产回报率。MES通过双向的直接通信在企业内部和整个产品供应链中提供有关产品行为的关键任务信息。"

从MES的定义可看出，MES具有如下三个显著特征：

1）优化车间生产过程。MES是对整个生产车间制造过程的优化，而不是单一地解决某个生产的瓶颈问题。

2）收集生产过程数据。MES必须提供实时收集生产过程数据的功能，并做出相应的分析和处理。

3）MES是连接企业计划与车间控制层的桥梁。MES需要与企业计划层和车间生产控制层进行信息交互，通过连续的企业信息流实现企业信息的集成。

## 2.4.2 MES 的角色作用

一个制造型企业能否良性地运营，关键在于能否把"计划"与"生产"进行密切结合，能否将底层生产制造过程、控制系统以及员工等实时信息有效地集成到计划管理体系中。ERP 系统是面向企业的管理层，而对企业生产车间层的管理流程不能提供直接和详细的支持，它缺少足够的底层控制信息，难以直接获取和利用 PCS 中的实际生产数据，无法对复杂的动态生产过程进行细致、实时的执行管理。此外，尽管 PCS 自动化水平在不断提高，但 PCS 依然是针对某类设备和过程所进行的控制，难以完成对整个生产过程所涉及的作业、人员、物料和设备等进行管理、调度、跟踪及相关数据信息的采集。更何况，PCS 中的自动化设备和控制单元一般是来自不同厂商或是在原有系统基础上的扩展和延伸，缺乏整体的信息集成功能和统一的数据结构。

传统的企业信息管理是按照企业现有的物理层次进行划分和配置的，一般为五层模型结构，从上到下依次为经营决策层、企业管理层、计划调度层、过程监控层和设备控制层。这种五层管理模型结构对生产过程中的物料、资源、能源、设备等在线的控制和管理显得无能为力。

MES 概念出现后，MESA 提出了一种扁平化的三层企业结构模型，如图 2-2 所示，从上到下依次为计划层、制造执行层和控制层。这种三层的企业结构模型，结合了先进的工艺制造技术、现代管理技术和控制技术，将企业的经营管理、过程控制、执行监控等作为一个整体进行控制与管理，以实现企业整体的优化运行、控制与管理。

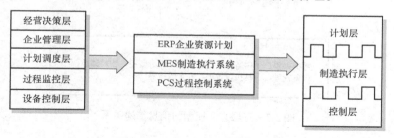

图 2-2 五层企业模型转换为三层企业模型

在上述三层企业模型中，计划层是面向整个企业，以整个企业范围内的资源优化为目标，负责企业的生产计划管理、财务管理和人力资源管理等任务。控制层是指车间生产过程自动化系统，利用基础自动化装置与系统，如 PLC、DCS 或现场总线控制系统对生产设备进行自动控制，对生产过程进行实时监控，采用先进的控制技术实现生产过程的优化控制。而制造执行层位于计划层与控制层中间，在两者之间架起了一座桥梁，填补了两者之间的空隙。MES 一方面对来自 ERP 系统的生产管理信息进行细化分解，向控制层传送操作指令和工作参数；另一方面 MES 采集生产设备的状态数据，实时监控底层 PCS 的运行状态，经分析、计算与处理，反馈给上层计划管理系统，从而将底层控制系统与上层信息管理系统整合在一起。图 2-3 所示为三层企业模型的信息传递关系。

在上述三层企业模型中，MES 的任务是根据上级系统下达的生产计划，充分利用车间的各种生产资源、生产方法和丰富的实时现场信息，快速、低成本地制造出高质量的产品。

MES 能够利用准确实时的制造信息来指导、响应并报告车间发生的各项活动，迅速将 PCS 实时数据转化为生产信息，为企业计划管理人员提供计划执行的实时信息状态，进而为生产过程的管理决策提供依据。MES 起到对企业的生产过程、生产管理和经营管理活动中所产生的信息进行转换、加工和传递的作用，是企业生产与管理活动信息集成的桥梁和纽带。

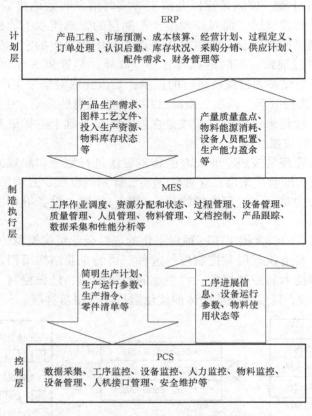

图 2-3　三层企业模型的信息传递关系

## 2.4.3　MES 的功能模块

国际制造执行系统协会 MESA 通过属下众多 MES 供应商和成员企业的实践，归纳了 MES 应具备的如下十一个主要功能模块：

（1）资源分配和状态管理（Resource Allocation and Status Management）

该模块管理机床、工具、人员、物料、辅助设备以及工艺文件、数控程序等文档资料，提供设备资源的实时状态及历史记录，用以保证企业生产的正常运行，确保设备正确安装和运转。

（2）工序详细调度（Operations Detail Scheduling）

包括基于有限能力的作业计划和动态流程的调度，通过生产中的交错、重叠、并行操作等良好作业计划的调度，最大限度地减少生产准备时间。

（3）生产单元分配（Dispatching Production Units）

通过生产指令将物料或加工命令送到某生产单元，启动该单元的工序或工步的操作。当有意外事件发生时，能够调整已制订的生产进度，并按一定顺序的调度信息进行相关的生产作业。

（4）文档控制（Document Control）

控制、管理并传递与生产单元有关的文档资料，包括工作指令、工程图样、工艺规程、数控加工程序、批量加工记录、工程更改通知以及各种转换间的通信记录等，并提供信息文档的编辑功能、历史数据的存储功能，对与环境、健康和安全制度等有关的重要数据进行控制与维护。

（5）数据采集（Data Collection/Acquisition）

通过数据采集接口获取并更新与生产管理功能相关的各种数据和参数，包括产品跟踪、维护产品历史记录及其他参数。

（6）人力资源管理（Labor Management）

提供按分钟级更新的员工状态信息（工时、出勤等），基于人员资历、工作模式、业务需求的变化来指导人员的工作。

（7）质量管理（Quality Management）

根据工程目标实时记录、跟踪和分析产品和加工过程的质量，以保证产品的质量控制，确定生产中需要注意的问题。

（8）过程管理（Process Management）

监控生产过程，自动纠正生产中的错误并向用户提供决策支持以提高生产效率。若生产过程出现异常及时提供报警，使车间人员能够及时进行人工干预，或通过数据采集接口与智能设备进行数据交换。

（9）维护管理（Maintenance Management）

通过活动监控和指导，保证生产设备正常运转以实现生产执行目标。

（10）产品跟踪和历史（Product Tracking and Genealogy）

通过监视工件在任意时刻的位置和状态来获取每一个产品的历史记录，该记录向用户提供产品组及每个最终产品使用情况的可追溯性。

（11）性能分析（Performance Analysis）

将实际制造过程测定的结果与过去历史记录、企业目标以及客户的要求进行汇总分析，以离线或在线的形式对当前生产产品的性能和生产绩效进行评价，以辅助生产过程的改进和提高。

实际MES系统产品可能包含上述一个或多个功能模块，因MES与其他企业信息管理系统之间存在功能重叠的现象。

## 2.4.4　MES与其他信息系统的关系

MES是面向车间范围的信息管理系统，在其外部通常有企业资源计划（ERP）、供应链管理（SCM）、销售和服务管理（SSM）、产品和工艺设计系统（P&PE）、过程控制系统（PCS）等面向制造企业的几个主流的信息系统，这些信息系统都有各自的功能和定位，在功能上又有一定的重叠。

ERP——包括财务、订单管理、生产和物料计划管理以及其他管理功能。

SCM——包括预测、配送和后勤、运输管理、电子商务和先进计划系统。

SSM——包括销售力自动化、产品配置、服务报价、产品召回等。

P&PE——包括 CAD/CAM、工艺建模、产品数据管理（PDM）等。

PCS——包括 DCS、PLC、DNC、SCADA 等设备控制以及产品制造的过程控制。

MES 作为车间范围的信息系统，是生产制造系统的核心，它与其他信息系统有着紧密的联系，具有向其他信息系统提供有关生产现场数据的职能，比如：MES 向 ERP 提供生产成本、生产周期、生产量和生产性能等现场生产数据；向 SCM 提供实际订货状态、生产能力和容量、班次间的约束等信息；向 SSM 提供在一定时间内根据生产设备和能力成功进行报价和交货期的数据；向 P&PE 提供有关产品产出和质量的实际数据，以便于 CAD/CAM 修改和调整；向 PCS 提供在一定时间内使整个生产设备以优化的方式进行生产的工艺规程、配置和工作指令等。

同时，MES 也需要从其他子系统得到相关的数据，例如：ERP 计划为 MES 任务分配提供依据；SCM 的主计划和调度驱动 MES 车间活动时间的选择；SSM 产品的组织和报价为 MES 提供生产订单信息的基准；P&PE 驱动 MES 工作指令、物料清单和运行参数；从 PCS 传来的数据用于测量产品实际性能和自动化过程运行情况。

MES 与其他信息系统也有交叉和重叠。例如，ERP 和 MES 都可以给车间分配工作；SCM 和 MES 都包括详细的调度功能；工艺计划和文档可来自 P&PE 或 MES；PCS 和 MES 都包括数据收集功能。但是，没有其他信息系统可替代 MES 功能，虽然它们有些类似 MES 的功能，但 MES 通常更关注与车间生产的性能，并致力于车间运行的优化，从全车间角度对生产状态和运行物流、人力资源、设备和工具等总体把握。

## 2.4.5  ERP、MES、PCS 的信息集成

MES 的主要功能是将 ERP 和底层的 PCS 衔接起来，形成从数字化生产设备到企业上层的 ERP 的信息集成。

在企业三层管理模式下，以 ERP 为企业上层的信息管理系统，担负企业生产经营计划、物流管理、财务管理以及人力资源管理等管理任务；车间底层的 PCS 担负生产设备及生产过程的控制；MES 作为计划管理层与生产控制层之间的桥梁，既担负分解细化管理层计划任务，下传生产控制指令，调度现场资源，又担负向计划管理系统提供有关生产现场数据的职能。

图 2-4 所示为 ERP、MES、PCS 三者之间的信息流模型。MES 接收来自 ERP 的计划订单、物料清单、产品图样、资源需求、主生产计划、劳动力性能、库存状况、操作程序和协调计划等信息，将顾客的需求转换成生产制造计划，进行作业计划与生产的调度，决定专用资源，并将订单完成情况、资源利用、人员及出勤、物料使用、库存统计等生产信息送回至 ERP 系统。

在企业生产过程中，MES 与 PCS 之间也有大量的信息传递。MES 需要为每一项生产订单向 PCS 下达作业指令、起止时间、控制参数，调整作业计划；PCS 实时将系统作业状态、设备状态、过程信息等反馈给 MES。

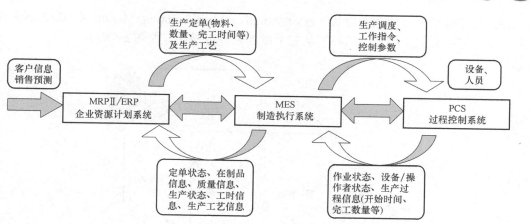

图2-4　ERP、MES、PCS三者之间的信息流模型

## 2.4.6　MES的发展趋势

20世纪90年代，MES概念被提出，经过近30年的发展，MES逐步成为企业信息化的重要环节，特别是随着智能制造时代的到来，MES被放到了前所未有的重要位置。近年来MES的发展呈现出以下几点趋势。

**1. MES朝着新一代MES的方向发展**

建立在ISA-95的基础之上，易于配置与扩展，具有良好的集成性，能实现全球范围内生产协同，具体表现为：

1）一方面，新一代MES具有开放式、客户化、可配置、可伸缩等特性，可针对企业业务流程的变更或重组进行系统重构和快速配置；另一方面，当前MES正在和网络技术相结合，MES的新型体系结构大多基于Web技术，支持网络化功能。

2）新型MES的集成范围更为广泛，不仅包括制造车间现场，还覆盖企业整个业务流程。通过建立能量流、物流、质量、设备状态的统一数据模型，使数据适应企业业务流程的变更或重组的需求，真正实现MES软件系统的可配置。通过制定系统设计、开发标准，使不同厂商的MES与其他异构的企业信息系统可以实现互联与互操作。

3）新一代的MES应具有更精确的过程状态跟踪和更完整的数据记录功能，可以实时获取更多的数据来更精确、及时地进行生产过程管理与控制，并具有多源信息的融合及复杂信息的处理与快速决策能力。

4）新一代MES支持生产同步性和网络化协同制造，能对分布在不同地点甚至全球范围内的工厂进行实时化信息互联，并进行实时过程管理，以协同企业所有的生产活动，建立过程化、敏捷化和级别化的管理。

**2. MES成为智能工厂的核心**

2000年，针对生产制造模式新的发展，国际著名的咨询机构ARC详细地分析了自动化、制造业以及信息化技术的发展现状，针对科学技术的发展趋势对生产制造可能产生的影响进行了全面的调查，提出了多个导向性的生产自动化管理模式，指导企业制定相应的解决方案，为用户创造更高的价值。从生产流程管理、企业业务管理直到研究开发产品生命周

期的管理而形成的"协同制造模式"（Collaborative Manufacturing Model，CMM）就是其中一种。按照这一模式，智能工厂可以从三个维度来进行描述，如图2-5所示。

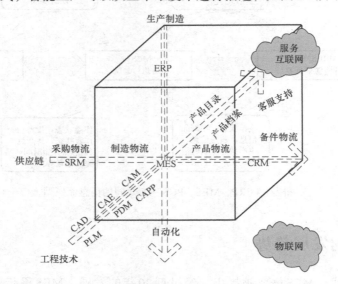

图2-5　智能工厂的三个维度

生产制造：从ERP的产品计划出发，通过计划MRP展开上游生产环节的生产计划，把生产计划细化并派分到设备/人工，详细排程，并根据生产进展和异常进行动态排程、分批次管控或单台管控、设备联网采集和控制、采集实绩并报工。

供应链：通过SRM、采购物流和制造物流，令外购、自制和外协物料"准时"调达生产现场，批量或单件管控，支持智能料架、AGV和集配等，并对在线库、扣料、在制品和成品进行管控，支持生产判断和缺料预警。

工程技术：MES管理MBOM、辅助工艺或现场工艺，支持差异件指示、装配指示、现场看图和装配仿真等，并根据关重件、物流追溯和MBOM等形成产品档案。在"个性化生产"时代，产品档案是客服支持的主要数据源。

生产是工厂所有活动的核心，MES是智能工厂三个维度的交叉点和关键点，是智能工厂的"大脑"。在智能制造时代，MES不再是只连接ERP与车间现场设备的中间层级，而是智能工厂所有活动的交汇点，是现实工厂智能生产的核心环节。

**3. MES成为实现精益生产的关键环节**

精益生产（Lean Production，LP）的含义为：运用多种现代管理方法和手段，以社会需求为依托，以充分发挥人的作用为根本，有效配置和合理使用企业资源，为企业谋求经济效益的一种新型企业生产方式。精益生产系统综合了单件生产与大批量生产的优点，既避免了前者的高成本，又避免了后者的僵化，其主要内容及特征有：

1）坚持以顾客为中心的策略，以销售部门作为企业生产过程的起点，产品开发与生产均以销售为起点，按订货合同组织多品种小批量生产。

2）产品开发采用并行工程方法和主查制，确保高质量、低成本，缩短产品开发周期，满足用户要求。

3）在生产制造过程中实行"拉动式"的准时化生产，把传统的"上道工序推动下道工

28

序"的生产优化为"下道工序拉动上道工序的生产",杜绝一切超前、超量生产。

4)以人为中心,充分调动人的潜能和积极性,普遍推行"一人多机"操作,并把工人组成作业小组,不仅完成生产任务,而且参加企业管理,从事各种革新活动,提高劳动生产率;追求无废品、零库存、零故障等目标,降低产品成本,保证产品多样化。

5)消除一切影响工作的"松弛点",以最佳的工作环境、工作条件和最佳的工作状态从事最佳作业,从而追求尽善尽美。

6)注重主机厂与协作厂之间的相互依存,把主机厂与协作厂之间存在的单纯买卖关系变成利益共同的"血缘关系",70%左右的零部件设计、制造委托给协作厂,主机厂只完成约30%的设计、制造业务。

制造业演进历史在管理层面体现为先进管理技术和方法的不断提升,包括精益生产、六西格玛、持续改善、卓越绩效等。精益生产是企业不断发展前进的灵魂和动力。

智能制造能够进一步满足客户的个性化需求,提出完全个性化定制,过程更透明、更智能,将精益生产的思想融入信息系统、嵌入式软件和智能设备中,最终的目标还是适时适量适品、高质量短交期。在传统制造中,拉动靠纸质看板,报异常靠安灯,配送靠人工捡料;在数字化制造中,有IT和自动化数字工具支撑,现场生产拉动仓储物流,人机配合捡料,扫码RFID,自动定位货位,先进先出;在智能制造中,机械手自动配料,AGV小车自动补货(不需要看板)。智能制造的核心思想是精益生产。

精益生产的思想需要融入数字化制造的各个环节,业务场景通过相关IT系统和业务的融合应用,将精益思想逐步固化在日常管理和IT系统中,并通过制度确保效果的持续化,如图2-6所示。精益生产的理念是减少浪费,消除制造过程中多余的、不必要的消耗。传统精益基本上靠人的经验来发现这些浪费,因此难以分析清楚。现在通过企业信息系统掌握具体的实时的生产信息,以支撑对生产过程瓶颈问题的准确分析。在此基础上,支持企业在生产过程中实现精细化的生产管理与过程控制,从而减少浪费,实现精益生产。整个生产过程中处理变化的及时性、IT信息传递的便利性与及时性为精益生产的实现提供了可靠支撑。

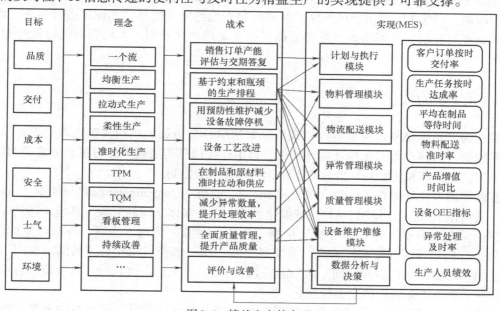

图2-6　精益生产的实现

　　MES是贯彻精益生产理念的一个平台，精益生产的规章制度及其落实都可以在IT系统中固化和体现出来。从传统精益推进到数字化精益，必须要经历信息化深度应用。总的来说，先进的生产管理方式要靠先进的技术来推动。反过来，先进的技术也要和先进的生产管理方式融合起来。

## 2.5　信息物理系统

　　信息物理系统（Cyber Physical System，CPS）是物联网的升级和发展，CPS中所有的网络节点、计算、通信模块和人自身都是系统中的一分子，如图2-7所示。

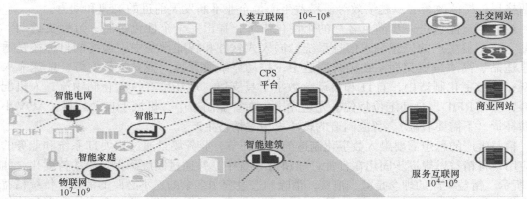

数据来源：博世软件创新公司(bosch).2012

图2-7　信息物理系统平台

　　智能制造系统中的各子系统正是借助CPS，才能摆脱信息孤岛的状态，实现系统之间的连接和沟通。CPS能够经由通信网络，对局部物理世界发生的感知和操纵进行可靠、实时、高效的观察与控制，从而实现大规模实体控制和全局优化控制，实现资源的协调分配与动态组织。

## 2.5.1　CPS的定义

　　信息物理系统是将虚拟世界与物理资源紧密结合与协调的产物。它强调物理世界与感知世界的交互，能自主感知物理世界状态、自主连接信息与物理世界对象、形成控制策略，实现虚拟信息世界和实际物理世界的互联、互感及高度协同。

　　信息物理系统是融合了计算（Computation）、通信（Communication）与控制（Control）技术（又叫作3C技术，见图2-8）的智能化系统，它从实体空间的对象、环境、活动中进行大数据的采集、存储、建模、分析、挖掘、评估、预测、优化、协同，并与对象的设计、测试和运行性能表征深度有机融合，是实时交互、相互耦合、相互更新的网络空间（包括机理空间、环境空间与群体空间），进而通过自感知、自记忆、自认知、自决策、自重构和智能支持，促进工业资产的全面智能化。

　　具体而言，信息物理系统是在环境感知的基础上，通过计算、通信与物理系统的一体化设计，形成可控、可信、可扩展的网络化物理设备系统，通过计算进程与物理设备相互影响的反馈循环来实现深度融合与实时交互，以安全、可靠、高效和实时的方式，监控或者控制一个物理实体。

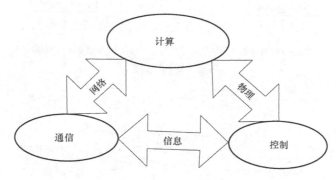

图2-8　3C技术示意图

下面从不同角度对信息物理系统进行阐述：

1）在本质上，信息物理系统是以人、机、物的融合为目标的计算技术，从而实现人的控制在时间、空间等方面的延伸，因此，人们又将信息物理系统称为"人-机-物"融合系统。

2）在微观上，信息物理系统通过在物理系统中嵌入计算与通信内核，实现计算进程（Computation Processes）与物理进程（Physical Processes）的一体化。计算进程与物理进程通过反馈循环（Feedback Loops）方式相互影响，实现嵌入式计算机与网络对物理进程可靠、实时和高效的监测、协调与控制。

3）在宏观上，信息物理系统是由运行在不同时间和空间范围的、分布式的、异构的系统组成的动态混合系统，包括感知、决策和控制等各种不同类型的资源和可编程组件。各个子系统之间通过有线或无线通信技术，依托网络基础设施相互协调工作，实现对物理与工程系统的实时感知、远程协调、精确与动态控制和信息服务。

## 2.5.2　CPS的结构体系

CPS的结构体系的一般形式如图2-9所示，它由决策层、网络层和物理层组成。决策层通过语义逻辑计算，实现用户、感知和控制系统之间的逻辑耦合；网络层通过网络传输计算，连接CPS在不同空间与时间的子系统；物理层体现的是感知与控制计算，是CPS与物理世界的接口。

众所周知，自然界中的各种物理量的变化绝大多数是连续的，或者说是模拟的，而信息空间则是数字的，充斥着大量的离散量。从物理空间到信息空间的信息流动，首先必须通过各种类型的传感器将各种物理量转变成模拟量，再通过模拟数字转化器变成数字量，从而为信息空间所接受。因此，从这个意义上说，传感器网络也可视为CPS中的一个重要的组成部分。

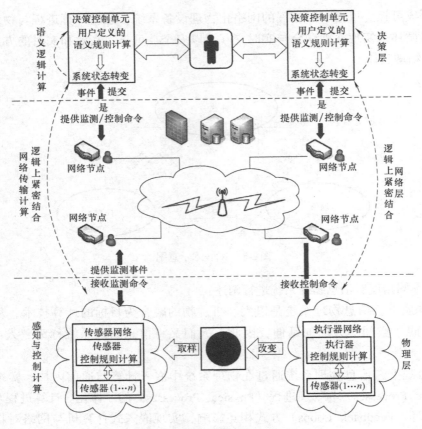

图2-9　CPS的结构体系

在现实环境中，大量的传感器以无线通信方式自组织成网络，协同完成对物理环境或物理对象的监测感知，传感器网络对感知数据做进一步的数据融合处理，并将得到的信息通过网络基础设施传递给决策控制单元，决策控制单元与执行器通过网络分别实现协同决策与协同控制。

CPS的基本组件包括传感器（Sensor）、执行器（Actuator）和决策控制单元（Decision-making Control Unit）。其中，传感器和执行器是一种嵌入式设备，传感器能够监测、感知外界的信号、物理条件（如光、热）或化学组成（如烟雾）；执行器能够接收控制指令，对受控对象施加控制作用；决策控制单元是种逻辑控制设备，能够根据用户定义的语义规则生成控制逻辑。基本组件结合反馈循环控制机制如图2-10所示。

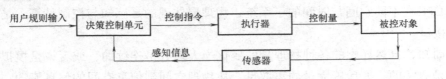

图2-10　基本组件结合反馈循环控制机制

CPS是运行在不同时间和空间范围的闭环（多团环）系统，且感知、决策和控制执行子系统大多不在同一位置。逻辑上紧密耦合的基本功能单元依存于拥有强大计算资源和数据

库的网络基础设施，如Internet、数据库、知识库、服务器及其他类型数据传输网络等，能够实现本地或者远程监测，并影响物理环境。

## 2.5.3 CPS的特征

CPS具有与传统的实时嵌入式系统以及监控与数据采集（Supervisory Control And Data Acquisition，SCADA）系统不同的特殊性质。

（1）全局虚拟性、局部物理性

局部物理世界发生的感知和操纵，可以跨越整个虚拟网络，并被安全、可靠、实时地观察和控制。

（2）深度嵌入性

嵌入式传感器与执行器使计算深深嵌入每一个物理组件，甚至可能嵌入物质里，从而使物理设备具备计算、通信、精确控制、远程协调和自治等功能，更使计算变得普通，成为物理世界的一部分。

（3）事件驱动性

物理环境和对象状态的变化构成"CPS事件"：触发事件→感知→决策→控制→事件的闭环过程，最终改变物理对象状态。

（4）以数据为中心

CPS各个层级的组件与子系统都围绕数据融合向上层提供服务，数据沿着从物理世界接口到用户的路径一路不断提升抽象级，用户最终得到全面的、精确的事件信息。

（5）时间关键性

物理世界的时间是不可逆转的，因而CPS的应用对时间有着严格的要求，信息获取和提交的实时性会影响用户的判断与决策精度，尤其是在重要的基础设施领域。

（6）安全关键性

CPS的系统规模与复杂性对信息系统安全提出了更高的要求，尤其重要的是需要理解与防范恶意攻击带来的严重威胁，以及CPS用户的隐私被暴露等问题。

（7）异构性

CPS包含了许多功能与结构各异的子系统，各个子系统之间需要通过有线或无线的通信方式相互协调工作，因此，CPS也被称为混合系统或者系统的系统。

（8）高可信赖性

物理世界不是完全可预测和可控的，对于意想不到的情况，必须保证CPS的鲁棒性，同时还须保证其可靠性、高效率、可扩展性和适应性。

（9）高度自主性

组件与子系统都具备自组织、自配置、自维护、自优化和自保护能力，可以支持CPS完成自感知、自决策和自控制。

（10）领域相关性

在诸如汽车、石油化工、航空航天、制造业、民用基础设施等工程应用领域，CPS的研究不仅着眼于自身，也着眼于这些系统的容错、安全、集中控制和社会等方面对它们的设计产生的影响。

## 2.5.4　CPS的机遇与挑战

CPS的应用，小到智能家居等家用级系统，大到工业控制系统、智能交通系统等国家级、世界级系统，其市场规模难以估量。更重要的是，CPS广泛应用的目标不仅仅是要简单地将诸如家电等产品连在一起，还要催生出众多具有计算、通信、控制、协同和自治性能的设备。

下一代工业将建立在CPS之上。随着CPS技术的发展和普及，使用计算机和网络实现功能扩展的物理设备将无处不在，它们必将推动工业产品和技术的升级换代，极大地提高汽车、航空航天、国防、工业自动化、健康医疗设备、重大基础设施等主要工业领域的竞争力。CPS不仅会催生出新的工业，还会重新调配现有的产业布局。

CPS既昭示着无限前景，又带来了极大的挑战，这些挑战很大程度上来自控制与计算之间的差异。通常，控制领域是通过微分方程和连续的边界条件来处理问题的，而计算则建立在离散数学的基础上；控制对时间和空间都十分敏感，而计算则只关心功能的实现。因此，这种差异将给计算机应用科学带来基础性的变革。

## 2.5.5　CPS与智能制造

CPS对智能制造系统具有非常重要的意义。

（1）让地球互联

CPS的意义在于将物理设备联网，特别是连接到互联网上，使得物理设备具有计算、通信、精确控制、远程协调和自治五大功能。

本质上说，CPS是一个具备控制属性的网络，但它又有别于现有的控制系统。20世纪40年代，美国麻省理工学院发明了数控技术，如今，基于嵌入式计算系统的工业控制系统遍地开花，工业自动化早已成熟，日常生活中所使用的各种家电都具有控制功能。但是，这些控制系统基本上属于封闭系统，即使其中一些工控应用网络具有联网和通信的功能，这种网络一般也仅限于工业控制总线，网络内部各个独立的子系统或者设备则难以通过开放总线或者互联网进行互联，而且它们的通信功能普遍较弱，但CPS则把通信放在与计算、控制同等的地位上。在CPS所强调的分布式应用系统中，物理设备之间的协调是离不开通信的。CPS对网络内部设备的远程协调能力、自治能力、所控制对象的种类和数量，特别是网络规模上都远远超过现有的工控网络。

理论上，CPS可使整个世界互联起来，就如同互联网在人与人之间建立互动一样，CPS也将深化人与物理世界的互动。

（2）涵盖物联网

CPS的出现，使得物联网的定义和概念明确起来，物联网就是主要应用在物流领域的技术，物与物之间的互联无非就是"各报家门"，知道对方"何许人也"这么简单，而相对于将物与物相连的物联网技术，CPS要求接入网络的设备具备更加精确和复杂的计算能力。如果从计算性能的角度出发，把一些高端的CPS的客户机、服务器比作"高大健硕"的，那么物联网的同类应用则可视为"瘦小赢弱"的，因为物联网中的通信大都发生在物品与服务器之间，物品本身不具备控制和自治能力，也无法进行彼此之间的协同。海量运算是很多CPS接入设备的主要特征，以基于CPS的智能交通系统为例，满足CPS要求的汽车电子系统通常需要进行海量运算，而目前已经十分复杂的汽车电子系统根本无法胜任这一要求。

在CPS中，物理设备指的是自然界的一切客体，既包括冷冰冰的设备，也有活生生的生物。现有互联网的边界是各种终端设备，人们与互联网通过这些终端来进行信息交换。而在CPS中，人可以成为CPS网络的"接入设备"，这种信息的交互可能是通过芯片与人的神经系统直接互联实现的。尽管物联网技术也能做到把无线电射频芯片嵌入人体，但其本质上还是通过无线电射频芯片与读写器进行通信，人并没有真正参与其中。然而在CPS中，人的感知十分重要。

以上文提到的智能交通系统为例，可以做出这样的假设：当智能交通系统感知到高速行驶的汽车与将穿越马路的行人之间存在发生碰撞的可能时，系统或许会以更直接的方法——通过"脑机接口"（Brain-machine Interface，BCD）让人不经大脑思考就来个"立定"，避开事故的发生；而非通常的做法——由系统发出指令让汽车急刹车，或者告诉行人"让步"。

总而言之，CPS可以促使虚拟网络与实体物理系统互相整合。在制造业中，它促使企业建立全球网络，把产品设计、制造、仓储、生产设备融入CPS中，使信息得以在这些相互独立的制造要素间自动交换、接受动作指令、进行无人控制。CPS能够引领制造业不断向着设备、数据、服务无缝连接的方向发展，起着推动制造业智能化的重要作用。

# 第 3 章　智能制造工艺

　　智能制造是实现整个制造业价值链的智能化和创新，是信息化与工业化深度融合的进一步提升。智能制造融合了信息技术、先进制造技术、自动化技术和人工智能技术。智能制造的核心其实是制造工艺。本章主要介绍智能制造相关的制造工艺、智能设计及智能制造装备的相关知识，主要内容如下：

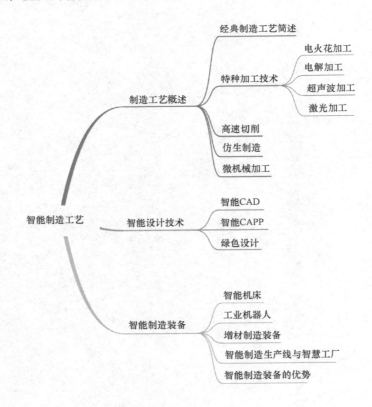

# 3.1 制造工艺概述

## 3.1.1 经典制造工艺简述

经典制造工艺是指常规机械制造领域中使用的一般制造工艺。这些工艺都是经过长期的生产实践形成的基本制造工艺，主要包括车削、钻削、镗削、刨削、铣削和磨削。

车削是在车床上用车刀加工工件的工艺过程。车削加工时，工件的旋转是主运动，刀具作直线进给运动，因此，车削加工适宜于加工各种回转体表面。车削加工在机械制造业中占有重要地位。

钻削包括钻、扩、铰。钻是在钻床上用钻头在实体材料上加工孔的工艺过程，是孔加工的基本方法之一。扩孔是用扩孔钻在工件上已经钻出、铸出或锻出孔的基础上所做的进一步加工，以扩大孔径，提高孔的加工精度。铰孔是在半精加工（扩孔和半精镗）基础上进行的一种精加工。铰孔精度在很大程度上取决于铰刀的结构和精度。对于中等尺寸以下较精密的孔，在单件、小批量乃至大批量生产中，钻、扩、铰是常采用的典型工艺。

镗削是利用镗刀对已钻出、铸出或锻出的孔进行加工的过程。对于直径较大的孔（一般 $D>80 \sim 100mm$ ）、内成形面、孔内环形槽及有位置关系要求的孔系等，镗孔是唯一的加工方法。在镗床上不仅可以镗孔，还可以进行钻孔、扩孔、铰孔、铣平面、车外圆、车端面、切槽及攻螺纹等工作。

刨削是指在刨床上用刨刀加工工件的工艺过程。刨削主要用来加工平面（如水平面、垂直面及斜面），也广泛用于加工沟槽（如直角槽、V 形槽、T 形槽、燕尾槽），如果进行适当的调整或增加某些附件，还可以加工齿条、齿轮、花键和母线为直线的成形面等。

铣削是指在铣床上利用铣刀对工件进行切削加工的工艺过程。铣削是平面加工的主要方法之一。传统的铣削较多地用于铣轮廓和槽等简单外形特征。数控铣床可以进行复杂外形和特征的加工。铣镗加工中心可进行三轴或多轴铣镗加工，用于加工模具、检具、胎具、薄壁复杂曲面、人工假体、叶片等。

磨削是指以砂轮作为切削工具的一种精密加工方法。

## 3.1.2 特种加工技术

特种加工是依靠特殊能量（如电能、化学能、光能、声能、热能等）来进行加工的方法，用以解决一些传统加工方法难以加工的新材料（如高熔点、高硬度、高强度、高脆性、高韧性等难加工材料）及一些特殊结构（如高精度、高速度、耐高温、耐高压等）零件的加工问题。其加工方法主要有电火花加工、电解加工、激光加工、超声波加工、电子束加工、离子束加工等。相对于传统切削加工方法而言，特种加工具有以下特征：

1）加工工具硬度不必大于工件材料的硬度；

2）在加工过程中，不是依靠机械能而是依靠特殊能量去除工件上多余的金属层。

因此，工具与工件之间不存在显著的机械切削力。目前，在机械制造中，特种加工已

成为不可缺少的加工方法，随着科学技术的发展，其应用将更加普遍。

**1. 电火花加工**

（1）基本原理

电火花加工是利用脉冲放电的电蚀作用对工件进行加工的方法。所以，也称电蚀加工或放电加工。电火花加工原理示意图如图3-1所示。加工时，工件和工具分别与脉冲电源的阳极和阴极相连接。两极间充满液体绝缘介质（如煤油、去离子水等）。间隙自动调节器使工具和工件之间保持一个很小的放电间隙。由于工具和工件的微观表面是凸凹不平的，两极间"相对最靠近点"的电场强度最大，其间的液体绝缘介质最先被击穿并电离成电子和正离子，形成等离子放电通道。在电场力的作用下，通道内的电子高速奔向阳极，正离子奔向阴极，形成火花放电，如图3-2所示。

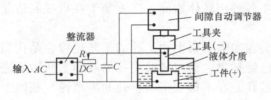

图3-1 电火花加工原理示意图

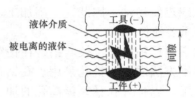

图3-2 两极间放电示意图

由于介质击穿过程极其迅速（仅为$10^{-7} \sim 10^{-5}$s），放电通道内的电流密度又很大（$10^4 \sim 10^7$A/cm），因此，瞬时释放的电能很大，并转换成热能、磁能、声能、光能及电磁辐射能等，其中大部分转换成为热能，通道中心温度可达10000℃以上，高温使两极放电点局部熔化或汽化，通道的介质也汽化或热裂分解。汽化过程会产生很大的热爆炸力，把熔化状态的材料抛出，在两极的放电点各形成一个小凹坑（见图3-3a），于是两极间隙增大，火花熄灭，工作液则恢复绝缘。当两极间隙达到放电间隙时，便产生下一个脉冲火花放电，又将工件蚀除一个小坑。如此周而复始，在工件表面和工具表面形成了无数个小凹坑（见图3-3b）。随着工具电极的不断进给，工具的形状便被逐渐复制在工件上。

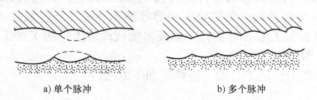

a）单个脉冲　　　　　　　b）多个脉冲

图3-3 放电后加工表面局部放大图

（2）极性效应

电火花加工时，阳极和阴极表面都受到放电腐蚀作用，但两电极的蚀除速度（或蚀除量）不同，即使两极材料相同也不例外，这种现象叫极性效应。

这是由于在放电过程中，两极表面所获得的能量不同所致。当用短脉冲加工时，阳极的蚀除量大于阴极；当用长脉冲加工时，阴极蚀除量较大。所以，采用短脉冲加工时，工件应接阳极，成为正极性加工；采用长脉冲加工时，工件应接阴极，成为负极性加工。极性效应除了与放电时间有关系以外，还与电极材料和脉冲能量等因素有关。在进行电火花加工时，除了正确选择极性外，还要合理选择电极材料。常用的电极材料有石墨、纯铜，另外还有铸铁、钢、铜钨合金及银钨合金等。

（3）电火花加工的条件

1）工具电极和工件电极之间必须始终保持一定的放电间隙，这一间隙随加工条件而定，通常为几微米至几百微米。

2）火花放电必须是瞬时的脉冲性放电，放电延续一段时间（一般为 $10^{-7} \sim 10^{-3}$s）后，需停歇一段时间。

3）火花放电必须在有一定绝缘性能的液体介质中进行。

（4）电火花加工机床

如图 3-4 所示，成型电火花加工机床主要由机床本体、工作液循环系统、间隙自动调节器和脉冲电源四部分组成。

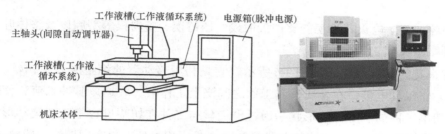

图 3-4  成型电火花加工机床

1）机床本体。用来安装工具电极和工件电极，并调整它们之间的相对位置，主要包括床身、立柱、主轴头、工作台等。

2）工作液循环系统。由工作液箱、泵、管、过滤器等组成，目的是为加工区提供较为纯净的液体工作介质。

3）间隙自动调节器。自动调节两极间隙和工具电极的进给速度，维持合理的放电间隙。

4）脉冲电源。把普通交流电转换成频率较高的单向脉冲电的装置。电火花加工用的脉冲电源可分为弛张式脉冲电源和独立式脉冲电源两大类。弛张式脉冲电源结构简单、工作可靠、成本低，但生产率低，工具电极损耗大。独立式脉冲电源与放电间隙各自独立，放电由脉冲电源的电子开关元件控制。晶体管脉冲电源是目前最流行的独立式脉冲电源。

（5）电火花加工的工艺特点

1）可加工任何导电材料。电火花加工是利用电能而不是利用机械能进行加工的，放电区域的瞬时温度很高（10000℃），可熔化和汽化任何材料。

2）加工精度较高，表面粗糙度较小。电火花加工的尺寸精度为 0.01mm，表面粗糙度值 $Ra$ 为 0.8μm，其加工精度与电压、电流、电容以及电极材料有关，用弱电加工，尺寸精度可达 0.002 ~ 0.004mm，表面粗糙度值 $Ra$ 可达 0.1 ~ 0.05μm。

3）生产率较低。电火花加工的生产率与电压、电流、电容以及电极材料有关。用强电加工，生产率高；用弱电加工，生产率低。与电解加工相比，电火花加工的生产率较低。

4）无切削力。有利于小孔、窄槽、薄壁工件以及复杂型面的加工。

5）直接利用电能加工，便于实现自动化控制。

6）工艺适应面宽、灵活性大，可与其他工艺结合应用。

（6）电火花加工的应用

1）穿孔加工。电火花加工能够加工各种小孔（Φ=0.1～1mm）、型孔（如圆孔、方孔、多边形孔、异形孔等，见图3-5）、窄缝等，小孔的精度可达0.002～0.01mm。

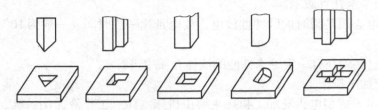

图3-5　电火花型孔加工

2）型腔加工。电火花加工能够加工锻模、压铸模、塑料模等型腔以及整体叶轮、叶片等曲面零件。

3）电火花线切割加工。如图3-6所示，它是利用移动着的细金属丝（钼丝、钨钼丝、黄铜丝等）作工具电极，在金属丝和工件之间浇上工作液，并通以脉冲电流，使之产生火花放电而切割工件的。工件的形状是通过电极丝与工件在切割过程中连续运动形成的，其运动轨迹可以用靠模。电火花线切割加工的特点是：成本低，生产周期短；线电极损耗少，加工精度高；工件形状容易控制。因此，电火花线切割被广泛用于加工冲模、样板、形状复杂的精密细小零件、窄缝等。

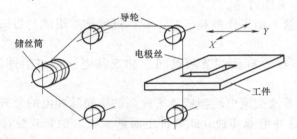

图3-6　电火花线切割加工原理

4）其他应用。如电火花磨削加工、电火花表面强化、去除折断工具、齿轮跑合等。

**2. 电解加工**

（1）基本原理

电解加工是利用"电化学阳极溶解"原理，对金属材料进行加工的方法。电解加工的基本原理如图3-7所示。加工时，工件接直流电源的正极（阳极），工具接直流电源的负极（阴极），两极保持一定的间隙（0.1～1mm），高速（5～60mm/s）流动的电解液从间隙中通过，形成导电通路，于是工件（阳极）表面的金属被逐渐溶解腐蚀，电解产物被流动的电解液带走。

加工开始时，阴极与阳极之间距离越近的地方通过的电流密度越大，电解液的流速越高，阳极溶解的速度也越快。阴极工具不断向工件进给，阳极工件表面不断被电解，直至工件表面形状与阴极工具表面形状相似为止，如图3-8所示。

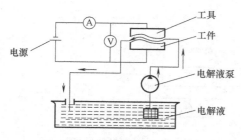

图3-7　电解加工的基本原理图

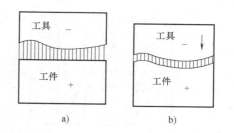

图3-8　电解加工成形原理

（2）电解加工的工艺特点

与其他特种加工方法相比较，电解加工具有以下特点：

1）加工范围广。不受材料的机械性能的限制，可加工任何导电材料。

2）生产率高。由于电解加工一次成形，其生产率是电火花加工的5～10倍，在特殊情况下，比传统加工方法的生产率还高。

3）加工表面完整性好。加工表面粗糙度值 $Ra$ 为0.2～0.8μm，表面质量好，加工表面无残余应力和变质层。

4）加工精度较低。电解加工的精度比电火花加工低，且不易控制。在一般情况下，型孔的加工精度为±0.03～0.05mm，型腔的加工精度为±0.05～0.2mm。

5）工具电极不损耗，寿命长。

（3）电解加工的应用

1）电解加工可加工各种型孔、型腔及复杂型面（如发动机叶片等）。

2）电解加工可进行深孔加工。图3-9所示为移动式阴极深孔扩孔电解加工示意图。阴极主体用黄铜或不锈钢等导电材料制成，非工作表面用绝缘材料覆盖。前导引和后导引起定位和绝缘作用。电解液从接头内孔引进，由出水孔喷入加工区。

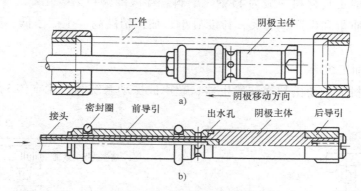

图3-9　移动式阴极深孔扩孔电解加工示意图

3）电解去毛刺。电解去毛刺的原理如图3-10所示。工件毛刺的阳极表面露出，其他部分用绝缘材料覆盖，以便只有工件毛刺部分发生阳极溶解，达到去除毛刺的目的。

4）电解刻印。电解刻印的原理如图3-11所示。刻印时，将模板置于刻印器阴极与工件之间，通过电解液使金属表面发生阳极溶解，从而显示出所需要的文字或图案。

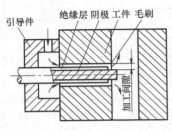

图 3-10　电解去毛刺的原理

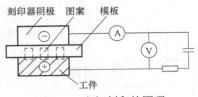

图 3-11　电解刻印的原理

### 3. 超声波加工

（1）基本原理

超声波是频率超过 16000Hz 的声波，其能量比普通声波大得多，能量强度可达几十到几百瓦。超声波加工是利用工具作超声高频振动时，磨料对工件的机械撞击和抛磨作用以及超声波空化作用使工件成形的一种加工方法。

超声波的加工原理示意图如图 3-12 所示。加工时，工具以一定压力通过磨料悬浮液作用在工件上。超声波发生器产生超声高频振荡信号，通过换能器转换成振幅很小的高频机械振动，振幅扩大棒将机械振动的振幅放大到 0.01～0.15mm 的范围内，振幅扩大棒带动工具做高频机械振动，迫使悬浮磨料以很高的速度不断撞击、琢磨和抛磨工件加工表面，使工件局部材料破碎。虽然每次破碎的材料很少，但每秒钟有 16000 次以上。另外，磨料悬浮液受到工具端部的超声高频振动作用而产生液压冲击和空化现象。空化现象是指在工件表面形成液体空腔，闭合时引起极强的液压冲击，促使液体钻入工件材料的裂缝中，加速机械破碎作用。磨料悬浮液是循环流动的，以便更新磨料并带走被粉碎的材料微粒。于是工具逐步深入到工件材料中，工具形状便"复制"到工件上。

超声波加工的工具材料一般为 45 钢。磨料悬浮液的磨料为碳化硼、碳化硅或氧化铝。磨料粒度与加工质量和生产率有关，粒度号小、加工精度高、生产率低。磨料悬浮液的液体为水或煤油。

（2）超声波加工机床

超声波加工机床主要由超声波发生器、超声波振动系统和机床本体 3 部分组成，如图 3-13 所示。

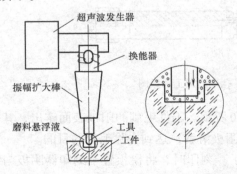

图 3-12　超声波的加工原理示意图

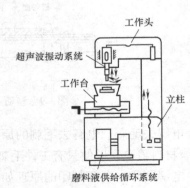

图 3-13　超声波加工机床示意图

1）超声波发生器。其作用是将50Hz的交流电转换成频率为16000Hz以上的高频电。

2）超声波振动系统。其作用是将高频电转换成高频机械振动，并将振幅扩大到一定范围（0.01～0.15mm），主要包括超声波换能器和振幅扩大棒。

3）机床本体。机床本体就是把超声波发生器、超声波振动系统、磨料悬浮液系统、工具及工件等按所需要的位置和运动组成一个整体。

（3）超声波加工的工艺特点

与其他加工方法相比较，超声波加工具有以下特点：

1）能加工各种高硬度材料。由于超声波加工基于冲击作用，脆性大的材料遭受的破碎作用大，因此，超声波加工主要用于加工各种硬脆材料，特别是电火花加工和电解加工无法加工的不导电材料和半导体材料，如宝石、金刚石、玻璃、陶瓷、硬质合金、锗、硅等。

2）加工精度高，表面粗糙度低。超声波加工的尺寸精度一般可达到0.01～0.05mm，表面粗糙度值$Ra$可达到0.4～0.1μm，加工表面无残余应力，也没有烧伤。

3）生产率较低。

4）切削力小，热影响小，适合加工薄壁或刚性差的工件。

5）容易加工出复杂型面、型孔和型腔。

（4）超声波加工的应用

超声波加工主要用于硬脆材料的型孔、型腔、型面、套料及细微孔的加工，如图3-14所示。另外，超声波加工可以和其他加工方法（电火花加工、电解加工等）结合进行复合加工。图3-15所示为超声波电解复合加工深孔示意图。工件加工表面除了发生阳极溶解以外，超声振动的工具和磨料会破坏阳极钝化膜，空化作用会加速破坏阳极钝化膜，从而使加工速度和加工质量大大提高。

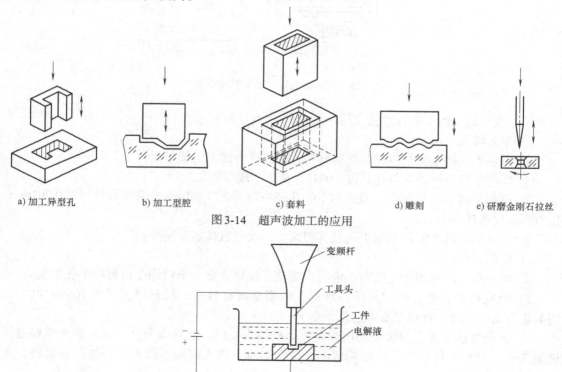

a) 加工异型孔　　b) 加工型腔　　c) 套料　　d) 雕刻　　e) 研磨金刚石拉丝

图3-14　超声波加工的应用

图3-15　超声波电解复合加工深孔示意图

**4. 激光加工**

（1）基本原理

激光除了具有普通光的共性（反射性、折射性、绕射性、干涉性）以外，还具有亮度高、方向性好、单色性好、相干性好等优点。由于激光的方向性和单色性好，在理论上可以聚焦成直径仅为 $1\mu m$ 的小光点，其焦点处的功率密度可达 $108 \sim 1010W/cm^2$，温度高达 $10000℃$。在如此高的温度下，任何坚硬的材料都将在瞬间（<0.01s）熔化和汽化，并产生强烈的冲击波，使熔融物以爆炸的形式喷射出去。激光加工就是利用高温熔融和冲击波作用对工件进行加工的。

图 3-16 所示为固体激光器的加工原理示意图。激光器的作用是将电能转换成光能（激光束）。工作物质是固体激光器的核心，主要有红宝石、钕玻璃和钇铝石榴石 3 种。光泵的作用是使工作物质内部原子产生"粒子数反转"分布，并使工作物质受激辐射产生激光。激光在两块相互平行的全反射镜和部分反射镜之间多次来回反射，相互激发，迅速反馈放大，并通过部分反射镜、光阑、分色镜和聚焦透镜后，聚焦成一个小光点照射在工件上，控制激光器使聚焦小光点相对工件作上下移动，就可进行激光打孔。聚焦小光点相对于工件作平移，即可进行激光切割。

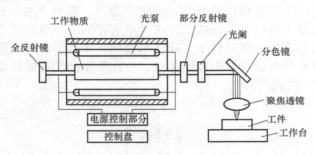

图 3-16　固体激光器的加工原理示意图

（2）激光加工的工艺特点及应用

1）工艺特点

① 可加工任何金属材料和非金属材料，特别适合加工坚硬材料。

② 生产率高，如激光打孔只需 0.001s，易于实现自动化生产。

③ 可加工微小孔和深孔。激光加工的孔径一般为 0.01 ~ 1mm，最小孔径可达 0.001mm，孔的深径比可达 50 ~ 100。

④ 激光加工属于非接触加工，没有切削力，没有机械加工变形。

2）应用场合

① 激光打孔。可用于金刚石、宝石、玻璃、硬质合金、不锈钢等材料的小孔加工。

② 激光切割。激光可切割任何材料。切割金属材料时，材料厚度可达 10mm 以上；切割非金属材料时，材料厚度可达几十毫米。

③ 激光焊接。激光焊接是利用激光将焊接接头烧熔，使其黏合在一起。激光焊接过程极为迅速，材料不易氧化，热影响区小，没有熔渣。激光焊接不仅可以焊接同种材料，也可以焊接不同材料。

④ 激光热处理。它是利用激光对材料表面进行激光扫射，使金属表层材料产生相变，

甚至融化，当激光束离开工件表面时，工件表面热量迅速向内部传导，表面冷却且硬化，从而可提高零件的耐磨性和疲劳强度。通常所使用的激光热处理形式有激光相变硬化和激光表面合金化。

## 3.1.3 高速切削

**1. 基本概念**

高速切削技术是指采用超硬材料的刀具和磨具，利用能可靠地实现高速运动的高精度、高自动化和高柔性的制造设备，以提高切削速度来达到提高材料切除率、加工精度和加工质量的先进加工技术。高速切削加工作为模具制造中最为重要的一项先进制造技术，是集高效、优质、低耗于一身的先进制造技术。

高速加工的理论基于德国物理学家 Carl J. Salomon 提出的 Salomon 曲线，如图 3-17 所示，横轴代表切削速度，纵轴代表切削温度。图形分为三个区域，即常规切削区、不可用切削区、高速切削区。由图 3-17 可以看出，切削温度在 A 区、B 区前半部分随切削速度增大而切削温度增高，在 B 区后半区、C 区切削温度随切削速度进一步增大而降低。当切削温度达到 $m$ 时，切削温度过高不利于切削继续进行，所以在 $v_1$、$v_2$ 之间形成了不可用切削区域；当切削速度大于 $v_2$ 时，切削温度下降到小于 $m$，进入高速切削区域，在高速切削区域内可以得到更高的切削效率。当切削温度超过 $m$ 时，进入不可用切削区域，由于过高的切削温度对刀具材料的红硬性（高温下仍保持足够硬度的特性）要求显著提高，从而使传统的高速钢刀具、普通硬质合金钢刀具在应对更高的切削温度时，显得力不从心。而且，过高的切削温度会对被加工材料产生不良影响，如损伤非耐高温材料、改变材料组织状态、影响零件尺寸精度，所以这一区域不可用于切削。

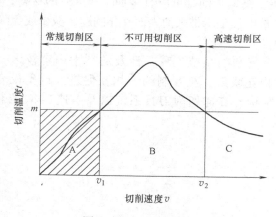

图 3-17　Salomon 曲线

在常规切削加工中备受困扰的一系列问题，通过高速切削加工的应用得到了解决。其切削速度、进给速度相对于传统的切削加工，以级数级提高，切削机理也发生了根本的变化。与传统切削加工相比，高速切削加工发生了本质性的飞跃，其单位功率的金属切除率提高了 30% ~ 40%，切削力降低了 30%，刀具的切削寿命提高了 70%，由于工件的切削热大幅度降低，低阶切削振动几乎消失。高速切削不但成倍提高了机床的生产效率，而且进一

步改善了零件的加工精度和表面质量，还能解决常规加工中某些特殊材料难以解决的加工问题。

**2. 技术特点**

高速切削之所以得到工业界越来越广泛地应用，是因为它相对传统加工具有显著的优越性，具体有以下特点：

1）生产效率有效提高。高速切削加工允许使用较大的进给率，比常规切削加工提高 5～10 倍，单位时间材料切除率可提高 3～6 倍。当加工需要大量切除金属的零件时，可使加工时间大幅减少。

2）至少降低 30% 的切削力。由于高速切削采用极浅的切削深度和窄的切削宽度，因此切削力较小，与常规切削相比，切削力至少可降低 30%，这对于加工刚性较差的零件来说可减少加工变形，使一些薄壁类精细工件的切削加工成为可能。

3）加工质量得到提高。因为高速旋转时刀具切削的激励频率远离工艺系统的固有频率，不会造成工艺系统的受迫振动，保证了较好的加工状态。由于切削深度、切削宽度和切削力都很小，使得刀具、工件变形小，保持了尺寸的精确性，也使得切削破坏层变薄，残余应力小，实现了高精度、低粗糙度加工。

从动力学角度分析频率的形成可知，切削力的降低将减小由于切削力产生的振动（即强迫振动）的振幅；转速的提高使切削系统的工作频率远离机床的固有频率，避免共振的发生；因此高速切削可大大降低工件表面粗糙度，提高加工质量。

4）降低加工能耗，节省制造资源。由于单位功率的金属切除率高、能耗低以及工件的加工时间短，从而提高了能源和设备的利用率，降低了切削加工在制造系统资源总量中的比例，符合可持续发展的要求。

5）简化了加工工艺流程。常规切削加工不能加工淬火后的材料，淬火变形必须进行人工修整或通过放电加工解决。高速切削则可以直接加工淬火后的材料，在很多情况下可完全省去放电加工工序，消除了放电加工所带来的表面硬化问题，减少或免除了人工光整加工。

**3. 关键技术**

高速切削加工是一个复杂的系统工程，涉及的技术内容较多，高速切削相关技术如图 3-18 所示。这些技术相互联系、相互制约、相互促进。这里仅介绍高速主轴单元、高速进给系统、新型机床结构、高速切削刀具系统以及高速 CNC 控制系统等高速切削的关键技术。

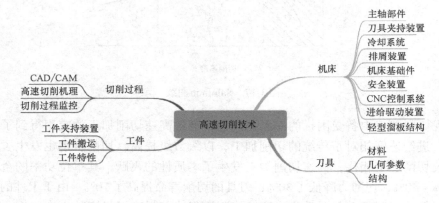

图 3-18　高速切削相关技术

（1）高速主轴单元

高速切削机床主轴通常是在高于10000r/min的条件下高速运转，在这样高速运转的条件下，传统的齿轮变速和带传动方式已不能适应要求，代之以宽调速交流变频电动机来实现数控机床主轴的变速，从而使机床主传动的机械结构大为简化，形成一种新型的功能部件——主轴单元。在超高速数控机床中，几乎无一例外地采用了主轴电动机与机床主轴合二为一的结构形式。即采用无外壳电动机，将其空心转子直接套装在机床主轴上，带有冷却套的定子则安装在主轴单元的壳体内，形成内装式电动机主轴（Build-in Motor Spindle），简称"电主轴"（Elector Spindle）。这样，电动机的转子就是机床的主轴，机床主轴单元的壳体就是电动机座，从而实现了变频电动机与机床主轴的一体化。由于它取消了从主电动机到机床主轴之间的一切中间传动环节，把主传动链的长度缩短为零，因此称这种新型的驱动与传动方式为"零传动"。

高速主轴单元的支承轴承有滚动轴承、气浮轴承、液体静压轴承和磁浮轴承四种类型。高速主轴轴承常用的润滑方式有油脂润滑、油雾润滑和油气润滑等方式，其中油气润滑的特点为油滴颗粒小，能够全部有效进入润滑区域，易于附着在轴承接触表面，供油量能够达到最小油量润滑，兼具润滑和冷却功能，对环境无污染。因此，油气润滑在超高速主轴单元中得到了广泛应用。高速主轴单元如图3-19所示。

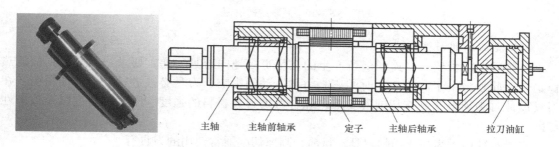

主轴　　主轴前轴承　　定子　　主轴后轴承　　拉刀油缸

图3-19　高速主轴单元

（2）高速进给系统

实现高速切削加工不仅要求有很高的主轴转速和功率，同时要求机床工作台有较高的进给速度和运动加速度。直线电动机直接驱动进给系统已得到了普遍应用。直线电动机直接驱动进给系统没有机械传动环节，没有机械刚性摩擦，几乎没有反向间隙，提供了更高的进给速度和更好的加减速特性，其进给速度可达到160m/min，加速度可达2.5g，定位精度达到0.5 ~ 0.05μm。除此之外，高速进给机构采用小螺距、大尺寸，优质滚珠丝杠或粗螺距的多头滚珠丝杠，目的是在不降低精度的情况下获得较高的进给速度和进给加减速速度。高速进给伺服系统也趋向数字化、智能化和软件化。

（3）新型机床结构

高速切削的高效应用要求机床系统中的部件都必须先进，主要表现在以下四个方面：

1）机床结构刚性。要求提供高速进给的驱动器（快进速度约40m/min，3D轮廓加工速度为10m/min），能够提供$0.4\sim10m/s^2$的加速度和减速度。

2）主轴和刀柄的刚性。要求满足10000~50000r/min的转速，通过主轴压缩空气或冷却系统控制刀柄和主轴间的轴向间隙不大于0.0002in[⊖]。

———————————

⊖ 1in=0.0254m，后同。

3）控制单元。要求32位或64位并行处理器，具有高的数据传输率，能够自动加减速。

4）可靠性与加工工艺。能够提高机床的利用率（6000h/年）和无人操作的可靠性，工艺模型有助于对切削条件和刀具寿命之间关系的理解。

机床的基本结构一般包括床身、底座和立柱。高速切削将产生很大的附加惯性力，因此，高速切削机床的基础结构件必须具有足够的刚度和强度，以及高的阻尼特性和热稳定性。许多高速机床使用聚合物混凝土或人造花岗岩作为床和立柱材料。该材料的阻尼性能是铸铁的7~10倍，密度仅为铸铁的1/3。提高机床刚度的另一项措施是改革机床的结构，例如如图3-20所示的并联结构机床。相对于传统的串联机床，具有较高的刚性，无误差累计，加工精度较高。

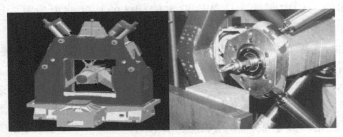

图3-20　并联结构机床

（4）高速切削刀具系统

与普通切削相比，高速切削所产生的热量更多地向刀具传递，要求刀具具有良好的热稳定性。此外，由于高速切削时的离心力和振动的影响，刀具必须进行严格的动平衡。在刀具设计时必须根据高速切削的要求，综合考虑刀具材料的强度、刚度、精度以及耐磨性等因素。

如图3-21所示为高速切削刀具。目前，高速切削通常使用的刀具有

图3-21　高速切削刀具

1）硬质合金涂层刀具，其涂层材料高温耐磨性好，刀具基体有较高的韧性和抗弯强度。

2）陶瓷刀具，其与金属材料的亲和力小，热扩散磨损小，其高温硬度优于硬质合金，但陶瓷刀具韧性差。常用的陶瓷刀具材料有氧化铝陶瓷、氮化硅陶瓷和金属陶瓷等。

3）聚晶金刚石刀具，其摩擦因数低，耐磨性极强，具有良好的导热性，特别适合于难加工材料、黏结性强的有色金属的高速切削，但价格较高。

4）立方氮化硼刀具，其具有高硬度、良好的耐磨性和高温化学稳定性的特点，适合于

淬火钢、冷硬铸铁、镍基合金等材料的高速切削。

高速加工的刀具材料必须根据工件材料和加工性质来选择。一般而言，陶瓷（AlO，SiN）、金属陶瓷及 PCBN 刀具等适用于对钢、铁等黑色金属的高速加工；PCD 和 CVD 等刀具则适用于对铝、镁、铜等有色金属的高速加工。

在高速切削条件下，由于受离心力的作用将使主轴锥孔扩张，导致刀柄与主轴的连接刚度明显降低，径向跳动精度会急剧下降，甚至出现颤振。为了保证高速旋转刀柄的接触刚度，一种新型双定位刀柄已在高速切削机床上得到应用。这种刀柄的锥部和端面同时与主轴保持面接触，在整个高转速范围内，能够保持较高的静态和动态刚性，定位精度显著提高，轴向定位重复精度可达 0.001mm。

（5）高速 CNC 控制系统

用于高速加工的 CNC 控制系统必须具有较高的运算速度和控制精度，以满足复杂曲面型面的高速加工要求。目前，高速切削机床的 CNC 控制系统多采用 64 位 CPU 系统，配置功能强大的计算处理软件，具有加速预插补、前馈控制、钟形加减速、精确矢量补偿和最佳拐角减速控制等功能，有极高的运动轨迹控制精度，以及优异的动力学特征，保证了高速、高进给速度的切削加工要求。

（6）高速切削加工状态监控技术

高速切削加工状态监控技术是指对高速切削加工切削力、切削热、刀具状态及工件加工质量等进行监控的传感器技术，将高速切削加工过程中的切削力、切削热、刀具状态及工件加工质量等进行综合建模，并对刀具状态以及加工质量进行预报。

（7）高速切削数据库

高速切削技术在切削工艺安排、刀具材料及刀具几何参数选用和切削用量选择等方面与普通切削有较大的差别，实际生产中需要较全面的实用化的高速切削数据库，需要根据高速机床性能、工件材料性能、工件几何形状、刀具材料性能、刀具几何参数、夹具、工件加工质量要求等建立高速加工条件下的高速切削数据库，有助于高速切削技术的进一步推广应用。

**4. 高速切削技术的应用**

未来切削加工的趋势是高速切削技术，该技术将会被广泛地应用在机械制造业。现阶段高速切削技术已在很多领域获得了广泛的应用，比如航空航天、汽车、军事等，高速切削主要应用于以下方面：

（1）应用于大批量生产领域的加工

高速切削由于其切削加工效率高、零件加工成本低、加工精度高，广泛应用于大批量生产领域中。尤其是在汽车零件的加工行业，高速切削技术的应用更加广泛。随着人们生活水平的提高，对汽车的需求越来越多，各种汽车产品的需求也越来越多，而对于大批量的生产领域的加工来说，高速切削技术是最适合的加工方法，随着汽车产品更新换代周期的缩短，为高速切削技术的发展提供了广阔的应用空间。

（2）应用于薄壁和细长类零件的加工

由于切削速度高、切削参数小、切削力降低，可有效降低切削热及切削力对工件形状产生的影响，增强加工精度，提高工件质量。尤其是高速切削时径向力大幅度减小，特别适用于薄壁和细长类零件的高速精密加工。当前国外采用数控高速切削加工技术加工铝合金、钛合金薄壁零件的最小壁厚可达 0.005mm。

（3）应用于各种难加工材料的加工

有一些难以加工的材料，比如淬硬钢、高锰钢、耐磨铸铁、合金钢等，采用传统的加工方法难以实现加工目的，这是因为采用传统的加工方法加工时，会在切削区产生很高的切削温度，造成刀具急剧磨损，而高速切削技术适宜应用于各种难加工材料的加工，采用高速切削加工，可有效减少刀具磨损，不但可以大幅度提高生产率，而且可以有效地减少刀具磨损，提高零件加工的表面质量。

（4）应用于超精密微细加工

超精密微细加工对主轴的旋转转速有着极高的要求，它是指使用微型刀具对包括金属在内的各种材料进行微细切削加工。而高速切削技术可满足上述条件，实现超精密微细加工，同时还可以保证切削质量符合相关的规范标准，切削刀具和切削速度正好适用于材料的超精密细微的加工。

# 3.1.4 仿生制造

### 1. 基本概念

模仿生物的组织结构和运行模式的制造系统与制造过程称为"仿生制造（Bionic Manufacturing）"。它通过模拟生物器官的自组织、自愈、自增长与自进化等功能，以迅速响应市场需求。

制造过程与生命过程有很强的相似性。生物的细胞分裂、个体的发育和种群的繁殖，涉及遗传信息的复制、转录和解释等一系列复杂的过程，这个过程的实质在于按照生物的信息模型准确无误地复制出生物个体来。这与人类的制造过程中按数控程序加工零件或按产品模型制造产品非常相似。制造过程中的几乎每一个要素或概念都可以在生命现象中找到它的对应物。建立新的制造模式和研究新的仿生加工方法，将为制造科学提供新的研究课题并丰富制造科学的内涵。此外，进行与仿生机械相关的生物力学原理研究，将昆虫运动仿生研究与微系统的研究相结合，并开发出新型智能仿生机械和结构，将在军事、生物医学工程和人工康复等方面有重要的应用前景。仿生制造为人类制造开辟了一个新的广阔领域。人们在"仿生制造"中不仅是师法大自然，而且是开始学习与借鉴自身内秉的组织方式与运行模式。如果说制造过程的机械化、自动化延伸了人类的体力，智能化延伸了人类的智力，那么，"仿生制造"则是延伸人类自身的组织结构和进化过程。

### 2. 仿生制造的研究内容

仿生制造的研究主要包括利用机械制造、材料加工、生物制造等手段实现仿生材料结构、仿生表面结构、仿生运动结构的制造。仿生制造的主要内容有

1）自生长成形工艺，即在制造过程中模仿生物外形结构的生长过程，使零件结构最外层各处形状随其应力值与理想状态的差距作自适应伸缩直至满意状态为止；又如，将组织工程材料与快速成形制造相结合，制造生长单元的框架，在生长单元内部注入生长因子，使各生长单元并行生长，以解决与人体的相容性和与个体的适配性及快速生成的需求，实现人体器官的人工制造。

2）仿生设计和仿生制造系统，即对先进制造系统采用生物比喻的方法进行研究，以解决先进制造系统中的一些关键技术问题。

3）智能仿生机械。

4）生物成形制造，如采用生物的方法制造微小复杂零件，开辟制造新工艺。

**3. 仿生机械**

仿生机械是模仿生物的形态、结构和控制原理，设计制造出的功能更集中、效率更高并具有生物特征的机械。仿生机械是以力学或机械学作为基础，综合生物学、医学及工程学的一门边缘学科，它既把工程技术应用于医学、生物学，又把医学、生物学的知识应用于工程技术，它包含着对生物现象进行力学研究，对生物的运动、动作进行工程分析，并把这些成果根据社会的要求付之实用化。

仿生机械研究的主要领域有生物力学、控制体和机器人，生物力学研究生命的力学现象和规律，控制体和机器人是根据从生物了解到的知识建造的工程技术系统。其中用人脑控制的称为控制体（如肌电假手、装具）；用计算机控制的称为机器人。仿生机械的主要研究课题有拟人型机械手、步行机、假肢以及模仿鸟类、昆虫和鱼类等生物的各种机械。

仿生机器人是仿生机械中的一个最为典型的应用实例，其发展现状基本上代表了仿生机械的发展水平。日本和美国在仿生机器人的研究领域起步早，取得了较好的成果。我国对仿生机器人的研究始于20世纪90年代，经过几十年的发展研究，在仿生机器人方面也取得了很多成果，研制出了相关的机器人样机，而且有些仿生机器人在某些方面达到了国外先进水平。

仿生机器人就是模仿自然界中生物的外部形状、运动原理和行为方式的系统，能从事生物特点工作的机器人。仿生机器人的主要特点是它们大多为冗余自由度或者是超冗余自由度的机器人，机器结构相对比较复杂，它的驱动结构和常规的关节型机器人也是不相同的，它们通常是采用绳索、人造肌肉或者是形状记忆合金等来进行驱动。主要的仿生机器人有三大类：一是仿人机器人，二是仿生物机器人，三是生物机器人。按照使用环境的不同，又可以将机器人分为水下仿生机器人、空中仿生机器人和地面仿生机器人。

水下仿生机器人是指模仿鱼类或者是其他水生生物的一些特性研制出的新型高速、低噪声、机动灵活的柔体潜水器，这些仿鱼推进器的效率可以达到70%~90%。由于单个水下仿生机器人的活动范围和能力有限，所以具有高机动性、高灵活性、高效率、高协作性的群体水下仿生机器人系统将是未来发展的趋势。

空中仿生机器人是具有自主导航能力、无人驾驶的飞行器。空中仿生机器人具有它独特的优势，比如它们的活动空间比较广阔，运动速度也很快，它们在空中飞行可以不受地形的影响等。这一类机器人的应用前景是非常好的，特别是在军事上的应用。

地面仿生机器人根据行走方式的不同可以分为跳跃式机器人、轮式机器人、足式机器人以及爬行类机器人等，如蛇形机器人或者仿壁虎机器人等。

下面简单介绍一些典型仿生机械的实例。

（1）仿生机器蟹

仿生机器蟹的外形如图3-22所示，共有8只步行足，每只步行足有3个驱动关节，共有24个驱动关节，由24台伺服电动机驱动，形成24个自由度。仿生机器蟹模拟海蟹的多种步态，能够灵活地实现前行、侧行、左右转弯、后退等14个动作。步行足配有16只力传感器，来感知外部环境、检测足尖落地和步行足是否碰到障碍物等信息，为步行足的路径规划提供信息。系统的

图3-22　仿生机器蟹的外形

硬件构架采用嵌入式结构，以 ARM 系统、DSP 芯片作为仿生机器蟹的核心控制器，完成复杂运动的规划和协调任务的运算。该系统采用红外线遥感、力传感器、视觉传感器等，运用多传感器信息融合技术实时辨别外界环境，使机器蟹具有较高的智能性，能够实现在沙滩、平地、草地等环境中前进、后退、左右侧行及任意位置、任意角度、任意方向的转弯等。机器蟹利用红外线遥感控制，具有一定的越障能力和爬坡能力。

（2）水母机器人

如图 3-23 所示，"水母" 机器人是由德国费斯托公司研制生产的。它长有触角，体内充满了氦气，在空中飘浮时就好像水中浮动的水母一样。"空中水母" 的灵活性与便捷性体现了人工智能方面的研究成果，将在海底勘探和航空航天等领域有着光明的应用前景。水母机器人的球形身体是用激光烧结制成的密封舱，它着着 8 根触须，这些仿生触须的构造取材于对鱼鳍功能的剖析。每根触须包含软硬适度的 "主心骨"，骨外面连着柔性的表面，表面分成两个腔，压力可以分别调整，使整个触须向某个方向弯曲。每根触须的顶端都有小鳍，受触须带动，小鳍像鱼尾那样划水，推动水母机器人前行。

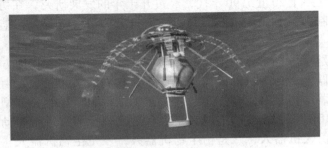

图 3-23 "水母" 机器人

要做到在水中自如游荡并不容易，因此水母机器人还配备了一系列的传感器、功能颇强的通信系统，以及基于机器人群体智能的控制软件。压力传感器告诉水母当前所处的深度，并精确到几毫米；光感应器向它报告潜在障碍的大致位置，包括周围其他水母机器人的位置。

（3）仿生机器鱼

水下机器人由于其所处的特殊环境，在机构设计上比陆地机器人难度大。在水下深度控制、深水压力、线路绝缘处理及防漏、驱动原理、周围模糊环境的识别等诸多方面的设计均需考虑，以往的水下机器人采用的都是鱼雷状的外形，用涡轮机驱动，具有坚硬的外壳以抵抗水压。由于传统的操纵与推进装置的体积大、重量大、效率低、噪声大和机动性差等问题，一直限制了微小型无人水下探测器和自主式水下机器人的发展。鱼类在水下的行进速度很快，金枪鱼速度可达 105km/h，而人类研制的速度最快的潜艇速度只有 84km/h，所以鱼的综合能力是人类目前所使用的传统推进和控制装置所无法比拟的，鱼类的推进方式已成为人们研制新型高速、低噪声、机动灵活的柔体潜水器模仿的对象。仿鱼推进器效率可达到 70% ~ 90%，比螺旋桨推进器高得多，有效地解决了噪声问题。

如图 3-24 所示，RoboShark 机器金枪鱼是博雅工道（北京）机器人科技有限公司研发的第一代工业级水下鱼型机器人，较该公司研发生产的其他水下自主设备具有长续航、低噪声的优势，适合用于长时间的水下巡游、水下追踪等任务。该款产品以鲹科鱼作为原型，采用三关节仿生尾鳍作为唯一的动力源，可以降低设备功耗，适合长时间水中游弋。设备外壳采用吸音材料制成，可以极大程度地降低水中游动过程中产生的噪声。同时将浮潜机构由原先的重心调节装置改为浮力调节装置，使得对设备浮潜运动的控制更为灵活，并可以实现水下的定点悬停。RoboShark采用RoboControl Ⅲ陆地控制单元，对仿生鱼进行远距离（1.5~3km）无线控制，包括仿生鱼近岸回收过程的运动、编辑自主运行轨迹、读取传感器数据等。

（4）仿生机器壁虎

如图3-25所示为仿生机器壁虎，作为一种体积小、行动灵活的新型智能机器人，有可能在不久的将来广泛应用于搜索、救援、反恐，以及科学实验和科学考察。仿生机器壁虎能在各种建筑物的墙面、地下和墙缝中垂直上下迅速攀爬，或者在天花板下倒挂行走，并能够适应光滑的玻璃、粗糙或者粘有粉尘的墙面以及各种金属材料表面，并且能够自动辨识障碍物并规避绕行，动作灵活逼真。其灵活性和运动速度可媲美自然界的壁虎。

图3-24　机器金枪鱼

图3-25　仿生机器壁虎

（5）仿生机器蛇

仿生机器蛇（Machine snake；Snake-machine）是一种新型的仿生物机器人（见图3-26），与传统的轮式或两足步行式机器人不同的是，它实现了像蛇一样的"无肢运动"，是机器人运动方式的一个突破。它具有结构合理、控制灵活、性能可靠、可扩展性强等优点。在军事和民用航空等许多领域具有广泛的应用前景，它足够柔韧，能够抵达其他机械装置无法抵达的区域。可以在有辐射、有粉尘、有毒及战场环境下，执行侦察任务；在地震、塌方及火灾后的废墟中找寻伤员；在狭小和危险条件下探测和疏通管道；能够在一些探测或者灾后搜索援救中发挥重要的作用。

图3-26　仿生机器蛇

以色列研发了一款长约2m的"机器蛇"，其外观和动作与真蛇别无二致，因此能够方便地用来进行军事伪装。它能通过穿越洞穴、隧道、裂缝和建筑物秘密地到达目的地，同时发送图片和声音给士兵，士兵通过一台由计算机控制的装置接收其发回的信息。其次，

"机器蛇"还可以用于携带爆炸物到指定地点。我国研制了一条长 1.2m、直径 0.06m、重 1.8kg 的机器蛇，它能像蛇一样扭动身躯在地上或草丛中自主地运动，可前进、后退、拐弯和加速，其最快运动速度可达 20m/min。头部是机器蛇的控制中心，安装有视频监视器，在其运动过程中可将前方景象实时传输到后方的计算机中，科研人员根据实时传输的图像观察运动前方的情景，向机器蛇发出各种遥控指令。这条机器蛇披上"蛇皮"外衣后，还能像蛇一样在水中游泳。

（6）水面行走机器人

经研究发现，昆虫之所以能够在水面上迅速行走，是靠水下微小漩涡形成的推力，而并非是像过去人们想象的那样完全依靠水的表面张力。受到自然界昆虫能在水面行走的启发，来自卡耐基·梅隆大学的迈汀·斯廷教授在美国麻省理工学院科学家的协助下，带领科研人员研制出了首个具备水面行走能力的微型机器人（见图3-27），这部装置在外形上看起来与人们所熟知的水面掠行虫或水上蚤非常相似。它不仅能在水面行走，还能像水黾一样在水面任意跳跃。

图3-27　微型水面行走机器人

（7）机器狗

波士顿动力工程公司在仿生机器人方面的表现令人瞩目，大狗机器人（见图3-28a）的出世至今震撼人心。大狗机器人长 1m、高 70cm、重量 75kg，从外形上看，它基本上相当于一条真正的大狗。四条腿完全模仿动物的四肢设计，内部安装特制的减振装置。该机器人的内部安装有一台计算机，可根据环境的变化调整行进姿态。大量的传感器能够保障操作人员实时地跟踪大狗机器人的位置并监测其系统状况。

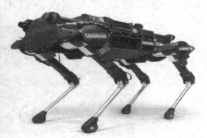

a) 波士顿大狗机器人　　　　　b) 中国"莱卡狗"

图3-28　机器狗

中国制造的"莱卡狗"（Laikago）（见图3-28b），自重仅 22kg；搭配宇树科技自行研发的电机系统具备 18kW 的瞬时功率，可完全摆脱外部供电。其在户外的一般地形下可以快速运动，柔性姿态控制灵活，在被测试人员用脚踹的经典测试场景中表现优异，稳定性一流。

（8）袋鼠机器人

德国费斯托公司研制出一款袋鼠机器人（见图3-29）。该机器人身高超过1m，体重约7kg，每次实现的跳跃动作大约在40cm高、80cm长的范围内。该机器人的腿部"肌腱"是一种压缩空气储存器，可以帮助它精确平稳地奔跑或着地。在压缩空气推力的作用下，实现向上、向前的跳跃动作。腿向后蹬，袋鼠机器人就能够前进，在空中的时候，又会收回到前方。该机器人每完成一次跳跃动作，其爪部便会储存空气能量以继续下一次的跳跃动作。

（9）机器雨燕

一种模拟雨燕的机器鸟——机器雨燕（见图3-30）进行首次飞行后，证实其可变形的羽毛翅膀的飞翔能力不同凡响，它能像普通雨燕那样改变翅膀的形状，高速灵活地飞行。机器雨燕翼展达51cm，重量不超过80g，携带3个微型摄像机，这些特点可以让它成为翱翔天空的空中间谍。此外，其电子马达可以驱动它跟随真鸟群飞行20min，在不打扰野鸟的情况下对野鸟进行科学观察；其也可以盘旋在人群或车辆上方，为政府和司法部门执行1h的对地侦察。

图3-29　袋鼠机器人

图3-30　机器雨燕

（10）机器苍蝇

哈佛大学研制出了一款体型小巧的机器苍蝇（见图3-31），可用于隐蔽地侦察有毒物质。目前，首只机器苍蝇原型机已经制造完毕，重量只有60mg，翼展不超过3cm。为了让机器苍蝇看起来更像是真正的苍蝇，研究人员在研制过程中还用到了激光加工技术。借助激光，科学家们成功制造出了极其纤薄的碳纤维薄片。通过将这些碳纤维薄片进行连接，研究人员成功地将各种功能组件连接在了一起。

在仿生机器人中，人们相当重视的还有类人机器人的研究和发展。类人机器人的最大特征就是能够用双足行走，双腿直立行走是人类特有的步行方式。类人机器人主要是在外形上仿人，具有类人行走和完成抓取等基本操作功能，它集成了多门学科知识和多项高新科技，代表了机器人的尖端技术。

## 3.1.5　微机械加工

### 1. 基本概念

微机械是一种以毫米为度量单位、必须借助专用装置和仪器来观察其工作状况的、体积很小、重量很轻的机电一体化产品。微机械按其尺度可分成3类，即1～100mm为小型机械；10μm～1mm 为微型机械；10nm～10μm为超微型机械。

相对传统机械而言，微型机械具有体积小、重量轻、能耗低、集成度高和智能化程度高等特点。微型机械并不是传统机械的简单微型化，其在尺度、结构、材料、制造方法和工作原理等方面，都与传统机械截然不同；微型机械学的学科基础、研究内容和研究手段等，也与传统机械学不同，因而具有其独特的学科系统，构成了一门新的学科。

图 3-31　机器苍蝇

**2. 微机械材料**

目前微机械最主要的基础材料是单晶硅，以单晶硅作为基底，在其中进行各种平面加工或立体加工。这是由于单晶硅具有以下优点：①具有最适宜微细加工的结构和特性；②具有适宜于微机械要求的机械强度；③来源广泛，提纯和控制技术成熟，制造成本低。由于单晶硅在高速运动时易于断裂，所以新发展的可动微机械一般采用多晶硅制造，它仍以单晶硅为基底，再在单晶硅上淀积多晶硅，然后在多晶硅中进行各种构形加工。为防止在加工或使用时因超过应力限度或因内部缺陷导致硅断裂，通常在硅加工中尽量地避免高温和使用过大的应力。在硅表面最好淀积一层 $Si_3N_4$ 保护膜。

**3. 关键技术**

进行微型机械加工的关键技术主要有以下 3 种。

（1）超微技术（Super Micro Technology）

超微技术须在洁净的环境下进行，其中的关键在于刻蚀技术。一般选用光刻，即将微型机械零件硅基板经光射照相成形，生成零件几何外形，有待后续深加工。常用的超微技术见表 3-1。

表 3-1　常用的超微技术

| 分类 | 方法 | 说明 |
|---|---|---|
| 图形形成 | 紫外线光刻 | 半导体工艺 |
|  | 同步加速器辐射光刻 | LIGA 工艺 |
| 腐蚀 | 各向同性腐蚀 | $HF/HNO_3$ 系 |
|  | 各向异性腐蚀 | KOH、EDP 等 |
|  | 牺牲层腐蚀 | 多晶硅，$SiO_2$ 等 |
|  | 干法腐蚀 | 离子体、反映离子、激光等 |
| 沉积 | 低压 CVD | 多晶硅、$Si_3N_4$ |
|  | 等离子 CVD | $SiO_2$、$Si_3N_4$ |
|  | 溅射 | 金属膜、绝缘膜 |
|  | 真空蒸发 | 金属膜 |
|  | 外延生长 | 单晶硅 |
|  | 选择 CVD | W |
|  | 选择硅化处理 | $TiSi_2$、$WSi_2$ |
|  | 电镀 | LIGA |
| 键合 | 阳极键合 | 硅玻璃键合，硅硅健合 |
|  | 硅硅键合 |  |
| 个别加工 | 特种加工 | 特精、特微、原子移动和原子水平加工 |
|  | 扫描隧道显微镜技术 |  |

1）集成电路技术。这是一种发展十分迅速且较成熟的、制作大规模电路的加工技术，

在微型机械加工中使用较为普遍，是一种平面加工技术。这种技术的刻蚀深度只有数百纳米，且只限于制作硅材料的零部件。

2）腐蚀成型技术。腐蚀成型技术是微型机械深层次加工的主要途径，先将光刻后的硅体用腐蚀剂腐蚀、脱去牺牲层、留下加工层、清洗，最后制成工件。腐蚀法有湿法与干法两种，湿法又分溶液法和阳极法，干法又分离子法和激光法。其中溶液法由于使用简单、成本低、工艺效果好，加工范围宽而备受青睐。溶液法腐蚀常用的腐蚀剂有 EDP、KOH、$H_2N_2$ 3 种。按比例、温度控制腐蚀速度，生成掩膜 $SiO_2$ 或 $Si_3N_4$，以满足硅体浸蚀的选择性、掩蔽性、各向异性和超精密高水准的特殊要求。而激光腐蚀法通过辐射剂量调节，几乎任何形状的微型机械构件都能由此腐蚀加工出来。

3）光刻电铸技术。这一技术是由德国卡尔斯鲁厄核研究中心开发的，从半导体光刻工艺中派生出来的一种加工技术。其机理是由深层 X 射线光刻、电铸成型及注塑成型 3 个工艺组成，其主要工艺过程由 X 光光刻掩模板的制作、X 光深光刻、光刻胶显影、电铸成模、光刻胶剥离、塑模制作及塑模脱模成型组成。这种技术使用波长为 0.2～1nm 的 X 光，可刻蚀至数百微米深度，刻线宽度为十分之几微米，是一种高深宽比的三维加工技术，适于用多种金属、非金属材料制造微型机械构件，缺点是使用的光源不易获得。

4）键合法。用于微型机械构件由硅片与玻璃片键合，或硅片与硅片键合的加工工艺，典型的硅玻璃键合工艺是将键合后沉积厚为 0.5～1nm 的玻璃膜先加热到 400℃，再升温到 450℃加电压 500V 维持 1min，继而加电压 800V 维持 10min，然后由 450℃降到 400℃，电压 500V 维持 1min，最后缓缓冷却到室温。上述键合法在键合界面形成的电场强度为 106V/cm，静电引力为 1.96MPa。

5）超微机械加工和放电加工技术。用小型精密金属切削机床及电火花、线切割等加工方法，制作毫米尺寸左右的微型机械零件，是一种三维立体加工技术，加工材料广泛，但多是单件加工、单件装配，因而费用较高。

（2）装配技术

装配技术是把微型机械所需的微型机构、微型传感器、微型执行机构及信号处理和控制电路，以及接口、通信和电源等有机地结合起来，使之成为能完成一定功能的机电一体化产品。

（3）控制、通信及能源制作技术

这一技术把微型传感器、驱动器和控制器等有机地集中协调起来，用于微型机械的控制、通信并向其提供能源等。

**4. 微机械的动力装置**

微机械的动力装置通常采用微电动机或微驱动器。此外，还有用微泵作为执行器的，微泵的研究开始较晚，但发展较快并有所应用。微电动机现已有五种类型，即静电动机、超声电动机、电磁电动机、谐振电动机和生物电动机，其中应用较多的是采用静电力原理的静电动机。微驱动器大多采用压电元件，例如用压电陶瓷实现步进式运动，其移动步长可在 4nm～10μm 之间调节；有一种叠层式静电驱动器，移动步长为 0.1mm。

**5. 微机械传感器**

在微机械传感器中，以微压力、微温度、微加速度、微流量、微气敏传感器的研究应用居多。为了节省能耗，正在试验研究无源微传感器。为了节约芯片的实用面积，正在研究用一个传感器传感几个物理量；甚至将驱动器功能双重化，既可用作传感器，又能作为

驱动器。国外微机械研究的新趋势是利用大规模集成电路的微细加工技术，将机构、驱动器、传感器、控制器等集成在一个多晶硅片上，它既可以将传统的无源机构变为有源机构，又可以制成一个完整的机电一体化的微机械系统，整个系统的尺寸可缩小到几毫米至几百微米。

**6. 微机械的应用前景**

见表3-2，微机械的应用潜力非常巨大。美国国家科学基金委员会列举了微机械的25个重大应用前景。在宇宙航行中，可用全集成气相色谱微系统散布在广阔的太空中，进行星际物质和生命起源的探测；将特制微机器人送到外星球上飞行，其摄像系统可协助轨道器画出星球的地形地貌图。在工业中，可用大量一次性微机器人清除锈蚀、检查和维修高压容器的焊缝。在超大规模集成电器制造中，可用微型气体精控器、微真空操作器、微定位器来提高超大规模集成电路的加工精度和水平。在航空和汽车、坦克的前部装上微机械远红外线导航仪，能早期发现目标或障碍。

表3-2 微机械的应用

| 应用领域 | 实际应用 | | |
| --- | --- | --- | --- |
| 生物、医学 | 细胞操作、细胞融合 | 血管、肠道内自动送药、诊断 | 手术机器人微外科手术 |
| 流体控制 | 微阀、智能阀、微泵 | 微流量测量和控制 | |
| 微光学 | 微光纤开关、微光学探头 | 微光学阵列器件 | 光扫描、调频微干涉仪 |
| VLSI制造 | 真空微操作 | 微定位 | 气体精密控制 |
| 信息仪器 | 磁头 | 打印机头 | 扫描仪 |
| 机器人技术 | 核电站、航天和航空器等中的维修机器人 | 电缆维修机器人 | 自行走传感器 |

# 3.2 智能设计技术

智能设计是指应用现代信息技术，采用计算机模拟人类的思维活动，提高计算机的智能水平，从而使计算机能够更多、更好地承担设计过程中的各种复杂任务，成为设计人员的重要辅助工具。智能设计具有如下特点：

1）以设计方法学为指导。智能设计的发展，从根本上取决于对设计本质的理解。设计方法学对设计本质、过程设计思维特征及其方法学的深入研究是智能设计模拟人工设计的基本依据。

2）以人工智能技术为实现手段。借助专家系统技术在知识处理上的强大功能，结合人工神经网络和机器学习技术，较好地支持设计过程自动化。

3）以传统CAD技术为数值计算和图形处理工具。提供对设计对象的优化设计、有限元分析和图形显示输出上的支持。

4）面向集成智能化。不但支持设计的全过程，而且考虑到与CAM的集成，提供统一的数据模型和数据交换接口。

5）提供强大的人机交互功能。使设计师对智能设计过程的干预，即与人工智能融合成为可能。

智能设计是面向工程开发全过程，能够自动地引导产品设计人员进行产品的设计活动，并能寻求记录不同类型知识的方法。越来越多的人认识到智能设计在工程设计领域中的重要性。美国福特和通用汽车将智能设计技术视为提高产品开发和研发能力的关键技术，并为此开发了一个智能设计系统，该系统提供了一整套从部件到系统层的完整解决方案，包括：产品公差设计系统、机床切削工具选择系统、计算机辅助工艺规划系统、设计知识管理系统和机床诊断系统等。智能设计是将人工智能（包括知识表示、推理、知识库等）与 CAX 系统有机地结合为一体的设计。下面简单介绍智能 CAD 和智能 CAPP。

## 3.2.1 智能 CAD

### 1. 基本概念

（1）智能 CAD 技术

智能 CAD 技术实际上就是人工智能技术与 CAD 技术结合在一起形成的新技术，从结构上来看，智能 CAD 技术主要可分为三个部分，即基础层、支撑层和应用层。其中，应用层的主要功能是根据不同工作环境的特点，借助相关软件来完成特定的工作。支撑层主要由数据库管理软件、网络服务软件、分析软件等构成，其主要作用是为相关应用工作的开展提供软件支撑。基础层可分为计算机外部设备与系统软件两个部分，它是智能 CAD 系统中最基本、核心的部位。具体来说，智能 CAD 的功能主要有：

1）计算和分析功能。CAD 技术能借助数字仿真模拟、有限元分析等来完成计算和分析工作，同时还能提高计算结果的准确性。

2）图形图像处理功能。如比较常见的图形输出功能、三维几何模型制造等。

3）数据管理和交换功能。比如对数据库的管理，利用不同的 CAD 系统，可实现数据的及时交换和处理。

4）文字的编辑和文档的制作等功能。CAD 技术具有强大的文字处理功能，可在短时间内完成大量文档的制作处理工作。除了上述四种主要功能外，CAD 技术还具备设计功能和一些网络功能。

（2）智能 CAD 系统

智能 CAD 系统与传统 CAD 系统的区别在于智能化。智能 CAD 系统通常运用专家系统或人工神经网络两种人工智能技术。其中，专家系统是在知识系统的基础上衍生的，主要是利用计算机对知识进行获取和处理的技术，在实际的应用过程中，就是先把专家的知识和经验输入计算机中，这和普通的问题求解系统有着本质的区别：普通的问题求解系统是没有智能化的，而这个系统可以最大程度上模拟专家处理问题，在设计人员处理的过程中，这个系统会给设计人员进行提示，指出当前设计中存在的一些问题，并对下一步的工作提出建议，其一般由知识库推理机、知识获取系统和解释机构等构成。基于人工神经网络的智能 CAD 系统是模仿人类神经元建立的，在人工神经网络系统中，大部分的变量都是可以调节的，对信息的存储也是分布式的，与专家系统相比，人工神经网络的适应能力和容错能力都要强很多，同时还具有一定的自组织能力。智能 CAD 是在 CAD 系统中融入人工智能

的理论和方法，把图形库、工程数据库、知识库、管理系统等进行集成，使计算机能模拟设计人员的智能和思维，进行方案决策和图形处理。知识的应用不但大大提高了CAD系统设计的自动化，而且有助于产品的开发创新。

### 2. 智能CAD系统的结构

目前，智能CAD系统主要是基于专家系统的智能CAD系统。其结构和传统的CAD结构相比，除了要具有工程的图形和数据库外，还要具有一个专家系统的知识库和对图形、数据、知识的管理系统，如图3-32所示的就是一个基于专家系统的智能CAD系统结构示意图。

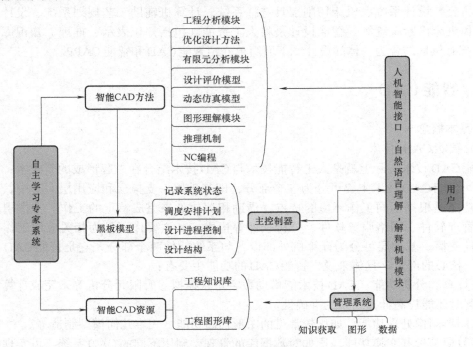

图3-32　基于专家系统的智能CAD系统结构示意图

在专家系统的智能CAD中，设计模型通常都是对模型的又一次设计，在对机械结构模型进行设计时，首先要对模型进行分解，把整个机械结构模型分解成若干个独立的小模型，对于这些小模型的设计就会简单很多，当每个独立的小模型设计完成之后，就可以把这些小模型组合起来，最后完成整个机械结构模型的设计，这种小模型的设计过程，通常被称为迭代设计。在对小模型的设计过程中，每设计出一个机械结构模型方案，就通过人工智能系统对设计出的方案进行分析，直到选择出一个最适合的设计方案，对于分成的小机械结构模型设计出方案分析，就要由智能CAD中的自主学习专家系统进行分析，最后得出一个最优的设计方案。

### 3. 智能CAD的发展趋势

智能CAD的概念在20世纪就被提出了，经过多年的发展，已经在机械机构模型设计等领域得到了广泛的应用，而且随着其在工业设计中的使用，智能CAD自身也在不断地发展，越来越多成功利用智能CAD制造出实物的案例表明，智能CAD必然是未来机械结构等模型设计使用的工具，而智能CAD为了满足越来越繁杂、精细的工业设计，其自身也将会向集成化、网络化、人机交互化和标准化方向发展。

（1）集成化

在CAD系统被提出的初期，CAD与其衍生出的CAM（计算机辅助制造）、CAPP（计算机辅助工艺规划）、CAE（计算机辅助工程）等都是独立应用的，虽然有很多软件把这几种系统都集合到一起，相互之间也可以进行一定程度上的调用，但是这种简单地把几个系统集合到一起还不能称为集成，真正意义上的集成化应该包括不同系统之间功能的集成、信息的集成、过程的集成和动态联盟企业的集成，目前的CAD衍生系统中，CIMS（计算机集成制造系统）把CAD和CAM很好地高度集成到一起，但是随着工业技术的发展，只把CAD和CAM进行集成已经无法满足目前机械结构等模型设计的需求，必须把CAPP、CAM、CAE、VM（虚拟制造）等进行高度的集成，才能完成未来机械结构设计的需求。这种集成化不但能提高机械结构模型设计的效率，而且对CAD的智能化也会有所提高，由于CAD和CAM等开发初期，都是按照自身的路线发展，CAM和CAPP等自身都有一定的智能化系统出现，如果把这些系统集成到一起后，不同的智能化系统之间也可以进行一定的互补。

（2）网络化

随着互联网的发展，各种技术和系统都有网络化的发展趋势，在网络化之后，各个系统之间进行协同作业，例如把智能CAD进行网络化之后，不同智能CAD系统之间的知识库和数据库等都可以进行共享，CAD的智能化将会提高到一个新的层次，不同的机械结构模型设计人员在进行设计时，也可以进行协同设计，传统的机械结构模型往往都是由一个设计人员进行全程的设计，这种设计效果必然会受到这个设计人员自身素质的影响，如果把智能CAD进行网络化连接之后，那么多个机械结构模型设计人员就可以进行协同设计，这样设计人员之间的缺点就可以进行一定程度上的互补，除了可以利用智能CAD进行协同设计之外，还可以利用网络化建立一个企业联盟，通过互联网上的需求关系，对市场的反应也能够更加得迅速。

（3）人机交互化

由于智能 CAD 系统面向的是机械结构等模型的设计者，换而言之，智能CAD系统的使用者是人，所以人机交互化也是未来智能CAD发展的一个趋势，目前的智能CAD系统中，人机交互还是利用简单的鼠标和键盘进行输入，显示器和打印机进行输出，这样的人机交互形式单一，效率也比较低，而且要想使用现在的智能CAD系统，必须具有足够的设计知识才能进行使用，如果把人机交互化变得更加友好、高效、多样，那么CAD的智能化也会相应地提高，在用户接口更加拟人化之后，一些没有CAD专业知识的用户，也可以进行一些简单的设计，而专业的模型设计者使用起来，将会变得更加简单和方便。

（4）标准化

目前开发CAD软件的公司有很多，其中应用最广泛的是美国Autodesk公司开发的Auto-CAD软件，而在智能CAD软件领域中，目前大多都是针对性很强的软件，如针对服装和具体的机械构件模型的智能CAD软件，而这些不同的智能CAD软件之间，目前还没有一个明确的国际化标准，虽然我国在很早就颁布了CAD制图的国家标准，但是由于CAD制图的范围越来越广，模型的设计人员越来越繁杂，国家的制图标准执行得不理想，尤其是随着我国经济与国际接轨，在机械结构等模型设计的领域越来越多地与国外合作，制图标准的不统一已经成为重要的问题，为了适应未来智能CAD发展的需求，制定国际通用的CAD制图标准，已经成为智能CAD发展的迫切需求。

## 3.2.2 智能CAPP

**1. 基本概念**

计算机辅助工艺过程设计（Computer Aided Process Planning，CAPP）是通过向计算机输入被加工零件的几何信息（图形）和加工工艺信息（材料、热处理、批量等），由计算机自动输出零件的工艺路线和工序内容等工艺文件的过程。

CAPP专家系统是通过推理机中的控制策略，从知识库中搜索能够处理零件当前状态的规则，然后执行这条规则，并把每一次执行规则得到的结论部分按照先后次序记录下来，直到零件加工完成，这个记录就是零件加工所要求的工艺规程。CAPP专家系统可以在一定程度上模拟人脑进行工艺设计，使工艺设计中的许多模糊问题得以解决，特别是对箱体、壳体类零件，由于它们结构形状复杂、加工工序多，工艺制造技术基础长，而且可能存在多种加工方案，工艺设计的优劣取决于人的经验和智慧。

智能工艺规划（智能CAPP），就是将人工智能技术（AI技术）应用到CAPP系统开发中，使CAPP系统在知识获取、知识推理等方面模拟人的思维方式，解决复杂的工艺规程设计问题，使其具有人类"智能"的特性。实际上，CAPP专家系统就是一种智能CAPP，它追求的是工艺决策的自动化。它能将众多工艺专家的知识和经验以一定的形式存入计算机，并模拟工艺专家推理方式和思维过程，对现实中的工艺设计问题自动地做出判断和决策。CAPP专家系统的引入，使得CAPP系统的结构由原来的以决策表、决策树等表示的决策形式，发展成为知识库和推理机相分离的决策机制，增强了CAPP系统的柔性。专家系统的优劣取决于知识库所拥有知识的多少、知识表示与获取方法是否合理以及机理机制是否有效。

**2. 智能CAPP的组成**

智能CAPP系统由工艺过程设计模块、零件信息输入模块、控制模块、工序决策模块、工步设计决策模块、信息输出模块、加工指令生成模块和加工过程动态仿真模块构成（见图3-33）。

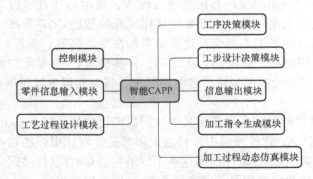

图3-33  智能CAPP的组成

各模块的功能如下：

1）控制模块。协调各模块的运行，实现人机之间的信息交流，控制零件信息的获取方式。

2）零件信息输入模块。通过直接读取CAD系统或人机交互的方式，输入零件的结构与技术要求。

3）工艺过程设计模块。对加工工艺流程进行整体规划，生产工艺过程卡，供加工与生产管理部门使用。

4）工序决策模块。对以下方面进行决策：加工方法、加工设备以及刀夹量具的选择、工序、工步安排与排序，刀具加工轨迹的规划、工序尺寸的计算、时间与成本的计算等。

5）工步设计决策模块。设计工步内容，确定切削用量，提供生成 NC 加工控制指令所需的刀位文件。

6）信息输出模块。以工艺卡片的形式输出产品工艺过程信息，如工艺流程图、工序卡，输出 CAM 数控编程所需的工艺参数文件、刀具模拟轨迹、NC 加工指令，并在集成环境下共享数据。

7）加工指令生成模块。依据工步决策模块提供的文件，调用 NC 指令代码系统，生成 NC 加工控制指令。

8）加工过程动态仿真模块。对所生成的加工过程进行模拟，检查工艺的正确性。

**3. 智能 CAPP 工艺决策专家系统的构成**

基于知识的智能化 CAPP 系统引入了知识工程、智能理论和智能计算等最新的人工智能技术，但其基本结构和传统的 CAPP 专家系统一样，都是以知识库和推理机为中心的。智能 CAPP 工艺决策专家系统由以下几部分构成：

1）输入输出接口。负责零件信息的输入，零件特征的识别和处理以及由系统生成的零件工艺路线、工序内容等工艺文件的输出。这是系统与外界进行信息交换的通道。

2）知识库。包括零件信息库、工艺规则库、资源库和知识库管理系统。这是系统的基础，各种知识的组织和表达形式对系统的有效性起决定性的作用。

3）推理机。是指各种工艺决策算法，包括工艺路线的生成和优化、机床刀具与工装夹具的确定、切削用量的选择等。这是系统的关键，决定着系统智能化的水平。

4）知识获取。是指利用机器学习的方法，从工艺设计师的经验和企业的工艺文件中获取工艺知识，并将其转化为计算机能识别的工艺推理规则，从而不断地更新和扩充工艺规则库。

智能 CAPP 工艺决策专家系统具有如下特点：

① 以"逻辑推理+知识"为核心，致力于实现工艺知识的表达和处理机制，以及决策过程的自动化。

② 采用人工智能原理与技术。

③ 能够解决复杂而专门的问题。

④ 突出知识的价值。

⑤ 具有良好的适应性、开放性。

⑥ 系统决策取决于逻辑合理性，以及系统所拥有的知识的数量和质量。系统决策的效率取决于系统是否拥有合适的启发式信息。

推理和决策方法是智能 CAPP 的核心。在智能革命的浪潮中，近年来的工程设计已从传统的数据、资料密集型转化为信息、知识密集型。如何对大量、复杂和抽象的产品、工艺、制造等数据、信息进行处理，提取高层次的信息和有价值的知识是智能 CAPP 系统面临的挑战。

**4. 智能 CAPP 的特点**

传统的零件加工工艺规划，主要是根据工艺工程师的个人经验对所要加工的零件进行工艺分析，对加工机床、工装夹具与刀具进行选取，最后根据加工要求完成切削用量的选择，进行机械加工。此种工艺规划方式的主要问题在于人为因素对零件最终的加工质量影响很大，由于工艺工程师个人知识与加工经验的不同，导致对于同一零件，不同工艺工程师所选取的工艺参数不尽相同，加工后的零件质量也各不相同。

基于传统的专家系统技术的 CAPP 系统的体系只强调知识和推理这一主要特征的结构，而实际能够完成工艺决策的 CAPP 专家系统却是一个很复杂的基于知识的大型系统。根据工艺设计的多任务和多层次的特点，CAPP 专家系统必定需要多次推理、多路推理，或者多层推理才能解决工艺决策的问题。传统的专家系统主要是基于规则的专家系统，规则作为主要的知识形式存储于知识库中，推理机主要依据规则来推理。由于 CAPP 涉及的有关知识大多是非结构化的、离散的、经验性的，规则形式的表达形式仍很有限，大部分知识难以用规则结构形式表示。

智能 CAPP 系统和基于传统的专家系统 CAPP 系统相比具有以下特点：

1）因为在智能 CAPP 系统中，知识的表示和知识本身是相分离的，所以当加工零件变化或知识更新时，相应的决策方法不会改变。这样就提高了系统的通用性和适应性，能适应不同企业以及不同产品的工艺特点。

2）智能 CAPP 系统以零件的知识为基础，以工艺规则为依据，采用各种工艺决策算法，可以直接推理出最优的工艺设计结果或给出几种设计方案以供工艺设计人员选择。因此，即使是没有经验的工艺人员利用智能化的 CAPP 系统也能设计出高质量的工艺规程。

3）智能 CAPP 系统中，知识库和推理机的分离有利于系统的模块化和增加系统的可扩充性，有利于知识工程师和工艺设计师的合作，从而可以使系统的功能不断趋于完善。

4）工艺设计的主要问题不是数值计算，而是对工艺信息和工艺知识的处理，而这正是基于知识和人工智能的智能 CAPP 系统所擅长的。

5）如果系统具备自学习的功能，可以不断进行工艺经验知识的积累，那么系统的智能性就会越来越高，系统生成的工艺方案就会越来越合理。

综上所述，智能 CAPP 的主要特点在于对机床、工装夹具、刀具及切削用量的选择过程中引入人工智能、大数据、云平台等数据处理技术，引入仿真手段对工艺规划进行仿真与优化。通过参考以往加工相同类型零件所积累的切削用量，对新零件工艺参数的选择具有指导意义。并且通过对大量参考切削用量的提取与分析，选择出适合当前零件的切削用量。如图 3-34 所示为一个基于深度学习卷积神经网络（Convolutional Neural Networks，CNN）的刀具参数的智能选取模型，输入加工条件参数（如工件材料、工件长径比、切削条件、工件夹紧方式、切深、切削类型、加工性质、表面粗糙度及加工精度等），利用 CNN，通过大数据深度学习，输出刀具参数（如刀具材料、前角、后角、刃倾角、主偏角、副偏角及刀尖半径）。

工艺规划的过程并不是仅仅依靠工艺工程师个人的知识与经验进行的，而是参考众多工程师的加工云数据对具有相同特征的零件进行工艺规划，这样所获得的工艺参数更为合理，大大避免了人为因素对加工质量的影响。同时，本次加工过程的信息与加工质量参数同样会被存储起来，并通过云数据进行数据共享，为其他工艺规划提供参考。对于所制订的工艺规划进行仿真，可以对加工过程进行预测，及早发现加工中可能存在的问题与不足，提出改进意见与优化方案。

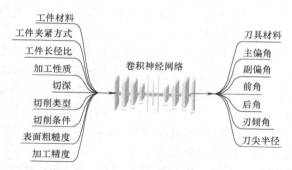

图3-34　基于深度学习卷积神经网络的刀具参数的智能选取模型

## 3.2.3　绿色设计

**1. 基本概念**

绿色设计（Green Design）也称生态设计（Ecological Design）、环境设计（Design for Environment）、环境意识设计（Environment Conscious Design），是一种概念设计。绿色设计是指在产品整个生命周期内，要充分考虑对资源和环境的影响，在充分考虑产品的功能、质量、开发周期和成本的同时，更要优化各种相关因素，使产品及其制造过程中对环境的总体负影响减到最小，使产品的各项指标符合绿色环保的要求。其基本思想是：在设计阶段就将环境因素和预防污染的措施纳入产品设计之中，将环境性能作为产品的设计目标和出发点，力求使产品对环境的影响为最小。

对工业设计而言，绿色设计的原则可以归纳为"3R1D（Reduce、Recycle、Reuse、Degradable）"，即低消耗、可回收、再利用、可降解，要求绿色设计不仅要减少物质和能源的消耗，减少有害物质的排放，而且要使产品及零部件能够方便地分类回收，并能够再生循环或重新利用。

绿色产品设计包括：绿色材料选择设计；绿色制造过程设计；产品可回收性设计；产品的可拆卸性设计；绿色包装设计；绿色物流设计；绿色服务设计；绿色回收利用设计等。在绿色设计中，从产品材料的选择、生产和加工流程的确定，产品包装材料的选定，直到运输等都要考虑资源的消耗和对环境的影响。以寻找和采用尽可能合理和优化的结构和方案，使得资源消耗和环境负影响降到最低。

绿色设计旨在保护自然资源、防止工业污染破坏生态平衡的一场运动。虽然至今仍处于萌芽阶段，但却已成为一种极其重要的新趋向。绿色设计本身已成为了一门工业。

**2. 绿色设计的主要内容**

绿色设计从产品材料的选择、加工流程的确定、加工包装、运输销售等全生命周期都要考虑资源的消耗和对环境的影响，以寻找和采用尽可能合理和优化的结构和方案，使得资源消耗和对环境的负面影响降到最低。为此，绿色设计的主要内容包括绿色产品的描述与建模、绿色产品设计的材料选择与管理、绿色产品的可拆卸性设计、绿色产品的可回收

性设计、绿色产品的成本分析及绿色产品设计数据库。

1）绿色产品的描述与建模。全面准确地描述绿色产品，建立系统的绿色产品评价模型是绿色设计的关键。例如，家电产品已从环境属性、资源属性、能源属性、经济属性、技术性能等指标提出评价体系，以便对产品的绿色程度进行评价。

2）绿色产品设计的材料选择与管理。绿色设计要求设计人员改变传统的选材程序和步骤，选材不仅要考虑产品的使用要求和性能，还应考虑环境约束准则，了解所选择的材料对环境的影响，选用无毒、无污染材料，以及易回收、可重用、易降解的材料。

3）绿色产品的可拆卸性设计。面向可拆卸性设计传统的设计方法多考虑产品的装配性，很少考虑产品的可拆卸性。绿色设计要求将可拆卸性作为产品结构设计的一项评价准则，使产品在使用报废后其零部件能够高效、不加破坏地拆卸，有利于零部件的重新利用和材料的循环再生，达到节省资源、保护环境的目的。产品类型千差万别，不同产品的可拆卸性设计不尽相同。总体上，可拆卸设计的原则包括：①简化产品结构，减少产品零件数目，减少拆卸工作量；②避免有相互影响的材料组合，以免材料相互污损；③易于拆卸，易于分离；④实现零部件的标准化、系列化、模块化，减少零件的多样性。

4）绿色产品的可回收性设计。可回收性设计是指在设计时要充分考虑产品的各零部件回收再用的可能性、回收处理方法、回收费用等问题，达到节省材料、节约能源，尽量减少环境污染的目的。可回收性设计的原则有：①避免使用有害于环境及人体健康的材料；②减少产品所使用的材料种类；③避免使用与循环利用过程不相兼容的材料或零件；④使用便于重用的材料；⑤使用可重用的零部件。可回收性设计的内容包括：①可回收材料的识别及标志；②回收处理工艺方法；③可回收性的结构设计；④可回收性的经济分析与评价。

5）绿色产品的成本分析。绿色产品的成本分析与传统成本分析不同，绿色产品成本分析应考虑污染物的处理成本、产品拆卸成本、重复利用成本、环境成本等，以达到经济效益与环境质量双赢的目的。

6）绿色产品设计数据库。绿色产品设计数据库是一个庞大复杂的数据库，该数据库对产品的设计过程起到举足轻重的作用，包括产品全生命周期中环境、经济等有关的一切数据，如材料成分、各种材料对环境的影响、材料自然降解周期、人工降解时间、费用，以及制造、装配、销售、使用过程中所产生的附加物数量及对环境的影响，环境评估准则所需的各种判断标准等。

**3. 绿色设计的特点**

绿色设计是一个体系与系统，也就是说它不是一个单一的结构与孤立的艺术现象。具体特点如下：

1）生态设计采用生态材料，即其用材不能对人体和环境造成任何危害，做到无毒害、无污染、无放射性、无噪声，从而有利于环境保护和人体健康。

2）生产材料采用天然材料，大量使用废渣、垃圾、废液等废弃物。

3）采用低能耗制造工艺和无污染环境的生产技术。

4）在产品配制和生产过程中，不使用甲醛、卤化物溶剂或芳香族碳氢化合物；产品中不含有汞及其化合物的颜料和添加剂。

5）产品的设计是以改善生态环境、提高生活质量为目标，即产品不仅不损害人体健康，还要有益于人体健康，产品具有多功能化，如抗菌、除臭、隔热、阻燃、调温、调湿、消磁、防射线、抗静电等。

6）产品可循环或回收利用无污染环境的废弃物。

7）在可能的情况下选用废弃的设计材料，如拆卸下来的木材、五金，以减轻垃圾填埋的压力。

8）避免使用能够产生破坏臭氧层的化学物质的机构设备和绝缘材料。

9）购买本地生产的设计材料，体现设计的乡土观念。避免使用会释放污染物的材料。

10）最大限度地使用可再生材料，最低限度地使用不可再生材料。

11）将产品的包装减到最低限度。

**4. 绿色设计方法**

绿色设计方法跟传统设计的最大不同是绿色设计基于产品的全生命周期，并且绿色设计摒弃了传统设计所采用的串行工程法，而采用并行工程法。绿色设计方法主要有以下几种：生命周期设计方法、并行工程方法、模块化设计方法、DFX 设计方法等。

（1）生命周期设计方法

生命周期设计的任务就是谋求在整个生命周期内资源优化利用，减少和消除环境污染，其主要策略与方法：①产品设计应该面向生命周期全过程；②环境的需求分析应在产品设计的初级阶段进行；③实现多学科跨专业的合作开发设计。由于生命周期设计涉及生命周期的各个阶段、各个环境问题和环境效应，以及不同的研究对象，如减少废弃物排放、现有产品的再循环、新产品的开发等，所以产品的设计任务涉及广泛的知识。

（2）并行工程方法

并行工程的实质是在产品的设计阶段就充分地预报该产品在制造、装配、销售、使用、售后服务以及报废、回收等环节中的"表现"，发现可能存在的问题，及时地进行修改与优化。

（3）模块化设计方法

面向绿色设计的模块化方法（Modularization for Green Design）强调将绿色设计思想和模块化设计中的功能分析方法相结合，同时满足产品的功能属性和环境属性，缩短产品研发与制造周期，快速应对市场变化，减少对环境的不利影响，易于产品重用、升级、维修、拆卸、回收和报废处理。具体的模块化设计有：

面向环境意识的模块化设计（Modularization for Environment）要求在产品设计过程中同时满足产品的功能、结构和报废后的可回收属性，增强模块化产品的绿色性能，强调考虑产品的减量化（reduce）、重用性（reuse）和回收性（recycle）的模块化设计方法。面向环境的模块化设计方法，考虑拆卸性、维修性、材料选择、回收及处理四个方面。

面向再制造的模块化设计（Modularization for Remanufacturing）就是在产品模块化设计过程中考虑零部件的再制造性，使产品设计同时满足功能特性以及可拆卸、可回收、可重用、可维修、可升级、可装配性以及环境属性等再制造性指标和要求。产品的再制造性和模块化设计关系密切。面向再制造的模块化设计强调产品设计时在保证基本功能的前提下，优先考虑产品的再制造性，将产品末端的再制造因素作为整体设计的一部分，进行系统的考虑，这样才能充分保证装备今后的良好的再制造能力。

面向可拆卸的模块化设计（Modularization for Disassembly）是以提高产品可拆卸性为目的，在产品模块化设计过程中，考虑模块及零部件的拆卸问题。出发点是方便地回收再利用产品，最大限度地减少对环境的污染。拆卸是回收再利用的基础，是实现产品再制造

的前提。产品的可拆卸性对提高材料再循环利用、资源使用效率及再制造能力，减少环境污染起着关键作用。

面向维修的模块化设计（Modularization for Maintenance）是指在产品设计中同时考虑模块度和维修性，使产品在出现故障后能快速实现模块配置，提高模块化产品的可修复性和平均故障间隔时间，减少平均修复时间。

面向回收的模块化设计（Modularization for Recycling）就是在模块化设计时，重点考虑产品的可拆卸性、可回收性及资源利用率，使产品在寿命终结时回收之后容易拆卸为不同的模块，能够很好地完成回收再利用，在很大程度上解决环境污染与能源消耗问题，从而实现绿色生产。

面向重用（再利用）的模块化设计（Modularization for Reuse）就是在产品模块化设计过程中考虑知识重用、资源重用、再循环利用等因素，提高模块化产品零部件或材料的再利用能力。

（4）DFX设计方法

DFX是Design for X的简称，是指面向产品生命周期的设计，这里X指产品生命周期中的任一环节，例如产品制造、产品装配、产品检测、产品包装和运输、产品维修、环保等。

DFX设计方法是世界上先进的新产品开发技术，这项技术在欧美大型企业中应用得非常广泛。在产品开发过程中和进行系统设计时不但要考虑产品的功能和性能要求，而且要考虑与产品整个生命周期相关的工程因素。

在绿色设计领域中出现了很多面向对象的设计方法，在设计层，X代表产品生命周期或其中某一个环节（装配、加工、使用、维修和回收报废等）；在评价层面X代表产品全生命周期某一阶段产品的竞争力或者决定产品竞争力的因素（性能、质量、时间、成本、可靠性等）。

上述四种不同的设计方法，从四个角度给出了绿色设计的方法。其中在模块化设计方法中，应该更多地考虑将模块化思想和绿色设计准则结合起来，真正地做到绿色模块化设计。许多工程实践证明，模块化设计是一种非常有效的设计方法。生命周期设计是面向产品全生命周期的设计方法思想，要求产品生命周期的各个阶段都要实现绿色。并行工程设计方法在一定程度上与生命周期设计有一定的相似性，但是并行工程不仅仅是用于产品设计，同时也是一种方法理念。所以在进行产品的绿色设计的时候，应将并行工程与绿色设计的目标紧密结合。

## 3.3 智能制造装备

智能制造装备是智能制造技术的重要载体。智能制造装备融合了先进制造技术、数字控制技术、现代传感技术以及人工智能技术，具有感知、学习、决策和执行等功能，是实现高效、高品质、节能环保和安全可靠生产的下一代制造装备。智能制造装备是传统制造产业升级改造，实现生产过程自动化、智能化、精密化和绿色化的有力工具，是培育和发展战略性新兴产业的重要支撑，也是衡量一个国家工业化水平的重要标志。

智能制造装备目前涉及领域众多，在各个领域中的应用和需求逐渐增多，其重要性也随着制造产业的发展逐渐凸显。现阶段智能制造装备主要包括智能机床、智能机器人、增材制造装备、智能成型制造装备、特种智能制造装备等。

## 3.3.1　智能机床

**1. 智能数控技术**

（1）基本概念

数控技术即数字化控制技术，是一种采用计算机对机械加工过程中的各种控制信息进行数字化运算和处理，并通过高性能的驱动单元，实现机械执行构件自动化控制的技术。

智能数控技术，是指数控系统或部件能够通过对自身功能结构的自整定（设备不断修正某些预先设定的值，以在短时间内达到最佳工作状态的功能）改变运行状态，从而自主适应外界环境参数变化的技术。

（2）智能数控技术的组成

智能数控技术是智能数控机床、智能数控加工技术以及智能数控系统的统称。

1）智能数控机床。智能数控机床是最具代表性的智能数控装备。智能数控机床技术包括智能主轴单元技术、智能进给驱动单元技术以及智能机床结构设计技术。

智能主轴单元包含多种传感器，如非接触式电涡流传感器、测力传感器、轴向位移测量传感器、径向力测量应变计、对内外全温度测量仪等，使得加工主轴具有精准的应力、应变数据。

智能进给驱动单元，确定了直线电动机和旋转丝杠驱动的合适范围以及主轴的运动轨迹，可以通过机械谐振来主动控制进给单元。智能数控机床了解制造的整个过程，能够监控、诊断和修正生产过程中出现的各类偏差并提供最优生产方案。换句话说，智能机床能够收集、发出信息并进行自主思考和决策，因而能够自动适应柔性和高效生产系统的要求，是重要的智能制造装备之一。如图 3-35 所示，智能数控机床集合了数控加工技术、智能化状态监控与维护技术、智能化驱动技术、智能化误差补偿技术、智能化操作界面与网络等若干关键技术，具备多功能化、集成化、智能化、环保化的优势特征，必将成为智能制造不可或缺的左膀右臂。

2）智能数控加工技术。智能数控加工技术包括自动化编程软件与技术、数控加工工艺分析技术以及加工过程及参数化优化技术。

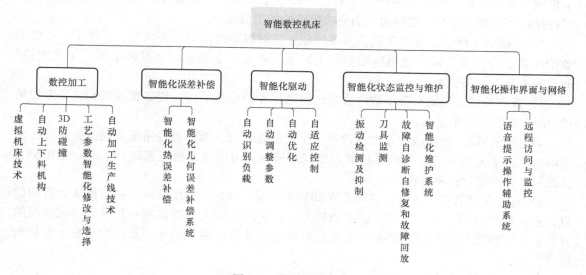

图 3-35　智能数控机床

3）智能数控系统。智能数控系统是实现智能制造系统的重要基础单元，由各种功能模块构成。智能数控系统包括硬件平台、软件技术和伺服协议等。智能数控系统具有多功能化、集成化、智能化和绿色化等特征。

（3）智能数控机床

**2. 智能机床**

如何定义智能机床，它能解决哪些问题？通常智能机床需要明确四个问题，即目标、感知、决策和执行。在目标明确的情况下，智能机床能对自己进行监控，可自行分析众多与加工状态环境相关的因素，最后自行采取应对措施来保证最优化的加工效果。智能机床是能够对制造过程做出决定的机床。机床可自适应柔性和高效生产系统的要求，如实现生产线自动控制、工件自动调度、自动监控，部分关键工序实现工件质量自动检测，刀具实现在线磨损监控、自动补偿和自动报警等。此外，还能计算出所使用的切削刀具、主轴、轴承和导轨的剩余寿命，让使用者清楚其剩余使用时间和替换时间。下面介绍几种典型的智能机床。

（1）沈阳机床的 i5 智能机床

推出的 i5 智能机床是自主研发的拥有核心技术的智能设备。i5 是指工业化、信息化、网络化、集成化、智能化（industry、information、internet、intelligent、integrated）的有效融合。i5 智能机床作为基于互联网的智能终端，实现了操作、编程、维护和管理的智能化，是基于信息驱动技术，以互联网为载体，以为客户提供"轻松制造"为核心，将人、机、物有效互联的新一代智能装备。i5 智能机床对"智能（SMART）"一词，有其独到的战略涵义。SMART 的五个字母代表 i5 智能机床的五个重要特征："S（Simple）"——简便，"M（Maintenance Friendly）"——易维护，"A（Affordable）"——适中，"R（Reliable）"——可靠，"T（Timely to Market & Profit）"——上市快和盈利，并在 SMART 后面衬以红色斜体的"$Y$"，表达是沈阳机床对 i5 智能机床的愿景，是沈阳机床产品的开发理念和指导思想。i5 数控系统的智能化表现在以下五个方面：

1）操作智能化。可通过触摸屏来操作整个系统，机床加工状态时的数据能实时同步到手机或平板计算机，象征着用户"指尖上的工厂"，不论用户在哪里，一机在手即可对设备进行操作、管理、监控，实时传递和交换机床的加工信息。

2）在线加工仿真。在线工艺仿真系统能够实时模拟机床的加工状态，实现工艺经验的数据积累。进一步可以快速响应用户的工艺支持请求，获得来自互联网上的"工艺大师"的经验支持。

3）智能补偿。集成有基于数学模型的螺距误差补偿技术，能使 i5 智能机床达到定位精度 5μm，重复定位精度 3μm。

4）智能诊断。传统数控系统在诊断上反馈的是代码，而 i5 数控系统反馈的是事件，它能够替代人去查找代码，帮助操作者判断问题所在；可对电动机电流进行监控，给维护人员提供数据以进行故障分析。

5）智能车间管理。i5 数控系统与车间管理系统（WIS）高度集成，记录机床运行的信息，包括使用时间、加工进度、能源消耗等，给车间管理人员提供定单和计划完成情况的分析；还可以把机床的物料消耗、人力成本通过财务体系融合进来，及时归集整个车间的运营成本。

（2）日本 Mazak 的智能机床

日本 Mazak 公司对智能机床的定义是：机床能对自己进行监控，可自行分析众多与机床、加工状态、环境有关的信息及其他因素，然后自行采取应对措施来保证最优化的加工。换句话说，机床进化到可发出信息和自行进行思考。结果是：机床可自行适应柔性和高效生产系统的要求。当前 Mazak 的智能机床有以下四大智能：

1）主动振动控制——将振动减至最小；

2）智能热屏障——热位移控制；

3）智能安全屏障——防止部件碰撞；

4）马扎克语音提示——语音信息系统。

Mazak 公司的 Smooth Technology（流畅技术）体现了智能机床的最新发展。其数控系统 MAZATROL Smooth 配备 Windows8 PC 的数控系统以及先进软件，极大地提高了加工效率。通过控制直线轴和转动轴的最佳加速度，使 5 轴联动加工的效率提高 30%；利用简单调谐功能，可根据加工工件自由调整加速度、转角精度、平滑度等参数，使之最优化。客户自身可简单方便地进行加工时间优先、加工面精度优先，或加工形状优先等个性化选择。此外，还具有全面工厂经营支持功能：通过开放的系统结构设计，借助智能手机、平板计算机等外部终端对设备的运转状况进行监控。

（3）日本 Okuma 的智能机床

日本 Okuma 的智能数字控制系统的名称为"thinc"，它是英文"思想"（think）的谐音，表明它具备思想能力。Okuma 认为当前经典的数控系统的设计（结构）、执行和使用已经过时，对它进行根本性变革的时机已经到来。

Okuma 的 thinc 系统不仅可在不受人的干预下，对变化的情况做出"聪明的决策"，还可使机床到达用户厂后，以增量的方式使其功能在应用中自行不断增长，并会更加自适应新的情况和需求，更加容错，更容易编程和使用。总之，在不受人工干预的情况下，机床将为用户带来更高的生产效率。

（4）瑞士 MIKRON 公司的智能机床

2003 年在米兰举办的 EMO 展览会上，瑞士 MIKRON 公司首次推出智能机床的概念。智能机床的概念是通过各种功能模块（软件和硬件）来实现的。首先，必须通过这些模块建立人与机床互动的通信系统，将大量的加工相关信息提供给操作人员；其次，必须向操作人员提供多种工具使其优化加工过程，显著改善加工效能；最后，必须能检查机床状态并能独立地优化铣削工艺，提高工艺可靠性和工件加工质量，特别是在无人值守的情况下。MIKRON 智能机床的主要智能模块如下：

1）高级工艺控制模块（Advanced Process System，APS）。APS 通过铣削中对主轴振动的监测实现对工艺的优化。高速加工中的核心部件电主轴，在高速加工中起着至关重要的作用，其制造精度和加工性能直接影响零件的加工质量。MIKRON 公司在电主轴中增加振动监测模块，它能实时地记录每一个程序语句在加工时主轴的振动量，并将数据传输给数控系统，工艺人员可通过数控系统显示的实时振动变化了解每个程序段中所给出的切削参数的合理性，从而可以有针对性地优化加工程序。APS 模块的优点是：①改进了机床工件的加工质量；②增加了机床刀具的使用寿命；③检测机床刀柄的严衡程度；④识别机床危险的加工方法；⑤延长机床主轴的使用寿命；⑥改善机床加工工艺的可靠性。

2）操作者辅助模块（Operator Support System，OSS）。OSS 模块就像集成在数控系统中的专家系统一样，它是 MIKRON 公司几十年铣削经蛰的结晶。这套专家系统对于初学者具有极大的帮助作用。在进行一项加工任务之前，操作者可以根据加工任务的具体要求，在数控系统的操作界面中选择速度优先、表面粗糙度优先、加工精度优先还是折中目标，机床根据这些指令调整相关的参数，优化加工程序，从而达到更理想的加工结果。

3）主轴保护模块（Spindle Protection System，SPS）。传统的故障检修工作都是在发生损坏时才进行的，这导致机床意外减产和维护成本居高不下。预防性维护的前提是能很好地掌握机床和机床零部件的状况，而监测主轴的工作情况是很关键的。SPS支持实时检查，因此它使机床可以有效保养和有效检修故障。SPS模块的优点是自动监测主轴状况，能及早发现主轴故障和最佳地计划故障检修时间，因此可避免主轴失效后的长时间停机。

4）智能热控制模块（Intelligent Thermal Control，ITC）。高速加工中热量的产生是不可避免的，优质的高速机床会在机械结构和冷却方式上作相关的处理，但不可能百分之百地解决问题。所以在高度精确的切削加工中，通常需要在开机后空载运转一段时间，待机床达到热稳定状态后再开始加工，或者在加工过程中人为地输入补偿值来调整热漂移。MIK-RON公司通过长期在切削热对加工造成影响这方面的研究，积累了大量的经验数据。内置了这些经验值的Irc模块能自动处理温度变化造成的误差，从而不需要过长的预热时间，也不需要操作人员的手工补偿。

5）移动通信模块（Remote Notification System，RNS）。为了更好地保障无人化自动加工的安全可靠性，米克朗将移动通信技术运用到机床上。只要给机床配置SIM卡，便可以按照设定的程序，实时地将机床的运行状态（如加工完毕或出现故障等），发送信息到存储在机床联系人表里的相关人员的手机上。

6）SIGMA工艺链管理模块（Cell and Workshop Management System）。SIGMA用于生成和管理订单、图样和零件数据，集中管理铣削和电火花加工，定制产品所涉及的技术规格信息。此外，还能收集和管理工件及预定位置处的信息，如用于加工过程的NC程序和工件补偿信息，并将这些信息通过网络提供给其他系统。SIGMA模块的功能将根据需要不断地扩展，目前主要是作为车间单元管理模块用于MIKRON铣削单元的管理。可根据需要，增加一个或多个测量设备或所需数量的加工中心。最终整个工艺链全部通过多机管理系统控制。

**3. 智能机床的主要智能模块**

一般智能机床的主要智能模块有：

（1）振动智能模块

机床的各坐标轴加、减速时产生的振动，直接影响加工精度、表面粗糙度、刀尖磨损和加工时间，主动振动控制模块可使机床振动减至最小。例如，日本Mazak公司的智能机床，在采用主动振动控制技术后，进给量为3000mm/min，加速度为0.43g时，振幅由4m减至1m。日本Okuma开发的Machining Navi工具，利用轴转速与振动之间振动区域（不稳定区域）和不振动区域（稳定区域）交互出现这种周期性变化，搜索出最佳加工条件，最大限度地发挥机床与刀具的能力。这个模块具有2项铣削和1项车削智能加工条件搜索。其中铣削功能Machining Navi M-i是针对铣削主轴转速的自动控制。工作流程为：自动进行传感器振动测定——最佳主轴转速计算——主轴转速指令的变更。另外一个铣削功能Machining Navi M-g是铣削主轴转速优化的选择。根据传感器收集的振动音频信号，将多个最佳主轴转速候补值显示在画面上，然后通过触摸变更到所显示的最佳主轴转速，便可快捷地确认其效果。如图3-36所示为使用Machining Navi L-g前后对比情况。

图3-36　使用Machining Navi L-g前后对比情况

（2）智能热补偿系统ITC

高速加工中不可避免会产生大量热量，即便在机械结构和冷却方式上作相关处理，但仍然不能百分之百地解决问题。所以在高度精确的加工中，机床操作人员通常需要在开机后等上一段时间，待机床达到热稳定状态后再开始加工，或者在加工过程中人为地输入补偿值来调整热漂移。

Okuma考虑到工件的加工精度会因机床周围的温度变化、机床产生的热量、加工产生的热量而出现较大的变化，提出了热亲和概念（Thermo-Friendly Concept），并借助机床结构的高精度热位移补偿技术、热位移结构对称技术、温度均匀分布设计，使用户不必采取特殊措施，便能在普通的工厂环境中实现高精度加工。

Okuma的高精度热变形补偿技术包括主轴热位移控制（Thermo Active Stabilizer-Spindle，TAS-S）和环境热位移控制（Thermo Active Stabilizer-Condition，TAS-C）两项技术。主轴热位移控制技术针对主轴在旋转时和停止时会产生很大热位移的问题，不仅令主轴产生变化，而且直接影响加工精度。TAS-S的功能考虑到主轴温度、主轴旋转、主轴转速变化、主轴停止等各种状态，即使转速频繁发生变化，也能准确地控制主轴的热位移。

在环境温度变化的情况下进行加工，机床构造的热位移、工件在工作台上的装卡位置以及工件大小都会影响加工尺寸。环境热位移控制功能TAS-C根据机床的热位移特性，利用布置恰当的传感器所感知的温度信息和进给轴的位置信息，推测出机床构件的热位移，并进行准确补偿。

（3）智能防碰撞系统

当操作工人为了调整、测量、更换刀具而手动操作机床时，一旦将发生碰撞时（即在发生碰撞前一瞬间），运动立即自行停止。Okuma的Collision Avoidance System载有工件、刀具、卡盘、卡具及主轴台、刀塔、尾座等的3D模拟数据的NC装置（OSP数控系统）先于实际机床动作进行实时模拟，检查干涉、撞击发生的可能性，在撞击前一瞬间停止机床动作。大大缩短了工装、试件的加工时间。

在应用防碰撞系统时，操作者仅需简单输入毛坯、刀具模型图形，系统就能够与在离线状态下检测机床干涉的3D虚拟监视器数据联动，以稍领先的指令，对干涉进行干预。该防撞功能可应用于自动运转和手动操作状态。

智能防碰撞系统还有简便的图形输入功能，操作者可从已登录的图形中选取，也可输入形状的尺寸生成图形，还可用CAD生成的3D模型直接读入。

智能防撞功能开启时，首先读取NC程序，然后再检测NC设定的原点补偿值、刀具补

偿值的轴移动指令是否存在干涉。一旦将要发生撞击，会使机床动作暂时停止。以加工速度 12m/min 为例，碰撞检测至停止仅需 0.01s，停止距离在 2mm 以内。使用防撞功能的机床不仅使机床和零件的安全得到保障，并且大幅缩短待机时间。

（4）移动通信系统和语音提示功能

为了更好地保障无人化自动加工的安全可靠性，瑞士 MIKRON 公司将移动通信技术运用到了机床上。只要将机床配置 SIM 卡，它便可以按照设定的程序，实时地将机床的运行状态，比如加工完毕或出现故障时，发送给存贮在机床联系人表里的相关人员的手机上。

## 3.3.2　工业机器人

智能制造将工业机器人彻底融入制造的每一个环节中去。根据不同工作站的生产过程、速度和效率，配备好合适的工业机器人。利用 AGV 小车作为连接不同生产环节的纽带，实现各种生产环节间的自动化运转、缩短产品物流周期，使加工、装配、检测、物流和上下料等生产环节有序地连接在一起，实现物料准确、及时、有序地在生产单元之间进行自动传递对接。通过大量的传感器收集数据，让机器人主动处理和接受生产中的各种情况，并自行调整生产进度，保证最大的生产效率，让机器人进行生产的管理协调。

工业智能机器人能根据环境与任务的变化，实现主动感知、自主规划、自律运动和智能操作，可用于搬运材料、零件、工具的操作机，或是为了执行不同的任务，具有可改变和可编程动作的专门系统，是一个在感知、思维和效应方面全面模拟人的机器系统。与传统的工业机器人相比，具备感知环境的能力、执行某种任务而对环境施加影响的能力和把感知与行动联系起来的能力。

**1. 工业机器人智能化关键技术**

随着社会发展的需要和机器人应用领域的扩大，人们对工业机器人的智能化要求也越来越高。工业机器人智能化主要涉及以下关键技术。

（1）多传感器信息融合

多传感器信息融合技术是近年来十分热门的研究课题，它与控制理论、信号处理、人工智能、概率和统计相结合，为机器人在各种复杂、动态、不确定和未知的环境中执行任务提供了一种技术解决途径。机器人所用的传感器有很多种，根据不同用途分为内部测量传感器和外部测量传感器两大类。内部测量传感器用来检测机器人组成部件的内部状态，包括：特定位置、角度传感器；任意位置、角度传感器；速度、角度传感器；加速度传感器；倾斜角传感器；方位角传感器等。外部测量传感器包括：视觉（测量、认识传感器）、触觉（接触、压觉、滑动觉传感器）、力觉（力、力矩传感器）、接近觉（接近觉、距离传感器）以及角度传感器（倾斜、方向、姿势传感器）。多传感器信息融合就是指综合来自多个传感器的感知数据，以产生更可靠、更准确或更全面的信息。经过融合的多传感器系统能够更加完善、精确地反映检测对象的特性，消除信息的不确定性，提高信息的可靠性。融合后的多传感器信息具有以下特性：冗余性、互补性、实时性和低成本性。

（2）导航与定位

在机器人系统中，自主导航是一项核心技术，是机器人研究领域的重点和难点问题。导航的基本任务有：

1）基于环境理解的全局定位。通过环境中景物的理解，识别人为路标或具体的实物，以完成对机器人的定位，为路径规划提供素材。

2）目标识别和障碍物检测。实时对障碍物或特定目标进行检测和识别，提高控制系统的稳定性。

3）安全保护。能对机器人工作环境中出现的障碍和移动物体做出分析并避免对机器人造成损伤。

机器人有多种导航方式，根据环境信息的完整程度、导航指示信号类型等因素的不同，可以分为基于地图的导航、基于创建地图的导航和无地图的导航三类。根据导航采用的硬件的不同，可将导航系统分为视觉导航和非视觉传感器组合导航。视觉导航是利用摄像头进行环境探测和辨识，以获取场景中的绝大部分信息。视觉导航信息处理的内容主要包括：视觉信息的压缩和滤波、路面检测和障碍物检测、环境特定标志的识别、三维信息感知与处理。非视觉传感器组合导航是指采用多种传感器共同工作，如探针式、电容式、电感式、力学传感器、雷达传感器、光电传感器等，用来探测环境，对机器人的位置、姿态、速度和系统内部状态等进行监控，感知机器人所处工作环境的静态和动态信息，使得机器人相应的工作顺序和操作内容能自然地适应工作环境的变化，有效地获取内外部信息。

在自主移动机器人导航中，无论是局部实时避障还是全局规划，都需要精确地知道机器人或障碍物的当前状态及位置，以完成导航、避障及路径规划等任务，这就是机器人的定位问题。比较成熟的定位系统可分为被动式传感器系统和主动式传感器系统。被动式传感器系统通过码盘、加速度传感器、陀螺仪、多普勒速度传感器等感知机器人自身运动状态，经过累积计算得到定位信息。主动式传感器系统通过包括超声波传感器、红外线传感器、激光测距仪以及视频摄像机等主动式传感器感知机器人外部环境或人为设置的路标，与系统预先设定的模型进行匹配，从而得到当前机器人与环境或路标的相对位置，获得定位信息。

（3）路径规划

路径规划技术是机器人研究领域的一个重要分支。最优路径规划就是依据某个或某些优化准则（如工作代价最小、行走路线最短、行走时间最短等），在机器人工作空间中找到一条从起始状态到目标状态、可以避开障碍物的最优路径。

路径规划方法大致可以分为传统方法和智能方法。传统路径规划方法主要有自由空间法、图搜索法、栅格解耦法及人工势场法。大部分机器人路径规划中的全局规划都是基于上述几种方法进行的，但这些方法在路径搜索效率及路径优化方面有待于进一步改善。人工势场法是传统算法中较成熟且高效的规划方法，它通过环境势场模型进行路径规划，但是没有考察路径是否最优。

智能路径规划方法是将深度学习卷积神经网络、遗传算法及模糊逻辑等人工智能方法应用到路径规划中，来提高机器人路径规划的避障精度，加快规划速度，满足实际应用的需要。

（4）机器人视觉

视觉系统是自主机器人的重要组成部分，一般由摄像机、图像采集卡和计算机组成。机器人视觉系统的工作包括图像的获取、图像的处理和分析、输出和显示，核心任务是特征提取、图像分割和图像辨识。而如何精确高效地处理视觉信息是视觉系统的关键问题。视觉信息处理逐步细化，包括视觉信息的压缩和滤波、环境和障碍物检测、特定环境标志的识别、三维信息感知与处理等。其中环境和障碍物检测是视觉信息处理中最重要，也是

最困难的过程。基于深度学习卷积神经网络的方法在机器人视觉方面取得了较大成功，尤其是视觉导航。机器人视觉是其智能化最重要的标志之一，对机器人智能及控制都具有非常重要的意义。

（5）智能控制

随着机器人技术的发展，对于无法精确解析建模的物理对象以及信息不足的病态过程，传统控制理论暴露出缺点，近年来许多学者提出了各种不同的机器人智能控制系统。机器人的智能控制方法有模糊控制、神经网络控制、智能控制技术的融合（模糊控制和变结构控制的融合；神经网络和变结构控制的融合；模糊控制和神经网络控制的融合；智能融合技术还包括基于遗传算法的模糊控制方法）等。

机器人智能控制在理论和应用方面都有较大的进展。模糊系统在机器人的建模、控制，对柔性臂的控制、模糊补偿控制以及移动机器人路径规划等各个领域都得到了广泛的应用。神经网络控制方面，尤其是CNN方法大大提高了机器人的速度及精度。

（6）人机接口技术

工业智能机器人的研究目标并不是完全取代人，复杂的工业智能机器人系统仅仅依靠计算机来控制是有一定困难的，即使可以做到，也由于缺乏对环境的适应能力而并不实用。工业智能机器人系统还不能完全排斥人的作用，而是需要借助人机协调来实现系统控制。因此，良好的人机接口对于工业智能机器人非常重要。

人机接口技术是研究如何使人方便自然地与计算机交流。为了实现这一目标，除了最基本的要求机器人控制器有一个友好的、灵活方便的人机界面之外，还要求计算机能够看懂文字、听懂语言、说话表达，甚至能够进行不同语言之间的翻译，而这些功能的实现又依赖于知识表示方法的研究。人机接口技术已经取得了显著成果，文字识别、语音合成与识别、图像识别与处理、机器翻译等技术已经开始实用化。另外，人机接口装置和交互技术、监控技术、远程操作技术、通信技术等也是人机接口技术的重要组成部分。

**2. 典型工业机器人**

（1）串联机器人

串联机器人也称关节型机器人（见图3-37），其手臂运动类似于人的手臂。大小臂之间用铰链连接形成肘关节，大臂和立柱连接形成肩关节，具有较高的运动速度和极好的灵活性。工业生产中焊接机器人、搬运机器人、喷涂机器人及装配机器人等绝大部分都是关节机器人。有关关节机器人的相关知识将在第4章中详细阐述。

（2）并联机器人

并联机器人（Parallel Mechanism，PM）可以定义为动平台和定平台通过至少两个独立的运动链相连接，机构具有两个或两个以上自由度，且以并联方式驱动的一种闭环机构（见图3-38）。和串联机器人相比，并联机器人具有如下特点：

图3-37　串联机器人

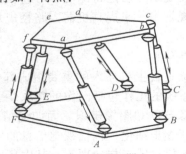

图3-38　并联机器人

1）无累积误差，精度较高。

2）驱动装置可置于定平台上或接近定平台的位置，运动负荷小、速度高、动态响应好。

3）与串联机构相比刚度大，结构紧凑、稳定，承载能力大。

4）完全对称的并联机构具有较好的各向同性。

5）工作空间较小。

6）在位置求解上，串联机构正解容易，但反解十分困难，而并联机构正解困难反解却非常容易。由于机器人在线实时计算是要计算反解的，这对串联式十分不利，而并联式却容易实现。

应用比较成功的并联机器人有3自由度Delta并联机器人（见图3-39）和5自由度加工机器人Tricept机器人（见图3-40）。Delta并联机器人具有运动性能佳、节拍时间短、精度高等优势，能够在狭窄或者广阔的空间内高速运行，且误差极小，广泛应用于抓取分拣、搬运码垛、装配涂装等工艺场合。Tricept机器人则用于大型构件的现场加工与装配作业。

典型Delta并联机器人

ABB的IRB 360 FlexPicker（见图3-39）拾料和包装技术一直处于优秀地位。IRB 360系列现包括负载为1kg、3kg、6kg和8kg以及横向活动范围为800mm、1130mm和1600mm等几个型号。IRB 360具有运动性能佳、节拍时间短、精度高等优势，能够在狭窄或者广阔的空间内高速运行，误差极小。

图3-39　Delta并联机器人

图3-40　Tricept机器人

阿童木机器人（见图3-41）是国内先进的并联机器人，其创始团队来自并联机器人研发知名高校——天津大学，自2013年成立以来，累计服务客户300余家，覆盖食品、制药、电子、日化等行业，出货量近千台，行业占有率高。

博力实机器人（BLIZX ROBOTICS）是德国博力实（BLIZX）进行研发、设计及制造的高速工业并联机器人。BLIZX并联机器人是小型高速并联工业机器人（2轴、4轴、5轴）（见图3-42），广泛应用于抓取分拣、搬运码垛、装配涂装等工艺场合。优化的平行并联运动学设计，使得机器人结构更加合理整洁、快速及静音，配合BLIZX智能视觉系统，可轻松实现智能化应用。

图3-41　阿童木机器人

Tricept并联机器人

如图3-40所示，Tricept混合并联机器人是由一平动两转动3自由度位置型并联机构和2自由度转头串接组成的，5自由度混联机器人具备工作空间/装备占地比大、精度和刚度高等优点，特别适合制成一种即插即用的模块，并根据用户需要配备长行程导轨来搭建形式多

样的机器人移动平台，用于大型构件的现场加工与装配作业。

图3-42　BLIZX 并联机器人

（3）协作机器人

随着工业4.0标准的不断推进和人工智能、物联网、大数据等技术的快速发展，机器人正逐步向系统化、模块化、智能化的方向发展。高度智能是对新一代机器人的重大共性技术需求。协作机器人将视觉、力觉等传感器与机器人技术和人工智能技术等完美地融合在一起，带来更加易用、可扩展的自动化应用，来帮助企业实现更多人力资源的释放与转移，提升企业生产效率，帮助企业更便捷、更快速地调整产线，减少部署和停工的时间。

ISO TS 15066（协作型机器人技术规范）对协作机器人的基本定义是：协作机器人（Collaborative Robots，COBOT）是工业机器人的一个分支，协作机器人可以和人类一起发挥各自的优势，在同一个工作空间内合作完成某一项工作。越来越多的公司正在体验协作机器人在各种自动化场景上带来的好处，易于安装和调试、少量的编程，即插即用等优势，使得协作机器人适用于更多的场景。

协作机器人有许多不同的角色，包括在办公室环境下可以和人类一起工作的自动化机器人，到已经没有防护罩的工业机器人，可以在有人类出现时依照EN ISO 10218 or RSA BSR/T15.1的要求进行反应及互动。

典型的协作机器人有UR协作机器人（见图3-43a），ABB的YUMi协作机器人（见图3-43b），川崎双臂协作机器人duAro（见图3-43c），KUKA协作机器人LBRiiwa（见图3-43d），FANUC协作机器人等（见图3-43e）和我国的中科新松协作机器人（见图3-43f）等。在福特生产线上，KUKA协作机器人LBRiiwa与人协作，合力为备受青睐的福特嘉年华（Ford Fiesta）安装高性能减振器。而若采用传统的自动化解决方案，则很难完成这一任务。所有的协作机器人都有集成的视觉，有的还有柔软的外壳，不会对人类产生威胁。

我国的中科新松协作机器人采用多可智能应用控制器（Duco mind），能够融合机器人力觉、视觉等传感器，轻而易举地实现柔性装配、恒力操作等。通过深度学习算法对多传感器收集到的信息进行有效的处理和融合，提高机器人对不确定信息的识别能力，确保有更多可靠的信息被利用，并通过算法让机器人自主判断出周围的环境，自主决策，生成指令，避免单独、孤立地处理各传感器采集的信息，从而导致信息处理工作量的增加和信息资源的浪费，造成决策失误。在视觉检测领域，基于智能算法的机器人技术与视觉技术的结合表现出了巨大的优势。除了软硬件的智能化、生态化以外，Duco mind还拥有分拣、装箱、打磨、涂胶、检测、装配等典型应用配置模板，实现一键配置，快捷部署。

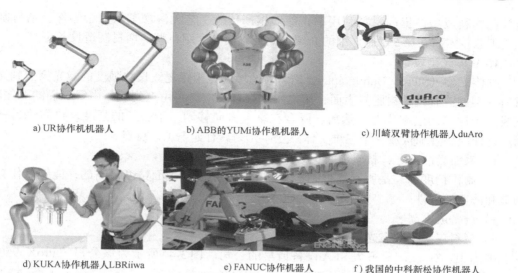

a) UR协作机机器人　　b) ABB的YUMi协作机器人　　c) 川崎双臂协作机器人duAro

d) KUKA协作机器人LBRiiwa　　e) FANUC协作机器人　　f) 我国的中科新松协作机器人

图 3-43　协作机机器人

在世界工业机器人业界中，以瑞士的 ABB、德国的 KUKA、日本的 FANUC 和安川电机（YASKAWA）最为著名。占据中国机器人产业 70% 以上的市场份额，几乎垄断了机器人制造、焊接等高阶领域。ABB 的核心领域在控制系统，KUKA 在于系统集成应用与本体制造，FANUC 在于数控系统，安川在于伺服电动机与运动控制器领域。瑞士的 ABB 机器人算法最好，但略贵；德国的 KUKA 机器人操作简单，但故障率较高；日本的 FANUC 机器人精度非常高；但过载不行；安川电机（YASKAWA）机器人稳定性好，但精度略差。德国的 KUKA机器人的主要应用领域是汽车制造业，可用于物料搬运、加工、点焊和弧焊，涉及自动化、金属加工、食品和塑料等产业；瑞士的 ABB 机器人主要应用于电子电气、物流搬运；日本的 FANUC 机器人主要应用于汽车制造业、电子电气行业；安川电机（YASKAWA）机器人和 ABB 机器人主要应用于电子电气、物流搬运。

中国工业机器人理论研究积累深厚，装备生产初具规模。经过二十多年的努力已经形成了一些具有竞争力的工业机器人研究机构和企业，已基本掌握了机器人设计制造技术、控制系统硬件和软件设计技术、运动学和轨迹规划技术等，开发出了一系列高技术含量的产品及零部件。中国工业机器人企业目前处于发展的起步阶段。其中，沈阳新松机器人、广州数控、南京埃斯顿、安徽埃夫特，是中国机器人生产企业的第一梯队，也被称为国产四大机器人生产商。巨大的市场需求和复杂的竞争环境给我国的机器人产业带来了前所未有的机遇和挑战。要想让"中国制造"的机器人走得更快更远，核心零部件的突破是关键。

### 3.3.3　增材制造装备

增材制造（Additive Manufacturing, AM）俗称 3D 打印，是智能制造的重要组成部分。增材制造不采用一般意义上的模具或刀具加工零件，而是采用分层叠加法，即用 CAD 造型生成 STL 文件，通过分层切片等步骤进行分层处理，借助计算机控制的成型机，将一层一层的材料堆积成实体原型。不同于传统制造将多余的材料去除掉，增材制造技术可以精确

地控制物料成型，提高材料利用率，能够生产传统工艺无法加工的复杂零件。增材制造的主要工艺技术将在第5章做详细的介绍，此处只简单介绍典型的增材制造设备。

**1. 立体光刻设备**

立体光刻（Stereo Lithography，SLA）选择性地用特定波长与强度的激光聚焦到光固化材料（例如液态光敏树脂）表面，使之发生聚合反应，再由点到线、由线到面的顺序凝固，完成一个层面的绘图作业，然后升降台在垂直方向移动一个层片的高度，再固化另一个层面。这样层层叠加构成一个三维实体。立体光刻具有如下工艺特点：

1）表面光洁度好，材质透明，具有较好的视觉效果。

2）制作精度高，是所有增材制造工艺中尺寸精度和表面精度最高的；能够制作具有高细节和薄壁的零件。

3）设备成本高。

4）材料仅限于液态光敏树脂材料。

美国3D Sysetms是开发SLA设备最早的公司。图3-44所示为该公司的ProX 950 SLA 3D打印机。具有超大容量，可以打印高达1500mm长的零件，零件的精度高，表面质量好，可以以较低的单位成本，快速地制造大量的、高度细节的零部件。

西安交通大学是我国最早研制光固化增材制造技术的单位之一，其成功研制开发了SPS-600型光固化增材制造机。经中国模具工业协会技术委员会评定其水平已基本达到国际同类产品的水平，且价格只有进口价格的1/4～1/3，基本可以替代进口。

图3-44　美国3D Sysetms SLA 3D打印机ProX 950

SPS-600型光固化增材制造机的主要技术参数如下：

1）加工尺寸：600×600×400（mm）；

2）加工精度：±0.1mm或±0.1%；

3）加工层厚：0.05～0.2mm；

4）激光器波长：354.7nm；

5）激光器功率：300mW；

6）成形速度：80g/h；

7）光斑直径：0.15mm；

8）扫描速度：10m/s；

9）数据格式：STL，适于AutoCAD、Pro/E、UG等流行CAD软件；

10）动力：3kW，380V，50Hz，AC；

11）外形尺寸：1.9×1.2×2.2（m）。

SPS-600型光固化增材制造机除具有前述SLA的优点之外，还有以下优点：

1）成形设备购置成本低。

2）软件全汉化界面，操作简便。

3）关键部件采用进口器件，性能可靠。

4）性能价格比优。

**2. 激光烧结设备**

选择性激光烧结（Selected Laser Sintering，SLS）是将材料粉末铺洒在已成形零件的上表面，并刮平；用高强度激光器在刚铺的新层上扫描出零件截面；材料粉末在高强度的激光照射下被烧结在一起，得到零件的截面，并与下面已成形的部分黏接；当一层截面烧结完后，铺上新的一层材料粉末，有选择地烧结下层截面。与其他增材制造方法相比，SLS最突出的优点在于它所使用的成型材料十分广泛。从理论上说，任何加热后能够形成原子间黏结的粉末材料都可以作为SLS的成型材料。但应用比较广泛的是金属、陶瓷粉末和它们的复合粉末材料。

德国EOS是直接金属激光烧结领域的先驱和世界领先者。德国EOS激光直接烧结工艺设备EOS M系列产品是工业级金属零件3D打印机。如图3-45所示为激光直接烧结工艺设备德国EOS M100。EOS M100系统配备200W光纤激光器，凭借高品质的光束和稳定的性能，确保最佳的恒定加工条件，从而打印出品质卓越的部件。更细小的激光光斑可有效提高细节分辨率，可以制造高复杂度、高精度部件。合理的成型空间搭配高效的铺粉和烧结策略，可缩短非生产时间，有助于实现高效快速的小批量生产。

图3-45　激光直接烧结工艺设备德国EOS M100

**3. 熔融沉积成型设备**

熔融沉积成型（Fused Deposition Modeling，FDM）是迄今为止使用广泛的3D打印工艺之一，使用生产级别热塑性塑料，打印的零件具有良好的机械、耐热性和化学强度。该技术具有如下特点：

1）清洁、易用且适合办公室环境；

2）支持的生产级热塑性塑料具有机械和环境稳定性；

3）可实现其他技术无法制造的复杂几何形状和内腔；

4）完美的稳定性和重复性，支持小批量直接生产。

目前，世界上研究FDM增材制造装备的企业有上千家，最具有代表性的是美国Stratasys公司，如图3-46所示为其FDM设备系列。其最大成形制件的尺寸为914mm×610mm×914mm，生产零件精确度可以达到±0.0015mm/mm，打印过程中使用的成形材料有ABS、PC、Nylon及树脂等多种选择。

FDM增材制造装备主要由喷头、运动机构、送丝机构、加热系统四部分组成（见图3-47）。

图3-46　Stratasys公司FDM设备系列

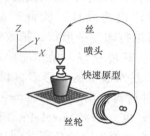

图3-47　FDM装备机构组成

（1）喷头

喷头是最复杂的部分，材料在喷头中被加热熔化，喷头底部有一喷嘴供熔融的材料以一定的压力挤出，喷头沿零件截面轮廓和填充轨迹运动时挤出材料，与前一层黏结并在空气中迅速固化。如此反复进行即可得到实体零件，在计算机的控制下，喷头可以在 $XY$ 平面内任意移动，并且可以随时开启关闭，工作台可任意升降。另外，喷头按路径移动，喷丝黏结在工作台的已制作层面上，如此反复逐层制作，直至最后一层，则熔丝黏结形成所要求的实体模型。

（2）运动机构

运动机构包括 $X$、$Y$、$Z$ 三个轴的运动，增材制造技术的原理是把任意复杂的三维零件转化为平面图形的堆积，因此不再要求机床进行三轴及三轴以上的联动，只要能完成二轴联动就可以大大简化机床的运动控制。$X$-$Y$ 轴的联动扫描完成 FDM 工艺喷头对截面轮廓的平面扫描，$Z$ 轴则带动工作台实现高度方向的进给，实现层层堆积的控制。

（3）送丝机构

送丝机构为喷头输送原料，送丝要求平稳可靠。原料丝的直径一般为 1~2mm，而喷嘴的直径只有 0.2~0.5mm，这个差别保证了喷头内一定的压力和熔融后的原料能以一定的速度（必须与喷头扫描速度相匹配）被挤出成形。送丝机构以两台直流电动机为主构成，在控制模块的配合下随时控制送丝的速度及开闭。送丝机构和喷头采用推拉相结合的方式，以保证送丝稳定可靠，避免断丝或积瘤。

（4）加热系统

加热系统用来给成形过程提供一个恒温环境，当熔融状态的丝挤出成形后，如果骤然受到冷却，容易造成翘曲和开裂，适当的环境温度可最大限度地减小这种造型缺陷，提高成形质量和精度。加热系统由成形室和喷头加热机构组成，采用可控硅和温控器结合的硬件形式控制，在以后的设计中将会考虑使用软件带 D/A 模块控制可控硅的形式。

**4. PolyJet 设备**

PolyJet 可以被认为是熔融沉积技术的近亲。与 FDM 一样，它通过使用挤出机头一次一层地打印零件来工作。然而，PolyJet 不是使用细丝在印刷床上沉积材料，而是以更接近 2D 喷墨印刷的方式工作，挤出机在印刷床上沉积所选择的光聚合物材料的微小液滴，然后用紫外线光固化。

PolyJet 是当前流行的 3D 打印技术之一，与喷墨打印原理类似的 UV 固化技术，可在单次打印中实现彩色和多材料的结合，制作接近真实产品的原型，更可用来打印快速模具，验证产品设计。PolyJet 3D 打印机可以打印复杂形状、精致细节和平滑表面的零件，办公环境友好、操作简单。Stratasys J850（见图 3-48）是旗舰级的全彩多材料 3D 打印机，可同时混合 7 种材料，实现 50 万种颜色，不同的纹理、透明度和软硬度。搭载 Voxel Print 软件可在体素级控制材料，实现更逼真的色彩并创造自己的数字材料，混合出不同的材料特性。

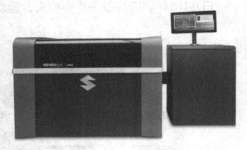

图 3-48　PolyJet 3D 打印机 Stratasys J850

PolyJet 3D 打印机将光敏树脂材料一层一层地喷射到打印托盘上，直至部件制作完成。

每一层材料在被喷射的同时用紫外线光进行固化，可以立即进行取出与使用，而无需二次固化。此外，可以用手剥离或者通过水枪很容易地清除为支持复杂几何形状而特别设计的支撑材料。PolyJet是制作接近真实原型的最佳方案，打印速度快、表面光滑，且兼具彩色和软硬度。

增材制造已成为智能制造的一个重要的发展方向，其发展趋势如下：

1）复杂零件的精密铸造技术应用；

2）金属零件直接制造方向发展，制造大尺寸航空零部件；

3）向组织与结构一体化制造发展。未来需要解决的关键技术包括精度控制技术、大尺寸构件高效制造技术、复合材料零件制造技术。AM技术的发展将有力地提高航空制造的创新能力，支撑我国由制造大国向制造强国发展。

## 3.3.4　智能制造生产线与智慧工厂

**1. 智能制造生产线**

（1）基本概念

智能制造生产线是在继承传统数字化生产线的基础上，基于企业级工业互联网络和自动化制造装备，引入智能传感技术，建设生产线信息物理系统（CPS），旨在提高生产线柔性、快速响应能力及制造能力，适应多品种、小批量生产模式带来的定制需求挑战，提高产品研制质量和效率。

（2）智能制造生产线的主要组成

如图3-49所示为智能制造生产线的基本架构。智能制造生产线主要由生产线智能决策系统、智能制造技术准备、智能化生产管理及执行管控和智能制造单元四部分组成，企业级工业互联网实现设备及系统互联互通，支撑产品、工艺、设备、测量仪器等各种指令及数据的传递和采集。

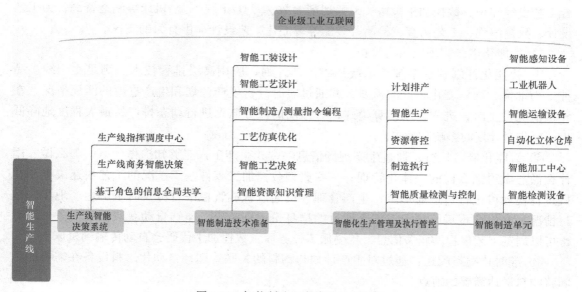

图3-49　智能制造生产线的基本架构

1）生产线智能决策系统。

生产线智能决策系统是技术、质量、生产等业务综合管理的生产线指挥调度中心，要对生产线运行状态及时掌握，对生产过程中常见的延期交货、物料短缺、设备故障、人员缺勤等各种异常情形进行快速处理。生产线智能决策系统是基于商务智能决策技术建立生产线技术管理、计划管理、质量管理、生产绩效等智能管理业务模型，利用现场服务总线、分布式存储和大数据分析技术，实时获取生产线运行数据，进行深入地挖掘与分析，实现现场管控和智能化决策，进而实现数字化、网络化、智能化的高效生产模式。通过生产线智能管理，可依据人员角色约束为管理人员、工艺人员、生产计划人员、设备维护人员等提供定制化的信息共享和交互途径，从而为生产过程的精确化和透明化提供决策支持。

2）智能制造技术准备。

① 智能化的工艺设计：采用基于全数字量表达、MBD模型的智能识别以及信息获取和处理能力的工艺设计方法，实现基于知识驱动的决策、优化的综合工艺设计，可对工艺知识、技术进行学习、积累和演进。

② 基于几何特征的智能编程：基于零件特征、工艺知识库，自动选取相适应的加工设备、刀具、工装等制造资源，自动生成加工方法、加工轨迹、加工策略，并依据加工设备、刀具自动生成基于规则知识库的优化的切削参数，这是生产线实现自适应加工的关键。

③ 检测路径自动规划：利用零件数模实现基于零件检测特征的自动检测路径规划，对于复杂零件可实现高精、高速在机测量，准确获取零件加工表面尺寸、形位公差等，并对检测结果进行实时反馈与智能分析。

④ 工艺仿真验证及优化：借助加工仿真分析工具，通过仿真验证与优化，获取最优的加工工艺方案，基于决策知识库中的智能决策推送，快速推理预测零件制造工艺缺陷，实现制造过程的精准执行。

⑤ 工艺决策知识库：包括工艺设计、数控加工过程决策规则等的工艺决策知识库，结合工艺设计知识、数控加工策略、刀具切削参数、刀具/工装/设备/机床等制造资源，为工艺设计、数控编程、工艺仿真、检测、装配等智能化工艺设计提供有力的支撑。

3）智能化生产管理及执行管控。

① 智能化计划管理系统：承接ERP生产计划，应用高级排程技术，满足生产线多品种、小批量、计划变化频繁的需要，并通过实时分析生产计划和生产进度的匹配情况，在异常情况发生时，进入自动运算模式，对当前的任务队列进行动态排产，最大程度地降低生产变化对计划的影响和冲击。

② 智能化制造执行：通过生产现场信息终端，生产工人能够知道做什么、怎么做、用什么做、做得怎么样的一体化管理；一些典型数控加工零件基于工况的工艺快速决策和在机过程检测可进行自适应加工；生产管理人员通过智能管控平台可及时了解生产现场的运行情况。在生产现场终端上，工人通过扫描身份识别条码，能够自动获取派工任务，同时也可以浏览工艺规程的相关信息，接受派工任务后，数控加工代码会自动传输到机床上。

③ 准时化物料配送：通过对生产计划与物料的关联管理，自动化送料设备在需要的时间将物料送达需要的地点。

④ 物料自动装夹：通过搬运机器人将上线工位上的零件搬运至加工工位，智能工装实

现自动定位、装夹，零件加工完毕后进行智能检测，并由搬运机器人完成零件的下料操作。

⑤ 智能检测：通过获取识别后的零件待检特征自动生成测量主程序，确定测量轨迹、测点数目、测点布局，对测量过程产生的误差进行实时补偿，完成测量主程序与被调用宏程序的发送及测点坐标信息的接收；基于数控机床在线检测仿真，分析测头与待测部位接触点的位置信息，并通过仿真对检测路径进行检查，修正程序错误后继续加工。其中，加工过程是基于数控机床上的零件机内检测，在实现加工的过程中，自感知加工余量，自适应调整下一步加工余量，保证加工稳定性和加工质量。

4）智能制造单元。

① 智能制造装备。智能生产线中的智能制造装备主要包括智能机床、智能机器人、智能控制装置及系统、智能物流系统、传感识别及信息采集装置和智能加工单元等，对制造过程中运动、功率、扭矩、能量、信息等状态进行实时监测，并基于预制规则进行自主决策与自适应控制。主要包括专用嵌入式控制单元等智能核心部件，实时状态监控、健康检测、故障诊断等实时运行监控方法，基于测量反馈的多轴加工、基于力感知的加工和定位智能化执行单元，知识建模、智能决策支持系统等。

② 智能加工单元。智能设备的运行逻辑包括状态感知、实时分析、自主决策和精准执行4个环节。

a.状态感知。实现对运动状态、I/O状态、力/热状态和工件状态等的动态监测。

b.实时分析。实现对感知到的状态信息进行分析，实现对位置偏差、I/O异常、异常工况和工件误差等的分析计算。

c.自主决策。根据分析结果做出处理决策，实现位置补偿、工况分析、参数调整、加工指令调整等自主的处理决策。

d.精准执行。基于决策结果实现相关的控制。

智能设备的运行过程是四个环节的循环过程作用的结果。以智能设备为基础，建立以智能设备为核心的包含智能输送线、搬运机器人、智能加工设备、智能工装、智能检测设备等的自动化加工柔性单元，采用二维码、RFID、嵌入式终端系统等技术，将生产线上的物料、设备、工装、人员、数据等进行唯一身份标识，在物料装夹、储运等过程中，对身份自动识别、匹配、运行。

基于AGV/RGV系统、码垛机、物流机器人以及立体仓库等建立的智能仓储与物流系统，可实现仓储优化调度、物料出入库管理、库存管理等，以及物流系统在智能工厂内部的安全、高效、精确运转。

③ 企业级工业互联网。在符合安全保密要求的前提下，建立企业级工业互联网，实现设备及系统互联互通，支撑产品、工艺、设备、测量仪器等各种指令及数据的传递和采集。

（3）智能制造生产线关键技术

1）智能制造生产线模型的规划。为适应生产线多品种、小批量、科研批产混线的特点，需要突破融合多信息采集与分析、基于模型的分析与处理、智能监测和控制、基于规则和知识的智能决策等智能制造生产线的关键技术，建立生产线业务智能模型，为企业提供整体解决方案。

2）生产线信息物理系统建模。建立与生产线特点相适应的信息物理系统，以实现物理

空间和信息空间的互联互通，为智能生产线提供基础平台。

3）智能工艺装备。应用具有感知、分析、决策和控制功能的加工及装配设备，实现几何量和物理量的测量、状态数据驱动的分析决策、装备工况状态监测与控制、数控系统开发、人机协同、机械结构模块化设计以及机电一体化综合集成。

4）智能机器人集成应用。面向工序操作的工业机器人系统末端执行器设计制造、精度协调与误差补偿、工作状态监测与控制、机器视觉、多机协同控制等关键技术，实现工业机器人在制孔、激光焊接、去毛刺、打磨、几何量检测等工序的应用，形成完整的工业机器人集成应用技术体系。

**2. 智慧工厂**

（1）基本概念、内涵及特征

智慧工厂是现代工厂信息化发展的新阶段。是在数字化工厂的基础上，利用物联网的技术和设备监控技术加强信息管理和服务；清楚掌握产销流程、提高生产过程的可控性、减少生产线上人工的干预、及时正确地采集生产线数据，以及制定合理的生产计划与生产进度。并加上绿色智能的手段和智能系统等新兴技术于一体，构建一个高效节能的、绿色环保的、环境舒适的人性化工厂。

实现智慧工厂的三个主要需求特征为透明化制造、智能化管控和智慧化协同。本质上，智慧工厂是通过自底向上的过程构建的：第一阶段通过物联网技术，实现工厂内的物物互联与数据共享，即透明化制造过程；第二阶段在第一阶段的基础上，通过数据处理与分析实现生产调度优化、产品质量监控等制造执行系统功能模块的实施应用，提升工厂智能化水平；第三阶段引入服务互联网对工厂智能化功能做服务包装，通过基于互联网数据交互在云制造平台实现客户参与的全球化工厂资源协同，形成以大规模个性化定制为特征的商业新模式。具体来说，在智慧工厂的运作过程中，首先应当在传统的车间局部小范围智能制造的基础上，通过物联网集成底层设备资源，实现制造系统的泛在感知、互通互联和数据集成；其次利用生产数据分析与性能优化决策，实现工厂生产过程的实时监控、生产调度、设备维护和质量控制等工厂智能化服务；最后通过引入服务互联网，将工厂智能化服务资源虚拟化到云端，通过人际网络互联互动，根据客户的个性化需求，按需动态构建全球化工厂的协同智能制造过程。智慧工厂的发展是智能工业发展的新方向。特征体现在以下几个方面：

1）系统具有自主能力。可采集与理解外界及自身的资讯，并分析判断及规划自身行为。

2）整体可视技术的实践。结合讯号处理、推理预测、仿真及多媒体技术，将实境扩增展示现实生活中的设计与制造过程。

3）协调、重组及扩充特性。系统中各组可依据工作任务，自行组成最佳系统结构。

4）自我学习及维护能力。透过系统自我学习功能，在制造过程中落实资料库补充、更新，及自动执行故障诊断，并具备对故障排除与维护，或通知正确的系统执行的能力。

5）人机共存的系统。人机之间具备互相协调合作关系，各自在不同层次之间相辅相成。

（2）智慧工厂的技术架构

智慧工厂的技术架构体系包括五个层次（见图3-50），即物物互联层、对象感知层、数据分析层、业务应用层和云端服务层，这些层次将逐步实现工厂制造过程的互联化、数字化、信息化、智能化和智慧化这"五化"目标。体系中的大数据中心，负责完成智慧工厂大数据的处理、存储、分析和应用等环节，为各层次功能的实现提供数据支撑。

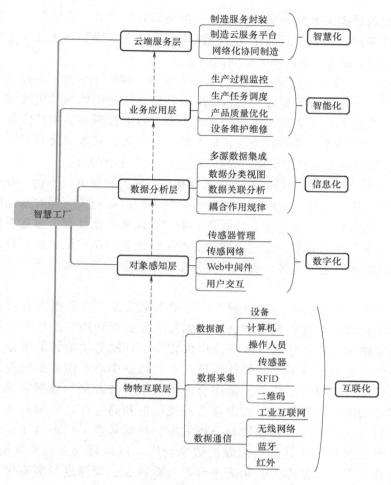

图 3-50　智慧工厂的技术架构

1）物物互联层。物物互联层主要面向包括生产设备、计算机与操作人员在内的物理制造资源，针对要采集的多源制造数据，通过配置各类传感器、RFID 标签和二维码来采集制造数据，并利用工业互联网、无线网络、蓝牙、红外线等，按照约定的协议进行数据交换和通信。最终实现物理制造资源的互联和互感，确保制造过程多源数据的实时、精确和可靠获取。

2）对象感知层。对象感知层首先针对多种类型传感器形成体系化管理，在实现异构传感器管理、传感器数据格式化封装、传感器数据传输协议等的基础上，利用传感器数据的网络传输，实现对物理制造资源相关数据的主动感知和数据实时获取。同时针对 Web 端的用户交互操作形成标准化定义，在对用户界面进行模块化设计的基础上，利用 Web 中间件的用户行为解析功能，实现对用户事务数据的实时感知获取。

3）数据分析层。数据分析层是在获得制造数据的基础上，通过提取——转换——装载过程将源自异构传感器和用户界面上多源、分散的数据抽取集成为全局统一的数据形式，以构建制造过程数据仓库；并根据数据间的属性连接和主题相关性，构建以数据为节点、数据相关性为边的数据关系复杂网络；通过数据关联分析手段，从复杂网络模型中获取数据间的耦合作用机理，构建数据演化规律预测模型，从而实现对制造过程变化规律的准确描述，并提供可用于制造业务应用的标准化信息。

4）业务应用层。业务应用层主要面向制造企业的不同优化角度，在构建面向具体主题的数据仓库的基础上，通过数据分析过程获取关联信息描述的数据演化规律，并采用实时预警、反馈调控和仿真优化等具体手段，实现生产过程监控服务、生产任务调度服务、产品质量优化服务、设备维护维修服务等各种制造服务业务，其本质是对工厂运行知识的应用，以实现制造过程的实时动态优化，提升制造企业的智能化水平。

5）云端服务层。云端服务层将制造资源等基础设施、数据分析平台、业务应用软件与生产制造服务虚拟化封装成云端服务，构建面向制造的服务仓库。同时基于服务互联网和云制造服务平台实现对封装制造资源及服务的集中管理和高度共享，根据客户大规模定制产品全生命周期的个性化需求，通过制造资源的敏捷配置与制造服务的客户定制，实现全球化互联工厂的协同制造，为客户提供可靠的个性化服务，形成智慧工厂下的协同制造新模式。

在智慧工厂中，大数据中心为智慧工厂提供数据支撑。大数据中心的相关数据包括制造资源基本配置数据和互联网络数据、传感器采集数据和用户操作事务数据、全局统一格式数据和数据关联规则信息、业务应用优化知识和制造增值智能服务、制造服务封装平台和网络协同智慧集成等不同的体现形式。大数据中心不但需要针对这些数据存在的高噪声、多样性、多尺度的特点，采用合适的数据清洗方法与数据集成方法以提高数据质量与数据可用性，还需要针对数据存在的规模性和高速性，采用高效并行的数据查询、存储与读取算法以提高数据获取与分析效率，针对智慧工厂多维度业务应用情况下数据存在的高维度特性，构建面向主题的数据仓库，以提高业务相关数据的集聚程度；最后可以将智慧工厂大数据作为云制造平台中重要的制造资源进行虚拟化封装与网络化交易，以提高数据的全局共享程度。基于大数据中心提供的数据支撑，大数据技术可根据智慧工厂技术体系不同层次的互联化、数据化、信息化、智能化和智慧化目标，提供数据采集、数据融合、数据分析、数据应用、数据交易等诸多功能，使智慧工厂的技术体系实现并发挥智慧化效用。

## 3.3.5　智能制造装备的优势

与传统的制造装备相比，智能制造装备具有对装备运行状态和环境的实时感知、处理和分析能力；根据装备运行状态的变化自主规划、控制和决策能力；对故障的自诊断自修复能力；对自身性能劣化的主动分析和维护能力；参与网络集成和网络协同的能力。

1）自我感知能力。智能制造装备具有收集和理解工作环境信息、实时获取自身状态信息的能力。智能制造装备能够准确地获取表征装备运行状态的各种信息，并对信息进行初步的理解和加工，提取主要特征成分，反映装备的工作性能。自我感知能力是整个制造系统获取信息的源头。

2）自主规划和决策能力。智能制造装备能够依据不同来源的信息进行分析、判断和规划自身行为。智能制造装备能根据环境和自身作业状况的信息进行实时规划和决策，并根据处理结果自行调整控制策略至最优运行方案。这种自律能力使整个制造系统具备抗干扰、自适应和容错等能力。

3）自学习和自维护能力。智能制造装备能够自主建立强有力的知识库和基于知识的模型，并以专家知识为基础，通过运用知识库中的知识，进行有效的推理判断，并进一步获取新的知识，更新并删除低质量知识，在系统运行过程中不断地丰富和完善知识库，通过学习使知识库不断进化，更加丰富、合理。智能制造装备能够对系统进行故障诊断、排除及修复，并依据专家知识库提供相应的解决维护方案，保持系统在正常状态下运行。这种特征使智能制造装备能够自我优化并适应各种复杂的环境。

4）自优化能力。相比于传统的制造装备，智能制造装备具有自优化能力。制造装备在使用过程中不可避免地会存在损耗，导致传统的机器或系统的性能不断退化，智能制造装备能够依据设备实时的性能，调整本身的运行状态，保证装备系统的正常运行。

5）容错能力。智能制造装备能够在环境异常或操作错误的情况下正常运行。在允许范围内，智能制造装备能够在一定程度上忽略并修正错误，依据产生的问题进行系统的调整和更新。智能制造装备的容错能力使得制造系统的可靠性得到了提高。

6）网络集成能力。智能制造装备是智能制造系统的重要组成部分，具备与整个制造系统实现网络集成和网络协同的能力。智能制造系统包括了大量功能各异的子系统，而智能制造装备是智能制造系统信息获取和任务执行的基本载体，它与其他子系统集成为一个整体，实现了整体的智能化。

**1. 装备运行与环境感知、识别技术**

传感器是智能制造装备中的基础部件，可以感知或者采集环境中的图形、声音、光线以及生产节点上的流量、位置、温度、压力等数据。传感器是测量仪器走向模块化的结果，需要和其他部件配套使用。

智能制造装备在作业时，离不开由相应传感器组成的，或者由多种传感器结合而成的感知系统。感知系统主要由环境感知模块、分析模块、控制模块等部分组成，将先进的通信技术、信息传感技术、计算机控制技术相结合来分析处理数据。环境感知模块可以是机器视觉识别系统、雷达系统、超声波传感器或红外线传感器等，也可以是几种系统的组合。随着新材料的运用和制造成本的降低，传感器在电气、机械和物理方面的性能越发突出，灵敏性也变得更好。未来随着制造工艺的提高，传感器会朝着小型化、集成化、网络化和智能化方向进一步发展。

智能制造装备运用传感器技术识别周边环境（如加工精度、温度、切削力、热变形、应力应变、图像信息）的功能，能够大幅改善其对周围环境的适应能力，降低能源消耗，提高作业效率，是智能制造装备的主要发展方向。

**2. 性能预测与智能维护**

（1）性能预测

对设备性能的预测分析以及对故障时间的估算，如对设备实际健康状况的评估、对设备的表现或衰退轨迹的描述、对设备或任何组件何时失效及怎样失效的预测等，能够减少不确定性的影响，并为用户提供预先的缓和措施及解决对策，减少生产运营中产能与效率的损失。而具备可进行上述预测建模工作的智能软件的制造系统，称之为预测制造系统。

一个精心设计开发的预测制造系统具有以下优点：

1）降低成本。通过对生产资产实际情况的了解，使维护工作可以在更合适的条件下实施，而不是在故障发生后才更换损坏的部件，或太早将完好的部件进行不必要的更换，即做到所谓的及时维护。另外，历史健康信息也可以由系统反馈到机器设备的设计部门，从而形成闭环的生命周期更新设计。

2）提高运营效率。当预测到设备很可能失效时，系统可以使生产和维修主管更合理地安排相关活动，从而最大限度地提高设备的可用性和正常运行时间。

3）提高产品质量。将近乎实时的设备状态监测数据与过程控制系统相结合，可以在设备或系统状况随时间变化的同时保持产品质量的稳定。

（2）智能维护

智能维护是采用性能衰退分析和预测方法，结合现代电子信息技术，使设备达到近乎零故障性能的一种新型维护技术。智能维护是设备状态监测与诊断维护技术、计算机网络技术、信息处理技术、嵌入式计算机技术、数据库技术和人工智能技术的有机结合，其主要研究领域包括以下几个方面：

1）远程维护系统架构和网络技术研究。利用网络技术，实现信息（包括数据、语音）和图像的多向畅通传输，根据远程诊断数据，保证网络各节点（诊断维护中心、用户、制造厂和诊断专家）正常进行信息传输，综合考虑网络设备的价格和保障信息传输的带宽等因素，从硬件、软件和集成等方面研究系统的实现及应用方案，这是实现远程维护的基础。

2）网络诊断维护标准、规范的研究。网络诊断维护的核心是技术资源的共享，要实现这一目的，必须研究制定通用的标准和规范，并与国际标准和规范接轨，包括监测方案、监测输出参数的定义、有关参数的限值、测试数据存储格式、数据表达形式、传输协议、诊断维护分析方法等。

3）多通道同步高速信号采集技术与高可靠性监测技术的研究。包括如何针对设备不同的工作状态和不同的监测信号，采用数字信号处理（DSP）实现多种方式的多通道同步高速信号采集、处理与故障特征提取的研究；基于总线（一种XIbus器件之间的开放通信标准）的数据采集监测系统的研究，以提高可靠性、实时性和多功能为目标，提高现有系统的性能和技术水平。

4）嵌入式网络接入技术的研究。以高性能嵌入式微处理器和嵌入式操作系统（OS）为核心，对10M/100M内置以太网接口、可监测设备状态、嵌入式数据网络化传输终端进行开发研究，以此为基础，建设嵌入式网页服务器（Web Server）并实现其基于网络的系统维护功能，让用户可通过网页（Web）形式查看设备状态数据。

5）基于图形化编程语言的远程监测软件研究。研究开发能够支持网络化数据通信接口、快速描述监测系统环境、定义数据传输及处理过程的图形化编程软件工具，以便根据不同的监测对象快速构建监测诊断软件平台。

6）智能分析诊断技术的研究。主要包括：基于神经网络、模糊理论等智能信息处理方法和基因算法，对设备故障的智能诊断技术及多种智能诊断方法相融合技术的研究；对基于模糊的和确定性的知识进行综合推理的专家系统的研究；对基于小波分析、分形理论等方法的信号分析、故障特征提取技术的研究。

7）基于Web的网络诊断知识库、数据库和案例库的研究。针对不同应用对象，研究制定故障诊断规则，筛选监测诊断数据和故障案例，建立基于Web的网络诊断知识库、数据库和案例库。

8）多参数综合诊断技术的研究。采用多参数信息融合技术，研究故障对设备有关状态参数（振动、油液和热力参数）影响的机理、特征和规律；以信息融合的多参数设备故障综合诊断技术为基础，研究制定相应的诊断规则，并开发相应的网络化运行软件。

9）专家会诊环境的研究。研究开发具有开放接口的远程设备故障诊断分析工具包，提供频谱、细化谱、倒谱等常规分析以及小波、经验模态分解（EMD）等先进分析工具；研究电子白板、网络论坛（BBs）、网络会议（Net Meeting）等技术与应用方案，采用设备状态数据 Web 发布技术与诊断专家网络群件系统技术，实现专家会诊环境，支持集成数据、语音和视频的信息交流。

# 第4章　工业机器人

　　智能制造离不开智能装备，而在未来，智能装备中应用得最广泛的为工业机器人。1987年，国际标准化组织对工业机器人进行了定义："工业机器人是一种具有自动控制的操作和移动功能，能完成各种作业的可编程操作机。"综合来说，工业机器人是面向工业领域的多关节机械手或多自由度的机器装置，由机械本体、控制器、伺服驱动系统和检测传感装置构成，它能自动执行工作，靠自身的动力和控制能力实现各种设定的功能，它是综合了计算机、控制论、机构学、信息和传感技术、人工智能、仿生学等多学科而形成的高新技术，是当代研究十分活跃、应用日益广泛的领域。工业机器人的应用情况，是一个国家工业自动化水平的重要标志。本章主要介绍工业机器人的相关知识，主要内容如下：

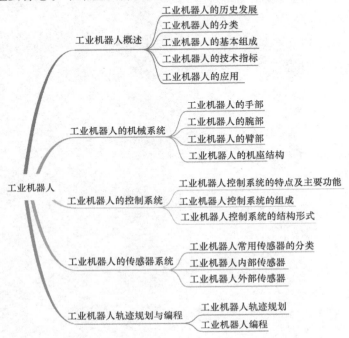

## 4.1　工业机器人概述

### 4.1.1　工业机器人的历史发展

现代工业机器人的发展开始于20世纪中期，依托计算机、自动化及原子能技术的快速发展。为了满足大批量产品制造的迫切需求，并伴随着相关自动化技术的发展，数控机床于1952年诞生，数控机床的控制系统、伺服电动机、减速器等关键零部件为工业机器人的开发打下了坚实的基础；同时，在原子能等核辐射环境下的作业，迫切需要特殊环境作业机械臂代替人进行放射性物质的操作与处理，基于此种需求，1947年美国阿贡国家实验室研发了遥操作机械手，1948年研制了机械式的主从机械手。1954年，美国的G.C.Devol对工业机器人的概念进行了定义，并进行了专利申请。1962年，美国的AMF公司推出的"UNI-MATE"，是工业机器人较早的实用机型，其控制方式与数控机床类似，但在外形上由类似于人的手和臂部组成。1965年，一种具有视觉传感器并能对简单积木进行识别、定位的机器人系统在美国麻省理工学院研制完成。1967年机械手研究协会在日本成立，并召开了首届日本机器人学术会议。1970年，第一届国际工业机器人学术会议在美国举行，促进了机器人相关研究的发展。1970年以后，工业机器人的研究得到广泛、较快的发展。

1967年，日本川崎重工业公司首先从美国引进机器人及技术，建立生产厂房，并于1968年试制出第一台日本产通用机械手机器人。经过短暂的摇篮阶段，日本的工业机器人很快进入实用阶段，并由汽车业逐步扩大到制造业其他领域。1980年被称为日本的"机器人普及元年"，日本开始在各个领域推广使用机器人，这大大缓解了市场劳动力严重短缺的社会矛盾。1980—1990年，日本的工业机器人处于快速发展时期。20世纪90年代，装配与物流搬运的工业机器人开始应用。

自20世纪60年代以来，工业机器人在工业发达国家越来越多的领域得到了应用，尤其是在汽车生产线上得到了广泛应用，并在制造业中，如毛坯制造（冲压、压铸、锻造等）、机械加工、焊接、热处理、表面涂覆、打磨抛光、上下料、装配、检测及仓库堆垛等作业中得到应用，提高了加工效率与产品的一致性。作为先进制造业中典型的机电一体化数字化装备，工业机器人已经成为衡量一个国家制造业水平和科技水平的重要标志。

从1960年开始，经过50多年的发展，工业机器人产业化整机的世界规模为100亿~120亿美元，年销售16万台套，累计装机量为120万~150万台套，考虑相关软件、零部件及系统集成应用整体规模在300亿~500亿美元市场，近5年市场增长率为10%。

我国工业机器人整机规模为30亿~50亿元市场，考虑相关软件、零部件及系统集成应用整体规模为100亿~300亿元，服务机器人刚刚开始，龙头企业有3~5家，规模在5亿~10亿元，相关小企业有30~50家，近3年市场增长率为20%~30%。

工业机器人作为高端制造装备的重要组成部分，技术附加值高、应用范围广，是我国先进制造业的重要支撑技术和信息化社会的重要生产装备，将对未来生产和社会发展及增强军事国防实力都具有十分重要的意义，有望成为继汽车、飞机、计算机之后出现的又一战略性新兴产业。

世界各国的工业机器人产业发展过程，分为3种不同的发展模式，即日本模式、欧洲模式和美国模式。

1）日本模式基于完善的工业机器人产业链分工，日本机器人制造厂商以面向开发新型工业机器人和批量化生产的机器人产品为发展目标，而由应用工程集成公司针对不同行业的具体工艺与需求，开展工业机器人生产线成套系统的集成应用。

2）欧洲模式为用户单位提供一揽子的系统集成解决方案，工业机器人的生产、应用工艺的系统设计与集成调试，均由工业机器人制造商承担和完成。

3）美国模式为集成应用，在全球范围内采购工业机器人主机及成套设计的配套设备，由工程公司进口，再进行集成生产线的设计、外围设备的研发与集成调试应用。

## 4.1.2 工业机器人的分类

工业机器人有多种分类方法，本节分别按机器人的控制方式、结构坐标系特点、驱动方式进行分类。

**1. 按机器人的控制方式分类**

按照控制系统的控制方式、工业机器人可分为如下几类：

1）点位控制机器人。只能控制从一个特定点移动到另一个特定点，而无法控制其移动路径的机器人。

2）连续轨迹控制机器人。能够在运动轨迹的任意特定数量的点处停留，但不能在这些特定点之间沿某一确定的路线运动。机器人要经过的任何一点都必须储存在机器人的存储器中。

3）可控轨迹机器人。又称作计算轨迹机器人，其控制系统能够根据要求，精确地计算出直线、圆弧、内插曲线和其他轨迹。在轨迹中的任何一点，机器人都可以达到较高的运动精度。因此，只要输入符合要求的起点坐标、终点坐标及指定轨迹的名称，机器人就可以按指定的轨迹运行。

4）伺服型与非伺服型机器人。伺服型机器人可以通过某些方式（如智能传感器）感知自己的运动位置，并把所感知的位置信息反馈回来控制机器人的运动；非伺服型机器人则无法确定自己是否已经到达指定位置。

**2. 按结构坐标系特点分类**

按照结构坐标系特点可把工业机器人分为直角坐标型工业机器人、圆柱坐标型工业机器人、极坐标型工业机器人、关节坐标型工业机器人、并联型工业机器人和SCARA型工业机器人。

（1）直角坐标型工业机器人

直角坐标型工业机器人的外形与数控镗铣床和三坐标测量机相似，如图4-1a所示，其三个关节都是移动关节（3P），关节轴线相互垂直，相当于笛卡儿坐标系的$x$轴、$y$轴和$z$轴，作业范围为立方体状的。其优点是刚度好、多做成大型龙门式或框架式结构、位置精度高、运动学求解简单、控制无耦合；但其结构较庞大、动作范围小、灵活性差且占地面积较大。因其稳定性好，适用于大负载搬运作业。

（2）圆柱坐标型工业机器人

圆柱坐标型工业机器人具有两个移动关节（2P）和一个转动关节（1R）。作业范围为圆柱形，如图4-1b所示。其特点是位置精度高、运动直观、控制简单；结构简单、占地面积小、价格低廉，因此应用广泛；但其不能抓取靠近立柱或地面上的物体。Verstran 机器人是该类机器人的典型代表。

（3）极坐标型工业机器人

极坐标型工业机器人具有一个移动关节（1P）和两个转动关节（2R）。作业范围为空心球体状的，如图4-1c所示。Unimate 机器人是该类机器人的典型代表。其优点是结构紧凑、动作灵活、占地面积小，但其结构复杂、定位精度低、运动直观性差。

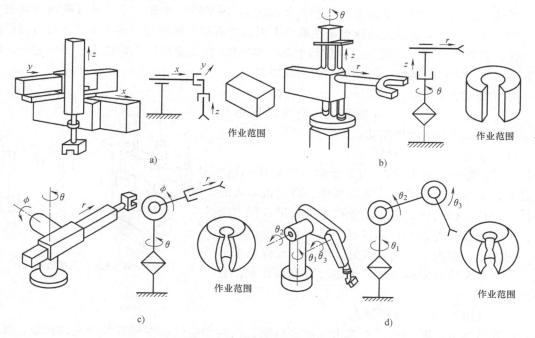

图4-1  不同坐标结构的机器人

（4）关节坐标型工业机器人

关节坐标型工业机器人由立柱、大臂和小臂组成。其具有拟人的机械结构，即大臂与立柱构成肩关节，大臂与小臂构成肘关节。具有三个转动关节（3R），可进一步分为一个转动关节和两个俯仰关节，作业范围为空心球体形状的，如图4-1d所示。该类机器人的特点是作业范围大、动作灵活、能抓取靠近机身的物体；运动直观性差，要得到较高定位精度很困难。该类机器人由于灵活性高，应用最为广泛。PUMA 机器人是该类机器人的典型代表。

（5）并联型工业机器人

并联型工业机器人的基座和末端执行器之间通过至少两个独立的运动链相连接，机构具有两个或两个以上自由度，并且以并联方式驱动。工业应用最广泛的并联型工业机器人是 DELTA 并联型工业机器人（见图4-2）。并联型工业机器人的特点是无累积误差、精度较高、运动部分重量轻、速度高、动态响应好、结构紧凑、刚度高、承载能力

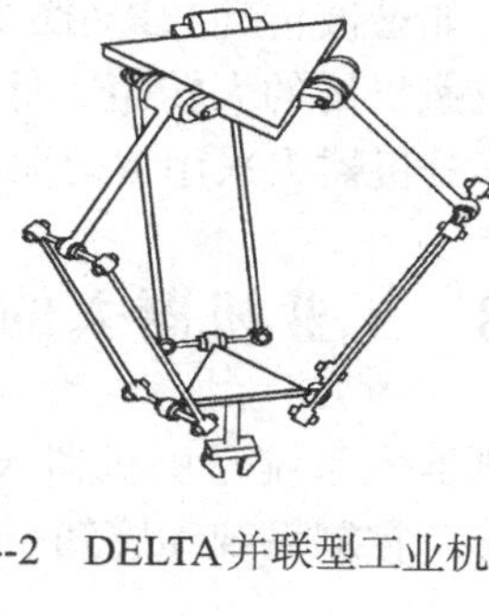

图4-2  DELTA 并联型工业机器人

大、工作空间较小。

相对于并联型机器人而言，只有一条运动链的机器人称为"串联型机器人"。运动学求解时，串联型机器人运动学正解容易，但运动学逆解困难，而并联型机器人正好相反，运动学正解困难，但运动学逆解容易。

（6）SCARA型工业机器人

SCARA型工业机器人有三个转动关节，其轴线相互平行，可在平面内进行定位和定向。其还有一个移动关节，用于完成手爪在垂直于平面方向上的运动，如图4-3所示。手腕中心的位置由两个转动关节的角度 $\theta_1$ 和 $\theta_2$ 及移动关节的位移 $z$ 决定，手爪的方向由转动关节的角度 $\theta_3$ 决定。该类机器人的特点是在垂直平面内具有很好的刚度，在水平面内具有较好的柔顺性，且动作灵活、速度快、定位精度高。SCARA型工业机器人最适用于平面定位，以及在垂直方向上进行装配，所以又称为装配机器人。

**3. 按驱动方式分类**

按驱动方式分类，工业机器人可分为液压驱动式、气压驱动式和电动机驱动式三类。

（1）液压驱动式工业机器人

液压驱动式工业机器人通常由油缸、液压马达、电磁阀、油泵、油箱等组成驱动系统，驱动机器人的各执行机构进行工作。这类工业机器人的带载能力很大，可达几百千克以上，其特点是结构紧凑、动作平稳、耐冲击、耐振动、防爆性好，但液压元件要求有较高的制造精度和密封性能，否则会有漏油现象，造成环境污染。

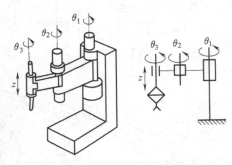

图4-3　SCARA型工业机器人

（2）气压驱动式工业机器人

这种机器人的驱动系统通常由气缸、气阀、气罐和空气压缩机等气动元件组成，其特点是气源方便、动作迅速、结构简单、造价较低、维护方便、便于清洁，但对速度和位置很难进行精确控制，且气压不可太高，故带负载能力较低。

（3）电动机驱动式工业机器人

电动机驱动目前仍是工业机器人使用最多的一种驱动方式，其特点是电源方便、响应快、驱动力较大（关节型机器人的承载能力最大已达400kg），信号检测、传递、处理方便，控制方式灵活。驱动电动机一般采用步进电动机、直流伺服电动机以及交流伺服电动机，其中，交流伺服电动机是目前主要的驱动方式。由于电动机转速高，通常须采用各种减速机构，如谐波传动、RV摆线针轮传动、齿轮传动、螺旋传动和多杆机构等。部分机器人采用无减速机构的大转矩、低转速电动机直接驱动，这样可使机构简化，又可提高控制精度；也有部分机器人采用混合驱动方式，即液-气、电-液、电-气混合驱动。

## 4.1.3　工业机器人的基本组成

机器人系统是由机器人和作业对象及环境共同构成的，其中包括机器人机械系统、驱动系统、控制系统和感知系统四大部分，它们之间的关系如图4-4所示。

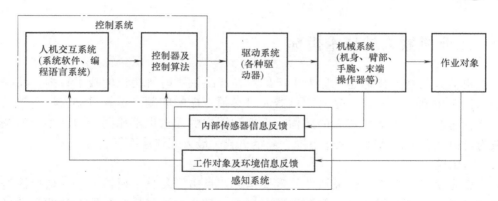

图4-4　机器人的基本组成及相互关系

（1）机械系统

工业机器人的机械系统一般包括机身、臂部、手腕、末端执行器等部分，每一部分都有若干个自由度，从而构成一个多自由度的机械系统。此外，有的机器人还具备行走机构。若机器人具备行走机构，则构成行走机器人；若机器人不具备行走机构及腰转机构，则构成单机器人臂。末端执行器是直接装在手腕上的重要部件，它可以是两手指或多手指的手爪，也可以是喷枪、焊枪等作业工具，机器人机械系统的作用相当于人的身体（即骨骼、手、臂、腿等）。

（2）驱动系统

驱动系统指驱动机械系统动作的驱动装置。根据驱动源的不同，驱动系统可分为电气、液压、气压驱动系统以及把它们结合起来应用的综合系统。该部分的作用相当于人的肌肉。

（3）控制系统

控制系统的任务是根据机器人的作业指令程序及从传感器反馈回来的信号，控制机器人的执行机构，使其完成规定的运动和功能，如果机器人不具备信息反馈特征，则该控制系统称为开环控制系统；如果机器人具备信息反馈特征，则该控制系统称为闭环控制系统。该部分主要由计算机硬件和控制软件组成。软件主要由人与机器人进行联系的人机交互系统和控制算法等组成。该部分的作用相当于人的大脑。

（4）感知系统

感知系统由内部传感器和外部传感器组成，其作用是获取机器人内部和外部环境信息，并把这些信息反馈给控制系统。其中，内部状态传感器用于检测各关节的位置、速度等变量，为闭环伺服控制系统提供反馈信息。外部状态传感器用于检测机器人与周围环境之间的一些状态变量，如距离、接近程度和接触情况等，用于引导机器人，便于其识别物体并做出相应处理。外部传感器可使机器人以灵活的方式对它所处的环境做出反应，赋予机器人一定的智能。该部分的作用相当于人的五官。

由图4-4可以看出，机器人系统实际上是一个典型的机电一体化系统，其工作原理为：控制系统发出动作指令，控制驱动器动作，驱动器带动机械系统运动，使末端执行器到达空间某一位置和实现某一姿态，实施一定的作业任务。末端执行器在空间的实时位姿由感知系统反馈给控制系统，控制系统把实际位姿与目标位姿相比较，发出下一个动作指令，如此循环，直到完成作业任务为止。

## 4.1.4　工业机器人的技术指标

工业机器人的技术指标是机器人生产厂商在产品供货时所提供的技术数据，反映了机器人的适用范围和工作性能，是选用机器人时必须专虑的问题。尽管机器人厂商提供的技术指标不完全相同、工业机器人的结构、用途和用户的需求也不相同，但其主要的技术指标一般为自由度、工作精度、工作范围、额定负载、最大工作速度等。

（1）自由度

自由度是衡量机器人动作灵活性的重要指标。自由度是整个机器人运动链所能够产生的独立运动数，包括直线运动、旋转运动、摆动运动，但不包括执行器本身的运动（如刀具旋转等）。机器人的每一个自由度原则上都需要有一个伺服轴驱动其运动，因此在产品样本和说明书中，通常以控制轴数来表示。

机器人的自由度与作业要求有关，自由度越多，执行器的动作就越灵活，机器人的通用性也就越好，但其机械结构和控制也就越复杂。因此，对于作业要求基本不变的批量作业机器人来说，运行速度、可靠性是其最重要的技术指标，自由度则可在满足作业要求的前提下适当减少；而对于多品种、小批量作业的机器人来说，通用性、灵活性指标显得更加重要，这样的机器人就需要有较多的自由度。

若要求执行器能够在三维空间内进行自由运动，则机器人必须能完成在$x$、$y$、$z$三个方向的直线运动和围绕$x$、$y$、$z$轴的回转运动，即需要有6个自由度。换句话说，如果机器人能具备上述6个自由度，执行器就可以在三维空间内任意改变姿态，实现对执行器位置的完全控制。目前，焊接和涂装作业机器人大多为6或7个自由度，搬运、码垛和装配机器人多为4~6个自由度。

（2）工作精度

机器人的工作精度主要指定位精度和重复定位精度。定位精度指机器人末端参考点实际到达的位置与所需要到达的理想位置之间的差距。重复定位精度指机器人重复到达某一目标位置的差异程度。重复定位精度也指在相同的位置指令下，机器人连续重复若干次其位置的分散情况。它是衡量一系列误差值的密集程度，即重复度。

（3）工作范围

工作范围又称为工作空间、工作行程，它是衡量机器人作业能力的重要指标。工作范围越大，机器人的作业区域也就越大。机器人样本和说明书中所提供的工作范围是指机器人在未安装末端执行器时，其参考点（手腕基准点）所能到达空间工作范围的大小。它取决于机器人各个关节的运动极限范围，并与机器人的结构有关。工作范围应除去机器人在运动过程中可能产生自身碰撞的干涉区域。此外，机器人在实际使用时，还需要考虑安装了末端执行器之后可能产生的范围。因此，在机器人实际工作时设置的安全范围应该要比机器人说明书中给定的工作范围数据还要大。

需要指出的是，机器人在工作范围内还可能存在奇异点。奇异点是由于机器人结构的约束，导致关节失去某些特定方向自由度的点。奇异点通常存在于作业空间的边缘，如奇异点连成一片，则称为"空穴"。机器人运动到奇异点附近时，由于自由度的逐步丧失，关节的姿态会急剧变化，这将导致驱动系统承受很大的负载而产生过载。因此，对于存在奇异点的机器人来说，其工作范围还需要除去奇异点和空穴。

由于多关节机器人的工作范围是三维空间的不规则球体，部分产品也不标出坐标轴的正负行程。为此，产品样本中一般会提供详细的作业空间图。

（4）额定负载

额定负载是指机器人在作业空间内所能承受的最大负载。其含义与机器人类别有关，一般以质量、力、转矩等技术参数表示。例如，搬运、装配、包装类机器人指的是机器人能够抓取的物品质量；切削加工类机器人是指机器人加工时所能够承受的切削力；焊接、切割加工的机器人则指机器人所能安装的末端执行器的质量等。

机器人的实际承载能力与机械传动系统结构、驱动电动机功率、运动速度和加速度、末端执行器的结构与形状等诸多因素有关。对于搬运、装配、包装类机器人，产品样本和说明书中所提供的承载能力，一般是指不考虑末端执行器的结构和形状，假设负载重心位于参考点（手腕基准点）时，机器人高速运动可抓取的物品质量。当负载重心位于其他位置时，则需要以允许转矩或图表形式，来表示重心在不同位置时的承载能力。

（5）最大工作速度

最大工作速度是指在各轴联动的情况下，机器人手腕中心所能达到的最大线速度。最大工作速度越高，生产效率就越高同时，对机器人最大加速度的要求越高。

## 4.1.5　工业机器人的应用

工业机器人主要被应用在以下 3 种场合：

1）环境恶劣或危险的场合。某些领域的作业因有害健康或有生命危险等因素而不适于人工操作，必须用工业机器人完成，如核污染、有辐射、高温高热等环境。

2）特殊作业场合。某些场合因为空间狭小、环境真空等原因，只能采用工业机器人进行作业，如卫星的回收、地底环境监测等。

3）自动化生产领域。某些高复杂性、高强度、高精度操作的作业，使用全年无休的工业机器人，可以有效地降低人工成本，降低故障率，提升工作效率。随着工业机器人向更深更广方向的发展，以及机器人智能化水平的提高，工业机器人的应用范围正在不断扩大，在国防军事、医疗卫生等领域的应用也越来越多，如无人侦察机、警备机器人、医疗机器人等。

工业机器人技术涉及的学科相当广泛，但是归纳起来是机械学和微电子学的结合，也就是机电一体化技术。新型的智能机器人不仅具有获取外部环境信息的各种传感器，而且还具有记忆能力、语言理解能力、图像识别能力和推理判断能力，这些都和微电子技术的应用，特别是计算机技术的应用密切相关。因此，机器人技术的发展必将带动其他技术的发展，机器人技术的发展和应用水平也可以验证一个国家科学技术和工业技术的发展水平。

随着微电子技术的发展，各种视觉、力学、位置、速度和加速度等传感器技术与工业机器人控制系统的结合，使工业机器人的性能、适应性和安全性得到了前所未有的提升，而单机价格却不断下降。工业机器人以其稳定、高效、低故障率等众多优势越来越多地取代人工劳动，成为现在和未来加工制造业的支撑技术和信息化社会的新兴产业。

## 4.2 工业机器人的机械系统

工业机器人的机械系统由机座、臂部、腕部、手部或末端执行器组成。机器人为了完成工作任务，必须配置操作执行机构，这个操作执行机构相当于人的手部，有时也称为手爪或末端执行器。而连接手部和臂部的部分相当于人的手腕，称为腕部，作用是改变末端执行器的空间方向和将载荷传递到臂部。臂部连接机身和腕部，主要作用是改变手部的空间位置，满足机器人的作业空间，并将各种载荷传递到机身。机座是机器人的基础部分，它起着支承作用。对于固定式机器人，机座直接固定在地面上；对于行走式机器人，机座安装在行走机构上。

### 4.2.1 工业机器人的手部

工业机器人的手部用于抓取和握紧（吸附）专用工具（如喷枪、扳手、焊具、喷头等）并进行操作，由于被握工件的形状、尺寸、重量、材质及表面状态等不同，因此工业机器人的手部也是多种多样的，大致可分为夹钳式手部、吸附式手部、专用操作器及转换器和仿生灵巧手部。

**1. 夹钳式手部**

夹钳式手部是工业机器人最常用的一种手部形式，此类手指夹持工件进行搬运或加工的运动。夹钳式手部由手指、驱动机构、传动机构及连接与支承元件组成，能通过手爪的开闭动作实现对物体的夹持。一般情况下，机器人的手部只有两根手指，少数有三根或多根手指。它们的结构形式常取决于被夹持工件的形状和特性。

**2. 吸附类手部**

吸附类手部有磁力类吸盘和真空（气吸）类吸盘两种。磁力类吸盘主要有电磁吸盘和永磁吸盘两种。真空类吸盘主要是真空式吸盘，根据形成真空的原理可分为真空吸盘、气流负压吸盘和挤压排气吸盘三种。

气吸式手部是工业机器人常用的一种吸持工件的装置。它由吸盘、吸盘架及进排气系统组成，具有结构简单、质量轻、使用方便可靠且对工件表面没有损伤、吸附力分布均匀等优点。广泛应用于非金属材料（或不可有剩磁材料）的吸附。使用气吸式手部时要求工件与吸盘接触部位光滑平整、清洁，被吸工件材质致密，没有透气空隙。气吸式手部利用吸盘内的压力和大气压之间的压力差而工作。

磁吸式手部是利用永久磁铁或电磁铁通电后产生的磁力来吸附工件。磁吸式手部与气吸式手部相同，不会破坏被吸收表面的质量。磁吸式手部比气吸式手部优越的地方是有较大的单位面积吸力，对工件表面粗糙度及通孔、沟槽等无特殊要求。

**3. 专用操作器及转换器**

机器人是一种通用性很强的自动化设备，可根据作业要求完成各种操作，再配上各种专用的末端操作器后，就能完成各种作业。例如，在通用机器人上安装焊枪就成为一台焊接机器人，安装拧螺母机则成为一台装配机器人。目前，由专用电动、气动工具改型而成的许多操作器，有拧螺母机、焊枪、电磨头、电铣头、抛光头、激光切割机等，所形成的一整套系列供用户选用，使机器人能胜任各种工作。

机器人在作业时能自动更换不同的末端操作器，就需要配置具有快速装卸功能的换接器，换接器由两部分组成：换接器插座和换接器插头，分别装在机器腕部和末端执行器上，能够实现机器人对末端操作器的快速自动更换。

专用末端操作器换接器的要求主要有：同时具备气源、电源及信号的快速连接与切换；能承受末端操作器的工作载荷，在失电、失气情况下，机器人停止工作时不会自行脱离，具有一定的换接精度等。

**4. 仿生灵巧手部**

夹钳式手部不能适应物体外形的变化，不能使物体表面承受比较均匀的夹持力。为了提高机器人手爪和手腕的操作能力、灵活性和快速反应能力，使机器人能像人手那样进行各种复杂作业，因此需要设计出动作灵活多样的灵巧手。

（1）柔性手

为了能对不同外形的物体实施抓取，并使物体表面受力比较均匀，因此研制出了柔性手。多关节柔性手腕中每个手指由多个关节串联而成；驱动源可采用电动机驱动或液压、气动元件驱动；柔性手腕可抓取凹凸不平的物体并使物体受力较为均匀。

（2）多指灵巧手

多指灵巧手是模仿人类手指设计，它可以具有多个手指，每个手指有 3 个回转关节，每个关节的自由度都是独立控制的。因此，该类型手指能够完成各种复杂的动作，如拧螺钉、搬运不规则物体。如果在手部配置触觉、力觉等传感器，将会使多指灵巧手的功能更加接近人类手指。

## 4.2.2  工业机器人的腕部

**1. 工业机器人腕部的运动**

工业机器人的腕部是连接手部与臂部的部件，起到支承手部的作用。机器人一般具有 6 个自由度才能使手部达到目标位置和处于期望的姿态，手腕上的自由度主要实现所期望的姿态。

为了使手部能处于空间任意方向，要求腕部能实现绕空间 3 个坐标轴 $x$、$y$、$z$ 的转动，即具有偏转、俯仰和回转 3 个自由度，如图 4-5 所示。

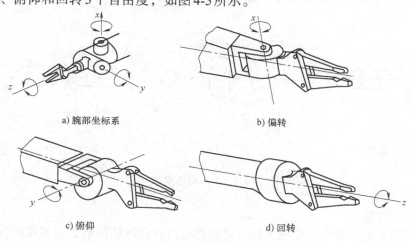

a) 腕部坐标系    b) 偏转

c) 俯仰    d) 回转

图 4-5  腕部的三个运动和坐标系

通常把手腕的回转称为Roll，用R表示；手腕的俯仰称为Pitch，用P表示；把手腕的偏转称为Yaw，用Y表示。

腕部结构多为上述3个自由度（或者少于3个）的组合，组合的方式根据实际工作需要可以有多种形式。

**2. 工业机器人腕部的分类**

工业机器人的腕部按自由度个数可分为单自由度腕部、二自由度腕部和三自由度腕部。采用几个自由度的腕部应根据工业机器人的工作性能来确定，在有些情况下，腕部具有两个自由度，即回转和俯仰（回转和偏转）。一些专用机械手甚至没有腕部，有的腕部为了特殊要求还有横向移动的自由度。

（1）单自由度腕部

单自由度腕部如图4-6所示。其中图4-6a为一种回转关节，也称为R关节，腕部关节轴线与臂部的纵轴线共线，回转角度不受结构限制，可以回转360°以上。图4-6b和c分别为俯仰和偏转关节，为一种弯曲关节，也称为B关节，腕部关节轴线与臂部及手部的纵轴线垂直，这种关节受到结构的限制，运动角度通常小于360°。图4-6d为移动关节，也称为T关节。

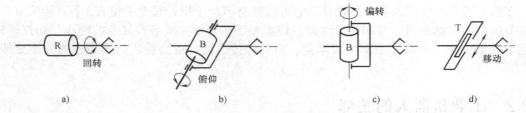

图4-6　单自由度腕部

（2）二自由度腕部

二自由度腕部如图4-7所示。腕部可以由一个B关节和一个R关节联合构成BR腕部（见图4-7a），或由两个B关节组成BB腕部（见图4-7b），但不能用两个R关节RR构成二自由度腕部，因为两个R关节共轴线，退化了一个自由度，实际上只能起到单自由度的作用（见图4-7c）。

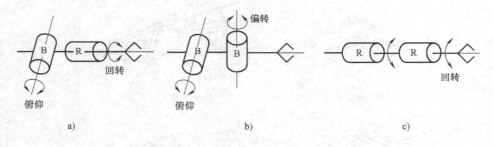

图4-7　二自由度腕部

（3）三自由度腕部

由B关节和R关节组合而成的三自由度腕部可以有多种结构形式，实现回转、俯仰和偏转运动，理论上能使手部获得任意姿态。常用的有BBR、RRR、BRR和RBR四种形式的腕部。RRR腕部主要用于喷涂作业，RBR腕部具有三条轴线相交于一点的结构特点，其运动学求解较为简单。

## 4.2.3 工业机器人的臂部

工业机器人的臂部是机器人的主要执行部件，它的作用是支承腕部和末端执行器，并带动它们进行空间运动。臂部是为了让机器人的手爪或末端执行器可以达到作业任务所要求的位置。机器人的臂部主要包括臂杆以及与其伸缩、屈伸或自转等运动有关的构件，如传动机构、驱动装置、导向定位装置，支承连接和位置检测元件等。此外，还有与腕部或臂部的运动和连接支承等有关的构件、配管配线等。

**1. 工业机器人臂部的配置**

机身和臂部的配置形式基本上反映了工业机器人的总体布局。由于机器人的作业环境和场地等因素的不同，出现了各种配置形式。目前有横梁式、立柱式、机座式和屈伸式四种。

（1）横梁式配置

机身设计成横梁式，用于悬挂手臂部件，通常分为单臂悬挂式和双臂悬挂式两种，如图4-8所示。这类工业机器人的运动形式大多为移动式。它具有占地面积小、能有效利用空间、动作简单直观等优点。

横梁可以是固定的，也可以是行走的，一般安装在厂房原有建筑的柱梁或有关设备上，也可从地面上架设。

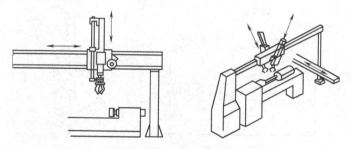

图4-8　横梁式臂部配置

（2）立柱式配置

立柱式机器人多采用回转型、俯仰型或屈伸型等运动型式。一般臂部都可以在水平面内回转，具有占地面积小而工作范围大的特点。立柱可固定安装在空地上，也可固定在床身上，如图4-9所示。立柱式机身的结构简单，服务于某种主机，可承担上料、下料或转运等工作。

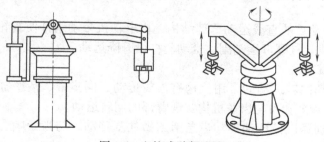

图4-9　立柱式臂部配置

103

（3）机座式配置

机身设计成机座式，这种机器人可以是独立的、自成系统的完整装置，能够随意安放和搬动，也可以具有行走机构，如沿地面上的专用轨道移动，以扩大其活动范围。各种运动形式均可设计成机座式，如图4-10所示。

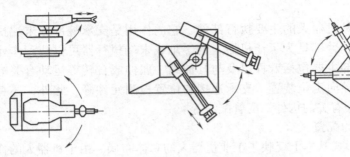

图4-10　机座式臂部配置

（4）屈伸式配置

屈伸式工业机器人的臂部由大臂和小臂组成，大臂、小臂间有相对运动，称为屈伸臂。屈伸臂与机身间的配置形式关系到工业机器人的运动轨迹。屈伸式工业机器人可以实现平面运动，也可以做空间运动，如图4-11所示。

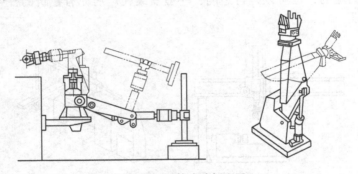

图4-11　屈伸式臂部配置

### 2. 工业机器人臂部的常用结构

（1）直线运动臂部

工业机器人臂部的伸缩、横向移动都属于直线运动。实现直线运动的常用机构有活塞油缸、气缸、齿轮齿条、丝杠螺母及连杆机构等。其中，活塞油缸和气缸在机器人中应用最多。

图4-12a所示为常见的直线运动臂部结构，由电动机带动蜗杆使蜗轮回转，蜗轮内孔有内螺纹，与丝杠组成丝杠螺母运动副，带动丝杠做升降运动。

（2）回转运动臂部

实现机器人臂部回转运动的常用机构有齿轮传动、同步带、活塞缸和连杆机构等。图4-12b所示为采用活塞缸和齿轮齿条机构实现臂部的回转运动。

活塞缸两腔分别通以液压油推动齿条活塞做往复移动，与齿条啮合的齿轮即做往复回转。由于齿轮和手臂固联，从而实现手臂的回转运动。

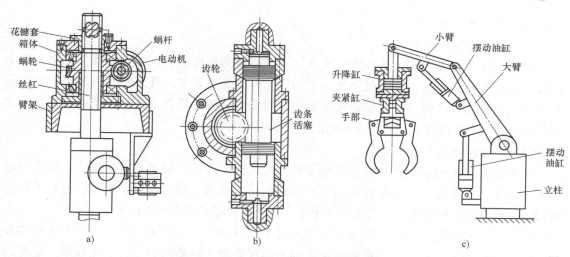

图 4-12　常用的工业机器人臂部结构

（3）俯仰运动臂部

机器人臂部的俯仰运动一般采用活塞油（气）缸与连杆机构联用来实现，如图 4-12c 所示。其中，小臂的俯仰运动用的摆动油缸位于小臂的下方，大臂和小臂用铰链连接，缸体采用尾部耳环（也可采用中部销轴等）的方式与大臂连接。大臂的俯仰运动原理和小臂相同。

## 4.2.4　工业机器人的机座结构

工业机器人的机座是机器人的基础部分，起着支承作用，必须有足够的刚度和稳定性。机座主要有固定式和移动式两种，采用移动式机座可以扩大机器人的工作范围。对固定式机座工业机器人而言，其机座直接安装在工业机器人的底座上面，对移动式机座工业机器人而言，其机座则安装在行走机构上。常见的工业机器人多为固定式机座。

**1. 机器人的固定式机座**

固定的机座结构比较简单。固定工业机器人的安装方法分为直接地面安装、台架安装和底板安装三种形式。

1）工业机器人机座直接安装在地面上时，是将底板埋入混凝土中或用地脚螺栓固定。底板要求尽可能稳固，以经受得住工业机器人手臂传递过来的反作用力。底板与机座用高强度螺栓连接。

2）工业机器人台架安装在地面上时，安装方法与机座直接安装在地面上的要领基本相同。机座与台架用高强度螺栓固定连接，台架与底板也用高强度螺栓固定连接。

3）工业机器人机座用底板安装在地面上时，用螺栓孔将底板安装在混凝土地面或钢板上。机座与底板用高强度螺栓固定连接。

**2. 机器人的行走机构**

行走机构是行走机器人的重要执行部件，它由驱动装置、传动机构、位置检测元件、传感器、电缆及管路等组成。它一方面支承机器人的机座、臂部和手部；另一方面带动机器人按照工作任务的要求进行运动。机器人的行走机构按运动轨迹分为固定轨迹式行走机

构和无固定轨迹式行走机构。

（1）固定轨迹式行走机构

固定轨迹式工业机器人的机座安装在一个可移动的拖板座上，靠丝杠螺母驱动。整个机器人沿丝杠纵向移动，这类机器人除了采用这种直线驱动方式外，有时也采用类似起重机梁行走等方式。这种可移动机器人主要用在作业区域大的场合，比如大型设备装配，立体化仓库中的材料搬运、材料堆垛和储运、大面积喷涂等。

（2）无固定轨迹式行走机构

一般而言，无固定轨迹式行走机构主要有轮式行走机构、履带式行走机构、足式行走机构。此外，还有适合于各种特殊场合的步进式行走机构、蠕动式行走机构、混合式行走机构、蛇行式行走机构等。下面主要介绍轮式行走机构和履带式行走机构。

1）轮式行走机构。轮式行走机器人是行走机器人中应用最多的一种，主要在平坦的地面上行走。车轮的形状和结构形式取决于地面的性质和车辆的承载能力。在轨道上运行的多采用实心钢轮，在室外路面上行走的多采用充气轮胎，在室内平坦地面上行走的可采用实心轮胎。

轮式行走机构依据车轮的多少分为一轮、二轮、三轮、四轮以及多轮。行走机构实现的关键是要解决稳定性问题，实际应用的轮式行走机构多为三轮和四轮。

① 三轮行走机构。三轮行走机构具有一定的稳定性，代表性的车轮配置方式是一个前轮、两个后轮，如图4-13所示。

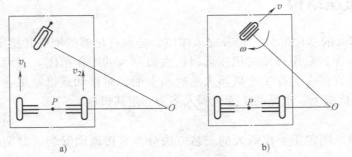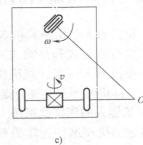

图4-13　三轮行走机构

图4-13a所示为两个后轮独立驱动并转向，前轮仅起支承作用，靠后轮转向；图4-13b所示为采用前轮驱动、前轮转向的方式；图4-13c所示为利用两后轮差动减速器减速、前轮转向的方式。

② 四轮行走机构。四轮行走机构的应用最为广泛，四轮行走机构可采用不同的方式实现驱动和转向，如图4-14所示。图4-14a所示为后轮分散驱动；图4-14b所示为用连杆机构实现四轮同步转向。这种行走机构相比仅有前轮转向的行走机构，可实现更灵活的转向和较大的回转半径。具有四组轮子的轮系，其运动稳定性有很大的提高。但是必须使用特殊的轮系悬架系统，以保证四个轮子同时和地面接触。它需要四个驱动电动机，控制系统也比较复杂。

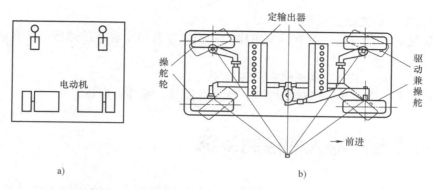

图4-14　四轮行走机构

③ 越障轮式行走机构。普通轮式行走机构对崎岖不平的地面适应性很差，为了提高轮式车辆的地式适应能力，可以采用越障轮式行走机构，这种行走机构往往是多轮式行走机构。

2）履带式行走机构。履带式行走机构适合在天然路面上行走，它是轮式行走机构的拓展，履带的作用是给车轮连续铺路。履带式行走机构由履带、驱动轮、支承轮和张紧轮等组成，如图4-15所示。履带式行走机构的形状有很多种，主要是一字形、倒梯形等，如图4-16所示。一字形履带式行走机构的驱动轮及张紧轮兼做支承轮，增大了支承地面面积，改善了稳定性。倒梯形履带式行走机构中不做支承轮的驱动轮与张紧轮装得高于地面，适合穿越障碍。另外，因为减少了泥土夹入引起的损伤和失效，所以可以提高驱动轮和张紧轮的寿命。

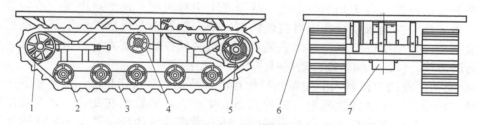

图4-15　履带式行走机构的组成

1—张紧轮（导向轮）　2—支承轮　3—履带　4—托轮　5—驱动轮　6—机座安装台面　7—机架

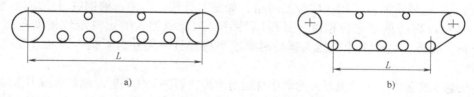

图4-16　履带式行走机构的形状

履带式行走机构的优点如下：

① 支承面积大，接地比压小，适合在松软或泥泞场地进行作业，下陷度小，滚动阻力小。

② 越野机动性好，可以在有些凹凸的地面上行走，可以跨越障碍物，能爬梯度不大的台阶、爬坡、越沟等性能均优于轮式行走机构。

③ 履带支承面上有履齿，不易打滑，牵引附着性能好，有利于发挥较大的牵引力。

履带式行走机构的缺点如下：

① 由于没有自定位轮，没有转向机构，只能靠左右两个履带的速度差实现转向，所以转向和前进方向都会产生滑动。

② 转向阻力大，不能准确地确定回转半径。

③ 结构复杂，质量大，运动惯性大，减振功能差，零件易损坏。

## 4.3　工业机器人的控制系统

工业机器人的控制系统是机器人的大脑，是决定机器人功能和性能指标的主要因素。工业机器人的控制就是控制工业机器人在工作空间的运动位置、姿态和轨迹、操作顺序及动作时间等。

### 4.3.1　工业机器人控制系统的特点及主要功能

#### 1. 工业机器人控制系统的特点

多数工业机器人各个关节的运动都是相互独立的，为了实现机器人末端执行器的位置精度，需要多关节的协调。因此，机器人控制系统与普通的控制系统相比要复杂。具体来讲，机器人控制系统具有以下特点：

1）机器人控制系统是一个多变量控制系统，即使是简单的工业机器人也有3~5个自由度，比较复杂的机器人有十几个自由度，甚至几十个自由度。每个自由度一般包含一个伺服机构，多个独立的伺服系统必须有机地协调起来。例如工业机器人的手部运动是所有关节的合成运动。要使手部按照一定的轨迹运动，就必须控制机器人的机座、臂部、腕部等各关节协调运动，包括运动轨迹、动作时序等。

2）运动描述复杂。机器人的控制与机构运动学及动力学密切相关。描述机器人状态和运动的数学模型是一个非线性模型，随着状态的变化，其参数也在变化，各变量之间还存在耦合。因此，仅仅考虑位置闭环是不够的，还要考虑速度闭环，甚至加速度闭环。在控制过程中，根据给定的任务，还要选择不同的基准坐标系，并做适当的坐标变换，以求解机器人运动学正解和逆解。此外，还要考虑各关节之间惯性力等的耦合作用和重力负载的影响，因此，还经常需要采用一些控制策略，如重力补偿、前馈、解耦或自适应控制等。

3）具有较高的重复定位精度，系统刚性好。工业机器人的重复定位精度较高，一般为±0.1mm。此外，由于工业机器人运行时要求平稳并且不受外力干扰，因此系统应具有较好的刚性。

4）信息运算量大。工业机器人的动作规划通常需要解决最优问题。例如机械手末端执行器要到达空间某个位置，可以有几种解决办法，此时就需要规划一个最佳路径。较高级的工业机器人可以采用人工智能方法，用计算机建立庞大的信息库，借助信息库进行控制、决策管理和操作。即使是一般的工业机器人，根据传感器和模式识别的方法获得对象及环境的工况，按照给定的指标，自动选择最佳的控制规律，在这一过程中信息处理的运算量也是不小的。

5）需采用加（减）速控制。过大的加（减）速度会影响机器人运动的平稳性，甚至使工业机器人发生抖动，因此在起动或停止时采取加（减）速控制策略。通常采用匀加（减）速运动指令来实现。此外，工业机器人不允许有位置超调，否则将可能与工件发生碰撞，因此一般要求控制系统位置无超调，动态响应尽量快。

总之，工业机器人控制系统是一个与运动学和动力学密切相关的、紧耦合的、非线性的多变量控制系统。

**2. 工业机器人控制系统的功能**

机器人控制系统是机器人的主要组成部分，用于控制操作机构完成特定的工作任务。其基本功能有示教再现功能、坐标设置功能、与外围设备的联系功能、位置伺服功能。

1）示教再现功能。工业机器人控制系统可实现离线编程、在线示教及间接示教等功能，在线示教又包括通过示教器进行示教和导引示教两种情况。在示教过程中，可存储作业顺序、运动方式、运动路径和速度及与生产工艺有关的信息。在再现过程中，能控制工业机器人按照示教的加工信息自动执行特定的作业。

2）坐标设置功能。工业机器人控制器设置有关节坐标、绝对坐标、工具坐标及用户坐标4种坐标系，用户可根据作业要求选用不同的坐标系并进行各坐标系之间的转换。

3）与外围设备的联系功能。机器人控制器设置有输入/输出接口、通信接口、网络接口和同步接口，并具有示教器、操作面板及显示屏等人机接口。此外，还具有视觉、触觉、接近觉、听觉、力觉（力矩）等多种传感器接口。

4）位置伺服功能。机器人控制系统可实现多轴联动、运动控制、速度和加速度控制、力控制及动态补偿等功能。在运动过程中，还可以实现状态监测、故障诊断的安全保护和故障自诊断等功能。

## 4.3.2 工业机器人控制系统的组成

工业机器人控制系统组成示意图如图4-17所示，主要由控制计算机、示教盒、操作面板、磁盘存储器、数字和模拟量输入/输出、打印机接口、传感器接口、轴控制器、辅助设备控制、通信接口和网络接口等部分组成。

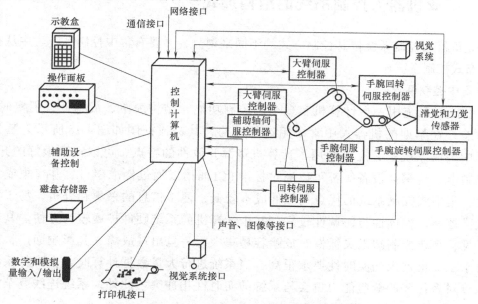

图4-17 工业机器人控制系统组成示意图

1）控制计算机。是工业机器人控制系统的调度指挥中心，一般为微型机、微处理器，有32位、64位等。

2）示教盒。用于示教工业机器人的工作轨迹和参数设定，以及所有人-机交互操作，它拥有独立的CPU以及存储单元，与主计算机之间以串行通信等方式实现信息交互。

3）操作面板。由各种操作按钮（如起动按钮、停止按钮、电源开关按钮等）、状态指示灯（如电源指示灯、报警指示灯等）构成，只完成基本功能操作。

4）磁盘存储器。以磁盘为存储介质的存储器，用于存储工业机器人的工作程序和各种数据信息。

5）数字和模拟量输入/输出。用于各种状态和控制命令的输入或输出。

6）打印机接口。通过打印机接口连接打印机，可以打印机器人的基本信息和运动状态信息等。

7）传感器接口。用于信息的自动检测，一般为触觉、滑觉、压觉、力觉和视觉传感器等。

8）轴控制器。包括各关节的伺服控制器，用于完成机器人各关节位置、速度和加速度等控制。

9）辅助设备控制。用于和机器人配合的辅助设备控制，如手爪变位器等。

10）通信接口。用于实现机器人和其他设备的信息交换，如串行接口等。

11）网络接口。有以太网（Ethernet）接口和现场总线（Fieldbus）接口两种，可实现机器人和上层管理系统或其他现场设备的信息交换。

## 4.3.3  工业机器人控制系统的结构形式

工业机器人控制系统按其控制方式的不同来划分，主要有集中控制系统、主从控制系统、分布式控制系统。

### 1. 集中控制系统

集中控制系统用一台计算机实现全部控制功能，结构简单、成本低，但实时性差、扩展性差，在早期的机器人中常采用这种结构，其构成框图如图4-18所示。基于计算机的集中控制系统里，充分利用了计算机资源开放性的特点，可以实现很好的开放性，多种控制卡、传感器设备等都可以通过标准PCI插槽或通过标准串口、并口集成到控制系统中。集中式控制系统的优点是硬件成本较低，便于信息的采集和分析，易于实现系统的最优控制，整体性与协调性较好，基于计算机的系统硬件扩展较为方便。其缺点也显而易见，系统控制缺乏灵活性，危险容易集中，一旦出现故障，其影响面广，后果严重；由于工业机器人的实时性要求很高，当系统进行大量数据计算时，会降低系统实时性，系统对多任务的响应能力也会与系统的实时性相冲突。此外，系统连线复杂，会降低系统的可靠性。

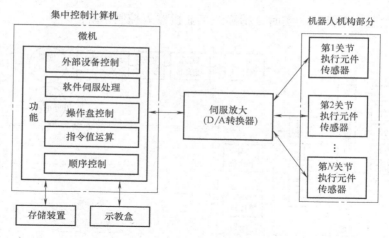

图4-18 集中控制系统框图

## 2. 主从控制系统

采用主、从两级处理器实现系统的全部控制功能。主计算机实现管理、坐标变换、轨迹生成和系统自诊断等；从计算机实现所有关节的动作控制。其构成框图如图4-19所示。主从控制系统实时性较好，适用于高精度、高速度控制，但其系统扩展性较差，维修困难。

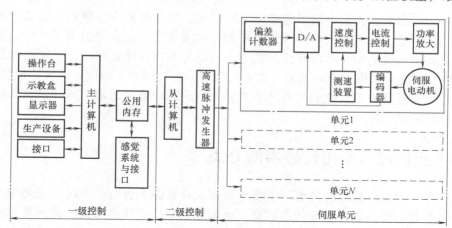

图4-19 主从控制系统框图

## 3. 分布式控制系统

按系统的性质和方式将控制系统分成几个模块，每一个模块各有不同的控制任务和控制策略，各模块之间可以是主从关系，也可以是平等关系。这种方式实时性好，易于实现高速、高精度控制，易于扩展，可实现智能控制，是目前流行的方式，其构成框图如图4-20所示。其主要思想是"集中管理，分散控制"，即系统对其总体目标和任务可以进行综合协调和分配，并通过子系统的协调来完成控制任务，整个系统在功能、逻辑和物理等方面都是分散的，所以分布式控制系统又称为集散控制系统或分散控制系统。在这种结构中，子系统是由控制器和不同被控对象或设备构成的，各个子系统之间通过网络等相互通信。分布

式控制结构提供了一个开放、实时、精确的工业机器人控制系统。

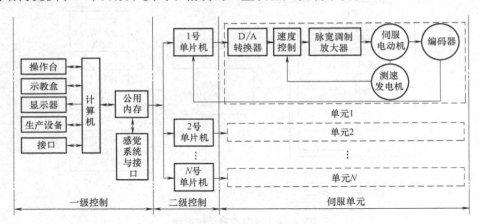

图4-20　分布式控制系统框图

# 4.4　工业机器人的传感系统

传感器在机器人的控制中起了非常重要的作用，工业机器人传感系统使其能够与外界进行信息交换，是决定工业机器人性能水平的关键因素之一。正是因为有了传感器，机器人才具备了类似人类的知觉功能和反应能力。机器人在进行作业期间，其控制器如人的大脑，需要不断地获取周围作业环境或者作业对象的信息，如力、温度、速度、位移、时间、电压、压力、数量等，并以此来判断接下来要进行的动作或者运动。这些信息的获取通常都是用传感器来实现的。

## 4.4.1　工业机器人常用传感器的分类

工业机器人常用传感器的分类，主要是根据工业机器人进行作业时，需要检测包括自身状态、作业对象及作业环境等状态信息，所要完成的作业任务不同，其配备的传感器类型和规格也不同。因此，工业机器人常用的传感器可分为两大类：内部传感器和外部传感器，如图4-21所示。

内部传感器是用于测量机器人自身状态参数（如臂部、腕部和手部等的位移、速度、加速度、旋转角度等）的功能元件。该类传感器安装在机器人坐标轴中，用来感知机器人自身的状态，以调整和控制机器人的行动。内部传感器通常是指应用在机器人各关节上的传感器，主要有位置传感器、速度传感器、加速度传感器和平衡传感器等。

外部传感器用于测量机器人与作业对象之间相互作用的外部信息，这些外部信息通常与机器人的目标检测、作业安全等有关。外部传感器可获取机器人周围作业环境、作业对象的状态特征等相关信息，使机器人和作业环境发生交互作用，从而使机器人对作业环境有自校正和自适应能力。外部传感器可分为应用于手部的传感器（如触觉传感器、压觉传感器、滑觉传感器、力觉传感器、接近觉传感器等）和环境检测传感器（如视觉传感器、

超声波传感器等)。

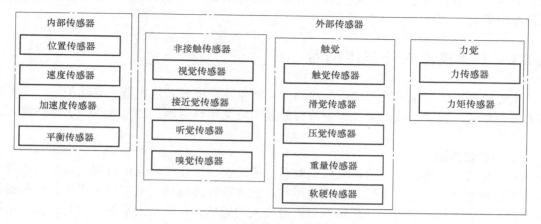

图4-21　工业机器人两大类常用传感器

## 4.4.2　工业机器人内部传感器

**1. 位移和位置传感器**

（1）规定位置、规定角度的检测

检测预先规定的位置或角度，可以用开或关两个状态值。一般用于检测工业机器人的起始原点、限位位置或确定位置。通常采用行程开关或光电开关等。

（2）位置、角度检测

测量工业机器人关节线位移和角位移的传感器是工业机器人位置反馈控制中必不可少的元件。电位器可作为直线位移和角位移的检测元件。为了保证电位器的线性输出，应保证等效负载电阻远远大于电位器总电阻。电位器式传感器结构简单、性能稳定、使用方便，但分辨率不高，且当电刷和电阻之间接触面磨损或有尘埃附着时会产生噪声。

旋转变压器可作为测量旋转角度的传感器，其由铁心、两个定子线圈和两个转子线圈组成，定子和转子由硅钢片和坡莫合金叠层制成。给各定子线圈加上交流电压，转子线圈由于交流磁通的变化产生感应电压。感应电压和励磁电压之间相关联的耦合系数将随转子的转角而改变。因此，根据测得的输出电压，就可以知道转子转角的大小。

编码器可将角位移或直线位移转换成电信号，输出波形为位移增量的脉冲信号。根据检测原理，编码器可分为光学式、磁式、感应式和电容式。

**2. 速度和加速度传感器**

（1）速度、角速度测量

速度、角速度测量是驱动器反馈控制必不可少的环节。有时也利用测位移的传感器测量速度及检测单位采样时间的位移量，但这种方法有其局限性，低速时存在测量不稳定的风险；高速时，测量精度较低。

最通用的速度、角速度传感器是测速发电机。测量角速度的测速发电机，按其构造可分为直流测速发电机、交流测速发电机和感应式交流测速发电机。

（2）加速度测量

随着机器人的高速化和高精度化，机器人的振动问题也越来越严重。为了解决振动问

题，有时在机器人的运动手臂等位置安装加速度传感器，然后测量振动加速度，并把它反馈到驱动器上。

## 4.4.3 工业机器人外部传感器

工业机器人外部传感器的作用是检测作业对象及环境或其他机器人与其关系。工业机器人安装触觉、视觉、接近觉、超声波传感器和听觉传感器等，能大大改善工业机器人的工作状况。

### 1. 触觉传感器

触觉是接触、冲击、压迫等机械刺激感觉的综合，工业机器人可以利用触觉来进行抓取，利用触觉还可以进一步感知物体的形状、软硬等物理性质。从广义上来说，它包括接触觉、压觉、力觉、滑觉、冷热觉等与接触有关的感觉；从狭义上来说，它是机械手与对象接触面上的力感觉。

（1）接触觉传感器

接触觉传感器能够检测机器人是否接触目标或环境，用于寻找物体或感知碰撞。接触觉传感器主要有机械式、弹性式和光纤式等。

1）机械式传感器。利用触点的接触和断开获取信息，通常采用微动开关来识别物体的二维轮廓，但由于结构关系无法形成高密度列阵。

2）弹性式传感器。这类传感器由弹性元件、导电触点和绝缘体构成。

3）光纤式传感器。这种传感器由一束光纤构成的光缆和一个可变形的反射表面两部分构成。光通过光纤束投射到可变形的反射材料上，反射光按相反的方向通过光纤束返回。如果反射表面是平的，则通过每条光纤所返回的光的强度是相同的。如果反射表面因与物体接触受力而变形，则反射的光强度不同。用高速光扫描技术进行处理，即可得到反射表面的受力情况。

（2）压觉传感器

压觉传感器又称为压力觉传感器，是以检测机器人与作业对象之间接触面法线方向压力值大小为特征的传感器，它通常安装在机器人手部的内侧。压觉传感器可分为单一输出值压觉传感器和多输出值的分布式压觉传感器。根据转换原理，压觉传感器可分为压阻式、光电式、压敏式、光纤式等类型。

压觉传感器大多是利用材料物性原理而研发出的传感器，常见的有碳素纤维，当受到压力作用时，纤维片阻抗发生变化，从而达到测量压力的目的。这种纤维片具有重量小、丝细、机械强度高等特点。另一种典型材料是导电硅橡胶，受压后阻抗会随压力的变化而变化，从而达到测量目的。导电硅橡胶具有柔性好、有利于机械手抓握等优点，但灵敏度低、机械滞后性大。

（3）力觉传感器

力觉是指对机器人的指、肢和关节等在运动中所受力的感知，主要包括指力觉、腕力觉和关节力觉等。根据被测对象的负载，可以把力觉传感器分为测力传感器（单轴力觉传感器）、力矩传感器（单轴力矩传感器）、手指传感器（检测机器人手指作用力的超小型单轴力觉传感器）和六轴力觉传感器等。力觉传感器根据力的检测方式不同，可以分为

1）检测应变或应力的应变片式力觉传感器，这种传感器在机器人中广泛采用。

2）利用压电效应的压电元件式力觉传感器。

3）用位移计测量负载产生的位移的差动变压器、电容位移计式力觉传感器。

在选用力觉传感器时，首先要特别注意额定值，其次在机器人通常的力控制中，力的精度意义不大，重要的是分辨率。在机器人上安装力觉传感器时一定要先检查操作区域，清除障碍物。这对保障实验者的人身安全和保证机器人及外围设备不受损害有重要的意义。

（4）滑觉传感器

工业机器人在抓取不知属性的物体时，需要确定最佳的握紧力。当握紧力不够时被握物体与机器人手爪间会产生滑动。在不损害物体的前提下，通过测量物体与机器人手爪间的滑动状态来保证最可靠的夹持力度，实现此功能的传感器称为滑觉传感器。

滑觉传感器有滚动式和球式，还有一种通过振动检测滑觉的传感器。物体在滚动式或球式滑觉传感器表面滑动时，将与滚轮或环相接触，物体的滑动转变成转动。滚动式传感器一般只能检测一个方向的滑动，而球式传感器则可以检测各个方向的滑动。振动式滑觉传感器表面伸出的触针能和物体接触。当物体滚动时，触针与物体接触而产生振动，这个振动可由压电传感器或磁场线圈结构的微小位移计进行检测。

**2. 距离传感器**

距离传感器可用于机器人导航和回避障碍物，也可用于对机器人空间内的物体进行定位及确定其形状特征。目前最常用的测距法有超声波测距法和激光测距法。

1）超声波测距法。超声波是频率为20kHz以上的机械振动波，利用发射脉冲和接收脉冲的时间间隔推算出距离。超声波测距法的缺点是波束较宽，其分辨力受到严重的限制。因此主要用于导航和回避障碍物。

2）激光测距法。激光测距法的工作原理是将氦氖激光器固定在基线上，并在基线的一端由反射镜将激光点射向被测物体。将反射镜固定在电动机轴上促使电动机连续旋转，此时使激光点稳定地扫描被测目标。由电荷耦合器件（CCD）摄像机接收反射光，采用图像处理的方法检测出激光点图像，并根据位置坐标及摄像机光学特点计算出激光反射角。之后利用三角测距原理即可计算出反射点的位置。

**3. 激光雷达**

工作在红外线和可见光波段的雷达称为激光雷达，激光雷达是发射激光束探测目标的位置、速度等特征量的雷达系统。它由激光发射、光学接收和信息处理等系统组成。发射系统是各种形式的激光器，接收系统采用望远镜和各种形式的光电探测器。激光雷达用于工业机器人的测距和测速。

激光器将电脉冲变成光脉冲（激光束）作为探测信号向目标发射出去，打在物体上再反射回来。光接收机接收从目标反射回来的光脉冲信号（目标回波）并与发射信号进行比较，还原成电脉冲，送到显示器。接收器准确地测量光脉冲从发射到被反射回来的传播时间。因为光脉冲以光速传播，所以接收器总是能够在下一个脉冲发出之前收到前一个被反射回来的脉冲。鉴于光速是已知的，传播时间可被转换为对距离的测量。然后经过适当处理后，就可获得目标的有关信息，如目标距离、方位、高度、速度、姿态甚至形状等参数，从而对目标进行探测、跟踪和识别。

根据扫描机构的不同，激光测距雷达有2D和3D两种。激光测距方法主要分为两类：一类是脉冲测距方法；另一类是连续波测距法。激光雷达由于使用的是激光束，工作频率高，因此具有分辨率高、隐蔽性好、低空探测性能好、体积小且质量轻的特点。但是激光雷达

工作时受天气和大气影响较大，这是它的不足之处。

**4. 视觉传感器**

视觉传感器主要用来获取各种视觉信息，将作业环境中的光学图像转化为电信号，如电视信号数据、图像数据等。以视觉传感器为核心构成的工业机器人视觉系统，主要有以下三个方面的应用：

1）用视觉系统进行产品检验，代替人的目检。包括：形状检验，即检查和测量零件的几何尺寸、形状和位置；缺陷检验，即检查零件是否损坏、划伤；齐全检验，即检查部件上的零件是否齐全。

2）在工业机器人进行装配、搬运等工作时，用视觉系统对一组需装配的零部件逐个进行识别，并确定它在空间的位置和方向，引导工业机器人准确地抓取所需的零件，并放到指定位置，完成分类、搬运和装配任务。

3）为移动工业机器人进行导航。利用视觉系统为移动工业机器人提供它所在环境的外部信息，使工业机器人能自主地规划它的行进路线，回避障碍物，安全到达目的地，并完成指定的工作任务。

机器人视觉系统的特点如下：

1）非接触测量。因为机器人视觉系统与被测量对象不会直接接触，所以不会产生任何物理损伤，从而提高系统的可靠性。

2）具有较宽的光谱响应范围，可以测量人眼看不见的红外线等。

3）成本低、效率高。机器人视觉系统的性价比越来越高，而且视觉系统的操作和维护费用非常低。在长时间、大批量工业生产过程中，人工检查产品质量效率低且精度不高，用机器人视觉检测方法可以大大提高生产效率和生产的自动化程度。

4）机器人视觉易于实现信息集成，是实现计算机集成制造的基础技术。在自动化生产过程中，机器人视觉系统广泛地被应用于工况监视、成品检验和质量控制等领域。

5）精度高。人眼在连续的目测产品过程中，能发现的最小瑕疵为0.3mm，而机器人视觉的测精度可达到0.02mm。

6）灵活性高、适应性强。机器人视觉系统能够进行各种不同的测量，而且当生产线重组后，视觉系统往往可以重复使用。

机器人视觉系统通过图像和距离等传感器，获取环境对象的图像、颜色和距离等信息，然后传递给图像处理器，利用计算机通过对二维图像的理解构造出三维世界的真实模型。

工业机器人的视觉处理过程包括图像获取、图像处理和图像输出等几个阶段。图4-22所示为视觉系统的主要硬件组成。

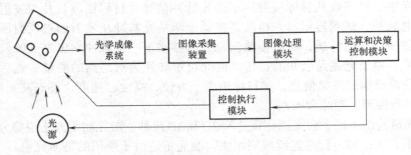

图4-22　视觉系统的主要硬件组成

视觉系统的工作流程：

首先通过光学成像系统摄取目标场景，通过图像采集装置获取目标场景的二维图像信息，然后利用图像处理模块对二维图像信息进行图像处理，提取图像中的特征量并由此进行三维重建，得到目标场景的三维信息，根据计算出的三维信息，结合视觉系统应用领域的需求进行决策输出，控制执行模块，以实现特定的功能。

## 4.5　工业机器人轨迹规划与编程

轨迹规划（Trajectory Planning）是指根据作业任务的要求，确定轨迹参数并实时计算和生成运动轨迹。它是工业机器人控制的依据，所有控制的目的都在于精确实现所规划的运动。

机器人编程主要有三种方式：机器人示教编程、机器人语言编程、机器人离线编程，其中机器人示教编程是目前工业机器人的主流控制方式。

### 4.5.1　工业机器人轨迹规划

**1. 机器人轨迹规划的概念**

机器人轨迹是指工业机器人在工作过程中的运动轨迹，即运动点的位移、速度和加速度。规划是一种问题求解方法，即从某个特定问题的初始状态出发，构造一系列操作步骤（或算子），以达到求解的目标状态。而机器人的轨迹规划是指根据机器人作业任务的要求（作业规划），对机器人末端操作器在工作过程中位姿变化的路径、取向及其变化速度和加速度进行人为设定。在轨迹规划中，需根据机器人所完成的作业任务要求，给定机器人末端执行器的初始状态、目标状态及路径所经过的有限个给定点，对于没有给定的路径区间则必须选择关节插值函数，生成不同的轨迹。

工业机器人轨迹规划属于机器人低层次规划，基本上不涉及人工智能的问题，本节仅讨论在关节空间或笛卡儿空间中工业机器人运动的轨迹规划和轨迹生成方法。

**2. 轨迹规划的一般性问题**

机器人的作业可以描述成工具坐标系$\{T\}$相对于工作台坐标系$\{S\}$的一系列运动。如图4-23所示，将销插入工件孔中的作业可以借助工具坐标系的一系列位姿$P_i(i=1,2,\cdots,n)$来描述。这种描述方法不仅符合机器人用户考虑问题的思路，而且有利于描述和生成机器人的运动轨迹。

用工具坐标系相对于工作台坐标系的运动来描述作业路径是一种通用的作业描述方法，它把作业路径描述与具体的机器人、手爪或工具分离开来，形成了模型化的作业描述方法，从而使这种描述既适用于不同的机器人，也适用于可装夹不同规格工具的某一个机器人。有了这种描述方法，就可以把图4-24所示的机器人从初始状态（见图4-24a）运动到终止状态（见图4-24b）的作业看作是工具坐标系从初始位置（$T_0$）到终止位置（$T_f$）的坐标变换。显然，这种变换与具体的机器人无关。一般情况下，这种变换包含了工具坐标系位置和姿态的变化。

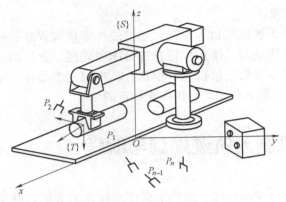

图4-23　机器人将销插入工件孔中的作业描述

在轨迹规划中，为叙述方便，也常用点来表示机器人的状态或工具坐标系的位姿，如起始点、终止点就分别表示工具坐标系的起始位姿、终止位姿。

需要更详细地描述运动时，不仅要规定机器人的起始点和终止点，而且要给出介于起始点和终止点之间的中间点，也称路径点。这时，运动轨迹除了位姿约束外，还存在着各路径点之间的时间分配问题。例如，在规定路径的同时，还必须给出两个路径点之间的运动时间。

机器人的运动应当平稳，不平稳的运动将加剧机械部件的磨损，并导致机器人的振动和冲击。为此，要求所选择的运动轨迹描述函数必须是连续的，而且它的一阶导数（速度），甚至二阶导数（加速度）也应该连续。

轨迹规划既可以在关节空间中进行，也可以在直角坐标空间中进行。在关节空间中进行轨迹规划是指将所有的关节变量表示为时间的函数，用这些关节函数及其一阶、二阶导数描述机器人预期的运动；在直角坐标空间中进行轨迹规划是指将手爪位姿、速度和加速度表示为时间的函数，而相应的关节位置、速度和加速度由手爪信息导出。

在规划机器人的运动时，还需要弄清楚在其路径上是否存在障碍物（障碍约束）。

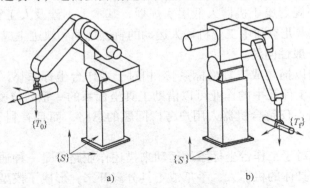

图4-24　机器人的初始状态和终止状态

## 3. 轨迹的生成方式
运动轨迹的描述或生成有以下几种方式。

1）示教再现运动。即由人手把手示教机器人，定时记录各关节变量，得到沿路径运动时各关节的位移时间函数 $q(t)$；再现时，按内存中记录的各点的值产生序列动作。

2）关节空间运动。这种运动直接在关节空间里进行，由于动力学参数及其极限值直接在关节空间中描述，所以用这种方式求费时最短的运动很方便。

3）空间直线运动。这是一种在直角空间里的运动，它便于描述空间操作，计算量小，适宜于简单的作业。

4）空间曲线运动。这是一种在描述空间中可用明确的函数表达的运动，如圆周运动、螺旋运动等。

为了描述一个完整的作业，往往需要将上述运动进行组合。

## 4.5.2　工业机器人编程

工业机器人编程是指为了使机器人完成某项作业任务而进行的程序设计。机器人的作业任务有多种形式，有的要求能完成复杂的顺序任务，有的要求在指定作业环境下完成规定任务，因此对机器人的编程能力要求也不一样。随着微型计算机在工业上的广泛应用，工业机器人的编程方式主要发展成为计算机编程，计算机编程已成为用户与机器人之间最为方便的接口，实现对各种机器人不同的编程，从而达到对机器人操作控制的目的。

目前，应用于工业机器人的编程方式主要有示教编程、机器人语言编程、离线编程三种方式。

### 1. 工业机器人编程方式

（1）示教编程

示教编程是目前大多数工业机器人采用的编程方式。采用这种方法时，程序编制是在机器人现场进行的。首先，操作者必须把机器人终端移动至目标位置，并把此位置对应的机器人关节角度信息写入内存储器，这是示教的过程。当要求再现这些运动时，顺序控制器从内存储器中读出相应位置，机器人就可重复示教时的轨迹和各种操作。示教方式有多种，常见的有手把手示教（又称导引示教）和示教盒示教等。手把手示教要求用户使用安装在机器人手臂内的操纵杆，按给定运动顺序示教动作内容。示教盒示教则是利用装在控制盒上的按钮驱动机器人按需要的顺序进行操作。机器人的每一个关节对应着示教盒上的一对按钮，以分别控制该关节正、反方向的运动。示教盒示教是目前广泛使用的一种示教编程方式。在这种示教编程方式中，为了示教方便及信息获取的快捷准确，操作者可以选择在不同坐标系下示教。例如，可以选择在关节坐标系、直角坐标系、工具坐标系或用户坐标系下进行示教。

示教编程的优点是只需要简单的设备和控制装置即可进行，操作简单、易于掌握，而且示教再现过程很快，示教之后即可应用。然而它的缺点也是明显的，主要有：

1）编程占用机器人的作业时间；

2）很难规划复杂的运动轨迹及准确的直线运动；

3）难以与传感信息相配合；

4）难以与其他操作同步。

（2）机器人语言编程

机器人语言编程是指采用专用的机器人语言来描述机器人的动作轨迹。机器人语言编程实现了计算机编程，并可以引入传感信息，从而提供了一个更通用的解决人和机器人通

信接口问题的方法。机器人语言具有良好的通用性，同一种机器人语言可用于不同类型的机器人，此外，机器人语言可解决多台机器人之间协调工作的问题。

（3）离线编程

离线编程是在专门的软件环境支持下，用专用或通用程序在离线情况下进行机器人轨迹规划编程的一种方法。离线编程程序通过支持软件的解释或编译产生目标程序代码，最后生成机器人路径规划数据。一些离线编程系统带有仿真功能，这使得在编程时就可解决障碍干涉和路径优化问题。这种编程方法与数控机床中编制数控加工程序非常相似。

**2. 工业机器人语言编程**

伴随着机器人的发展，机器人语言也得到了发展和完善，机器人语言已经成为机器人技术的一个重要组成部分。机器人的功能除了依靠机器人的硬件支撑以外，相当一部分是靠机器人语言来完成的。早期的机器人由于功能单一、动作简单，可采用固定程序或者示教方式来控制机器人的运动。随着机器人作业动作的多样化和作业环境的复杂化，依靠固定的程序或示教方式已经满足不了要求，必须依靠能适应作业对象和作业环境随时变化的机器人语言编程来完成机器人的作业任务。

（1）机器人语言的类型

机器人语言是通过符号来描述机器人动作的方法。通过使用机器人语言，操作者对动作进行描述，进而完成各种操作示意图。

按照语言智能程度的高低，机器人语言可分为三类：执行级语言、协调级语言和决策级语言。执行级语言是指用命令来描述机器人的动作，又称为动作级语言；协调级语言是指着眼于作业对象的状态变化的程序，又称为对象级语言；决策级语言又称为目标级语言或任务级语言，只给出作业的目的，自动生成可实现的程序，与自然语言非常相近，而且使用方便。

（2）机器人语言的结构

机器人语言实际上是一个语言系统，包括硬件、软件和被控设备。具体而言，机器人语言包括语言本身、机器人控制柜、机器人、作业对象、作业环境和外部设备接口等，如图4-25所示为机器人语言系统。图中的箭头表示信息的流向。机器人语言本身给出作业指示和动作指示，处理系统根据上述指示来控制机器人系统动作。机器人语言系统能够支持机器人编程、控制，以及与外围设备、传感器和机器人接口，同时还能支持和计算机系统的通信。机器人语言操作系统包括三个基本的操作状态：监控状态、编辑状态和执行状态。

监控状态供操作者实现对整个系统的监督控制。在监控状态下，操作者可以用示教盒定义机器人在空间的位置、设置机器人的运动速度、存储或调出程序等。

编辑状态供操作者编制程序或编辑程序。尽管不同语言的编辑操作不同，但一般均包括写入指令、修改或删去指令及插入指令等。

执行状态是执行机器人程序的状态。在执行状态下，机器人执行程序的每条指令，在机器人执行程序的过程中，操作者可通过调试程序来修改错误。例如，在执行程序的过程中，某一位置关节超过限制，因此机器人不能执行，显示错误信息并停止运行，操作者可退回到编辑状态以修改程序。目前大多数机器人语言允许在程序执行的过程中，直接返回到监控或编辑状态。

与计算机语言类似，机器人语言程序可以编译，即把机器人源程序转换成机器码，以便机器人控制柜直接读取和执行编译后的程序，使机器人的运行速度大大加快。

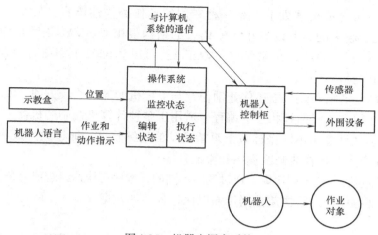

图 4-25　机器人语言系统

（3）机器人语言编程的基本功能

1）运算功能。运算功能是机器人控制系统最重要的功能之一。如果机器人不装传感器，那么就可能不需要对机器人程序进行运算。但没有传感器的机器人只是台适于编程的数控机器。装有传感器的机器人所进行的一些最有用的运算是解析几何运算。这些运算结果能使机器人自行决定在下一步把末端操作器置于何处。

2）决策功能。机器人系统能够根据传感器的输入信息做出决策，而不用执行任何运算。这种决策能力使机器人控制系统的功能更强。通过一条简单的条件转移指令就足以执行任何决策算法。

3）通信功能。机器人系统与操作员之间的通信能力，可使机器人从操作员处获取所需信息，提示操作者下一步要做什么，并可使操作者知道机器人打算干什么。人和机器人能够通过许多不同方式进行通信。

4）运动功能。机器人语言的一个最基本的功能是能够描述机器人的运动。通过使用语言中的运动语句，操作者可以建立轨迹规划程序和轨迹生成程序之间的联系。运动语句允许通过规定点和目标点，可以在关节空间或直角坐标空间说明定位目标，可以采用关节插补运动或直角坐标直线运动。另外，操作者还可以控制运动时间等。

5）工具控制指令功能。工具控制指令通常是由闭合某个开关或继电器而触发的，而开关和继电器又可能把电源接通或断开，直接控制工具运动，或送出小功率信号给电子控制器，让后者去控制工具。

6）传感数据处理功能。机器人语言的一个极其重要的功能是与传感器的相互作用。语言系统能够提供一般的决策结构，如 "if…then…else" 等，以便根据传感器的信息来控制程序的流程。

传感数据处理在许多机器人程序编制中都是十分重要而又复杂的，当采用触觉、听觉和视觉传感器时更是如此。例如，当应用视觉传感器获取视觉特征数据辨识物体和进行机器人定位时，对视觉数据的处理工作量往往极其大，而且极为费时。

**3. 几种工业机器人语言介绍**

（1）VAL语言

VAL语言是美国 Unimation 公司于 1979 年推出的一种机器人编程语言，主要配置在

PUMA 和 Unimation 等型机器人上，是一种专用的动作类描述语言。VAL 语言是在 BASIC 语言的基础上发展起来的，所以与 BASIC 语言的结构很相似。VAL 语言可应用于上、下两级计算机控制的机器人系统，在编程时，VAL 语言可以和 6503 汇编语言混合编程。

VAL 语言的主要特点如下：

1）命令简单、清晰易懂，描述作业动作及与上位机的通信均较方便，实时功能强；

2）可以在在线和离线两种状态下编程，适用于多种计算机控制的机器人；

3）能够迅速地计算出不同坐标系下复杂运动的连续轨迹，能连续生成机器人的控制信号，可以与操作者交互地在线修改程序和生成程序；

4）VAL 语言包含一些子程序库，通过调用不同的子程序可快速组合成复杂操作控制程序；

5）能与外部存储器进行快速数据传输以保存程序和数据。

（2）AL 语言

AL 语言是 20 世纪 70 年代中期，美国斯坦福大学人工智能研究所开发研制的一种机器人语言，也是一种动作级编程语言，但兼有对象级编程语言的某些特征，使用于装配作业。它的结构及特点类似于 PASCAL 语言，可以编译成机器语言在实时控制机上运行，具有实时编译语言的结构和特征，如可以同步操作、条件操作等。AL 语言设计的最初目的是用于具有传感器信息反馈的多台机器人的并行或协调控制编程。运行 AL 语言的系统硬件环境包括主、从两级计算机控制。

（3）SIGLA 语言

SIGLA 语言是一种仅用于直角坐标式 SIGMA 装配型机器人运动控制时的一种编程语言，是 20 世纪 70 年代后期由意大利 Olivetti 公司研制的一种简单的非文本语言。SIGLA 语言主要用于装配任务的控制，它可以把装配任务划分为一些装配子任务。编程时预先编制子程序，然后用子程序调用的方式来完成。

（4）IML 语言

IML 语言也是一种着眼于末端执行器的动作级语言，由日本九州大学开发而成。IML 语言的特点是编程简单，能人机对话，适合于现场操作，许多复杂动作可由简单的指令来实现，易被操作者掌握。

IML 用直角坐标系描述机器人和作业对象的位置和姿态。坐标系分两种，一种是机座坐标系，一种是固连在机器人作业空间上的工作坐标系。IML 语言以指令形式编程，可以表示机器人的工作点、运动轨迹、目标物的位置及姿态等信息，从而可以直接编程。往返作业可用循环语句描述，示教的轨迹能定义成指令插入语句中。

**4. 工业机器人离线编程**

工业机器人离线编程系统是利用计算机图形学，建立机器人编程环境，从而可以脱离机器人工作环境并在现场进行编程的系统。由于不占用机动时间，提高了设备利用率。而且由于离线编程本身就是 CAD/CAM 一体化的组成部分，有时可以直接利用 CAD 数据库的信息，大大减少编程时间，提高了编程水平。

一个完整的机器人离线编程系统，一般包括以下方面的内容：用户接口、机器人系统的三维几何模型、运动学计算、轨迹规划、动力学模型仿真、并行操作、传感器的仿真、通信接口、误差的校正等。图 4-26 所示为机器人离线编程系统的结构框图。

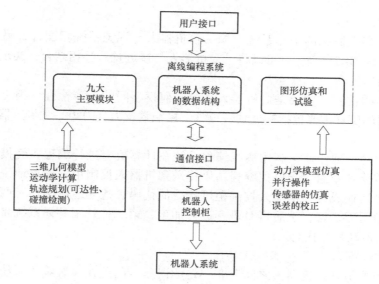

图4-26　机器人离线编程系统的结构框图

（1）用户接口

用户接口又称为用户界面，是计算机与用户之间通信的重要综合环境，一般具有文本编辑界面和图形仿真界面两种形式。用户可在文本编辑界面下对机器人程序进行编辑、编译等操作，而对机器人的图形仿真及编辑通过图形界面进行。

（2）机器人系统的三维几何模型

机器人系统的三维几何模型在离线编程系统中具有很重要的位置。在表达了机器人系统的几何描述和图形显示后，为后续进行机器人的运动学和动力学仿真奠定了基础，用户能直观地了解编程结果，并对不满意的结果及时修改。利用计算机图形学构建机器人系统的三维几何模型可以有多种方式，如结构立体几何表示（包括线框构型、实体构型、曲面构型）、扫描变换及边界表示等。

（3）运动学计算

机器人的运动学计算包括两部分内容：一是运动学正解，二是运动学逆解。运动学正解是在已知机器人几何参数和关节变量的基础上，计算出机器人终端相对于基座坐标系的位置和姿态。运动学逆解是在给出机器人终端位置和姿态的基础上，解出相应的机器人各关节变量参数。

（4）轨迹规划

轨迹规划是用于生成关节空间或直角空间的轨迹，以保证机器人实现预先设定作业动作，包括自由移动和约束运动两种类型。自由移动只要求满足两边界点的约束条件，而约束运动依赖于连续轨迹，不仅受路径约束，还受到运动学和动力学的约束。此外，轨迹规划器还具备可达空间的计算及碰撞的检测等功能。

（5）动力学模型仿真

建立机器人系统的三维几何模型之后，需要根据实际的约束条件和边界条件，建立动力学仿真模型。建立动力学模型的方法有数字法、符号法、解析法。在一定的条件下，进行三维图形的动力学仿真，参考仿真结果，不断地修改程序，以达到最优化的结果。

（6）并行操作

建立多台机器人协调的工作系统，如一台机器人与视觉系统相配合，另一台与接触觉系统相配合，系统相结合等，也可以将一台机器人与接近觉系统相结合，实现并行操作。

（7）传感器的仿真

建立传感器的仿真，主要是对机器人系统几何模型间的干涉检查、相交检验等问题进行仿真。传感器的仿真主要包括接近觉、视觉、接触觉及力（力矩）觉传感器的仿真。

（8）通信接口

对于机器人的一项作业，利用离线编程系统在计算机上进行编程，经模拟仿真确认程序无误之后，需要利用通信接口把编程结果传送到机器人控制柜。简单地说，就是把仿真生成的运动程序转换成各种机器人控制柜可接受的代码。建立通信接口有两种方法，第一种是选择较为通用的语言，然后再对语言进行加工；第二种是用翻译系统将离线编程结果快速生成机器人运动程序代码。

（9）误差的校正

仿真模型和被仿真的机器人之间存在一定的误差，因此在离线编程系统中需要设置误差校正环节。误差的产生主要来自两个方面：一是机器人结构；二是编程系统。机器人结构产生的误差主要包括连杆制造误差和关节偏置变化、结构刚度不足、相同型号机器人的不一致性、控制器的误差等；编程系统产生的误差主要有数字精度和实际环境模型数据的质量等。

有效地消除或减小误差，是离线编程系统实用化的关键。目前误差校正的方法主要有基准点方法和传感器反馈的方法。

# 第 5 章　数字化制造技术

数字化制造技术是计算机技术、信息技术、网络技术与制造科学相结合的产物，是经济、社会和科学技术发展的必然结果。数字化制造技术是智能制造的基础，已在生产中得到广泛的应用，大大提高产品设计的效率，更新传统的设计思想，降低产品的成本。现已成为企业保持竞争优势、实现产品创新开发、进行企业间协作的重要手段。本章主要介绍产品数据数字化管理、逆向工程、增材制造技术及虚拟制造技术的相关知识，主要内容如下：

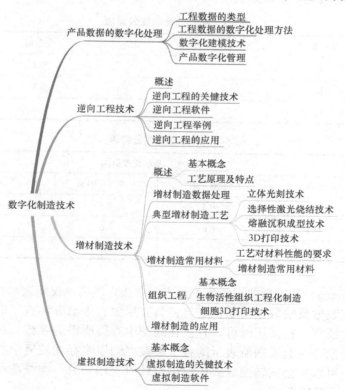

# 5.1 产品数据的数字化处理

## 5.1.1 工程数据的类型

对于工程手册、技术标准、设计规范和经验数据中的工程数据，常用的表示方法有数表、线图等。

**1. 数表**

离散的列表数据称为数表（Numerical Table）。数表又分为以下几种类型：

1）具有理论或经验计算公式的数表。这类数表通常用一个或一组计算公式表示，在手册中常以表格形式出现，以便检索和使用。

2）简单数表。这类数表中的数据常用于表示某些独立的常量，数据之间互相独立，无明确的函数关系。根据表中数据与自变量个数不同，可以分为一维数表、二维数表和多维数表。一维数表是一种最简单的数表形式，表中数据一一对应，见表5-1。二维数表是由两个自变量表示的一类数据，见表5-2。在工程实际中，以三维以内的数表居多。

3）列表函数数表。这类数表中的数据通常是通过试验方式测得的一组离散数据，相对应的数据之间可能存在某种函数关系，但是无法以明确的函数表达式加以描述，数表又可分为一维数表、二维数表和多维数表。

表5-1 跳动公差未注公差值

| 公差等级 | 公差值 |
| --- | --- |
| H | 0.1 |
| K | 0.2 |
| L | 0.5 |

表5-2 对称度未注公差值

| 公差等级 | 基本长度范围 | | | |
| --- | --- | --- | --- | --- |
| | ≤100 | >100~300 | >300~1000 | >1000~3000 |
| H | 0.5 | 0.5 | 0.5 | 0.5 |
| K | 0.6 | 0.6 | 0.6 | 1 |
| L | 0.6 | 1 | 1.5 | 2 |

**2. 线图**

线图（Line Graph）是工程数据的另一种表达方法。线图不仅能表示设计参数之间的函数关系，还能够直观地反映数据的变化趋势，具有形象、生动等特点。常用的线图形式包括直线、折线或曲线等。在使用时可以直接在线图中查得所需的参数。在工程实际中，线图主要包括两种类型：一类线图所表示的各个参数之间原本存在较复杂的计算公式，但为了便于手工计算，可以将公式转换成线图以供设计时查用；另一类线图所表示的各参数之间没有或者不存在计算公式。

## 5.1.2　工程数据的数字化处理方法

在数字化开发环境中，数表、线图等设计资料需要经过数字化处理，集成到产品数字化开发软件系统中，以方便设计人员使用。针对上述工程数据，常用的处理方法包括以下几个方面：

1）程序化处理。将数表或线图以某种算法编制成查阅程序，通过软件系统直接调用。这种处理方法的特点是工程数据被直接编入查阅程序中，通过调用程序可以方便地查取数据，但是数据无法共享、程序无法共用，要更新数据必须更新程序（软件）。

2）文件化处理。将数表和线图中的数据存储于独立的数据文件中，通过程序读取数据文件中的数据。该方法将数据与程序分离，可以实现有限的数据共享。它的局限性在于：查阅程序必须符合数据文件的存储格式，即数据与程序之间存在着依赖关系。此外，由于数据文件独立存储，安全性和保密性较差，数据需要通过专门的程序进行更新。

3）数据库处理。将数表及经离散化处理的线图数据存储于数据库中，数据表的格式与数表、线图的数据格式相同，且与软件系统无关。系统程序可直接访问数据库，数据更新方便，真正实现了数据的共享。

## 5.1.3　数字化建模技术

### 1. 数字化建模关键技术

（1）参数化设计

参数化设计就是将模型中的约束信息变量化，使之成为可以变化的参数。赋予变量参数以不同数值，得到的模型形状和大小就会不同。参数化模型中的约束可分为几何约束和工程约束，而几何约束包括结构约束和尺寸约束。其中，结构约束是指几何元素之间的拓扑约束关系，如平行、垂直、相切、对称等；尺寸约束则是通过尺寸标注表示的约束，如距离、角度、半径等；工程约束是指尺寸之间的约束关系，通过定义尺寸变量及它们之间在数值和逻辑上的关系来表示。

（2）智能化设计

智能化是数字化设计技术发展的必然选择，产品的设计过程是具有高度智能的人类进行创造性的活动。智能化设计要深入研究人类的思维模型，并用信息技术（如专家系统、人工神经网络等）来表达和模拟，从而产生更为高效的设计系统。目前的数字化设计系统在一定程度上体现了智能化的特点。例如，草图绘制中自动捕捉关键点（如端点、中点、切点等）、自动尺寸与公差标注、自动生成材料明细表等。但是，目前的智能化水平距离满足人们的设计需求还有一定的差距。

（3）基于特征设计

特征是描述产品信息的集合，也是构成零件、部件设计与制造的基本几何体。它既反映零件的纯几何信息，也反映零件的加工工艺特征信息。从设计角度看，特征是功能与结构的对应几何描述；从工艺规划角度看，特征是结构与加工工艺的对应方法描述；从加工角度看，特征是加工工艺与机床进给的对应过程的描述。

（4）单一数据库与相关性设计

单一数据库是指与产品相关的全部数据信息来自同一个数据库。建立在单一数据库基础上的产品开发，可以保证将任何设计改动及时地反映到设计过程的其他相关环节上，从而实现相关性设计，有利于减少设计差错、提高设计质量、缩短开发周期。例如，修改零件的二维工程图，则零件三维模型、产品装配体、数控程序等也自动更新，用户修改左视图的某个尺寸，则主视图、俯视图和三维模型中相应的尺寸、形状也会随之改变。

（5）数字化设计软件与其他开发、管理系统的集成

数字化设计为产品开发提供了基本的数据模型，但是它只是计算机参与产品开发的一个环节。为充分、有效地利用产品的模型信息，有必要实现数字化设计软件与其他系统的集成。数字化设计技术的集成化体现在以下三个方面：①数字化设计软件与数字化仿真、数字化制造、数字化管理软件模块集成，为企业提供了一体化解决方案，推动了企业信息化进程；②将数字化建模和设计技术的算法、功能模块及系统，以专用芯片的形式加以固化，以提高设计效率；③基于网络环境，实现异地、异构系统的企业产品集成化设计。

（6）标准化

由于数字化设计软件产品众多，为实现信息共享相关软件必须支持异构跨平台环境，上述问题的解决主要依靠相关的标准化技术。STEP标准采用统一的数字化定义方法，涵盖了产品的整个生命周期，是数字化设计技术的最新国际标准。

**2. 数字化建模软件简介**

数字化建模软件可以分为两大类，一类是参数化建模软件，一类是非参数化建模软件（也称之为艺术类建模软件）。这两类建模软件虽然都可以进行模型设计，但是在建模的方法和思路上还是有很大的区别的。参数化建模主要应用于工业零部件、建筑模型等需要由尺寸作为基础的模型设计。由于参数化是由数据作为支撑的，数据与数据之间存在着相互的联系，改变一个尺寸就会对多个数据产生影响。所以参数化建模的最大优势在于可以通过对参数尺寸的改变来实现对模型整体的修改，从而实现快捷地对设计进行修改。下面介绍几种常用的参数化数字化建模软件。

（1）Unigraphics（UG）

Unigraphics源于美国McDonnell公司。2001年，UG与SDRC公司合并，组成了新的EDS公司并推出了全新架构、基于PLM的解决方案UGNX版本。它具有基于知识工程的自动化开发、集成化协同设计环境、开放式设计、用户界面良好等优点。UGNX吸取了参数化和变量化技术的优点，具有基于特征、尺寸驱动和统一数据库等特征，实现了CAD/CAE/CAM之间无数据交换的自由切换。此外，数控加工功能是UGNX的优势所在，可以进行2～2.5轴、3～5轴联动的复杂曲面的镗铣加工。

（2）CATIA

CATIA是Computer Aided Three-dimensional Interactive Application的缩写。CATIA是法国达索（Dassault）飞机公司Dassault Systems工程部的产品，CATIA是CAD/CAE/CAM集成化软件，美国波音公司的Boeing777型飞机的全数字、无纸化开发就是CATIA软件的杰作。

CATIA的主要功能介绍如下：

1）混合建模技术。设计对象的混合建模功能，使得在CATIA的设计环境中，无论是实体还是曲面，真正做到了交互操作。变量和参数化混合建模功能，使得设计者在设计时不必考虑如何参数化设计目标，CATIA提供了变量驱动及后参数化能力。几何和智能工程混合建模功能，可以将企业多年的经验积累到CATIA的知识库中，用于指导新手或指导新产

品的开发，从而加速新产品推向市场。

2）全相关性的模块。CATIA的各个模块基于统一的数据平台，因此CATIA的各个模块存在全相关性，三维模型的修改能完全体现在二维、有限元分析以及模具和数控加工的程序中。

3）并行工程的设计环境。CATIA提供的多模型链接的工作环境及混合建模方式，属于并行工程设计模式，总体设计部门只要将基本的结构尺寸发放出去，各分系统的人员便可开始工作，既可协同工作，又不互相牵连。模型之间的互相联结性，使得上游设计结果可作为下游设计的参考。同时，上游对设计的修改能直接影响下游工作的刷新，实现真正的并行工程设计。

4）产品整个开发过程的全覆盖。CATIA提供了完备的设计能力。从产品的概念设计到最终产品的成型，CATIA提供了完整的2D、3D、参数化混合建模及数据管理手段，从单个零件的设计到最终电子样机的建立。同时，作为一个完全集成化的软件系统，CATIA将机械设计、工程分析及仿真、数控加工和网络应用解决方案有机地结合在一起，为用户提供严密的无纸工作环境，特别是CATIA中针对汽车、摩托车行业的专用模块，使CATA拥有了宽广的专业覆盖面，从而帮助客户达到缩短设计生产周期、提高产品质量及降低费用的目的。

（3）Pro/Engineer

Pro/Engineer是美国参数技术公司（PTC）旗下的CAD/CAM/CAE一体化的数字建模软件，是参数化技术的最早应用者。采用参数化设计技术、利用单一数据库来解决设计相关性问题，集产品造型、设计、分析和制造为一体，提供众多而完整的产品模块，包括二维绘图、三维造型、装配、钣金、加工、模具、电缆布线、有限元分析、标准件和标准特征库、用户开发工具、项目管理等，用户可以按照需要而灵活配置和选择使用。常用的模块包括：

1）草绘模块。用于绘制和编辑二维平面草图。

2）零件模块。用于创建三维模型，零件模块也是参数化实体造型最基本的模块。

3）零件装配模块。装配就是将多个零部件组装成一个部件或完整的产品。

4）工程图模块。使用零件模块创建三维模块后，可以将三维模型变为产品的二维工程图，用于指导生产加工过程。

（4）AutoCAD/Inventor

AutoCAD是美国Autodesk公司推出的基于PC平台的二维绘图软件。它具有较强的绘图、编辑、剖面线和图案绘制、尺寸标注以及二次开发功能，并具有部分三维作图造型功能。AutoCAD对推动CAD技术的普及发挥了重要作用，在机械、建筑等行业得到广泛应用，成为二维CAD软件的领导者。

Inventor是Autodesk公司开发的不基于AutoCAD体系结构和数据定义的三维CAD软件，它具有参数化设计、特征造型、分段结构数据库引擎、自适应造型技术和良好的用户界面，可以自动转换AutoCAD及MDT模型的功能等诸多优点，主要应用领域是机械设计、产品模拟测试、钣金设计等。

（5）SolidWorks

SolidWorks是美国达索公司中端市场的主打品牌。SolidWorks具有功能强大、操作简单、易学易用和持续的技术创新等特点，成为业内领先、市场主流的中档三维CAD产品，

智能制造概论

在全球拥有数十万用户。SolidWorks具有工程图、零件实体建模、曲面建模、装配设计、钣金设计、数据转换、特征识别、协同设计、高级渲染、标准件库等功能模块。除设计功能外，SolidWorks通过并购以及与第三方软件公司合作，成为集CAD/CAE/CAM/PDM等为一体的产品数字化开发与管理软件供应商。

（6）CAXA

CAXA是具有我国自主知识产权的CAD产品。CAXA的软件产品包括电子图版、三维实体造型数控加工、注塑模具设计、注塑工艺分析以及数控机床通信等，提供包括CAD/CAPP/CAMDNC/PDM/MPM在内的PLM解决方案，覆盖了设计、工艺、制造和管理等领域，支持设计文档共享、并行设计和异地协同设计。CAXA的主要功能介绍如下：

1）设计、编程集成化。可以完成绘图设计、加工代码生成、联机通信等功能，集图样设计和代码编程于一体。

2）更完善的数据接口。可直接读取EXB、DWG、DF（任意版本）、IGES和DAT等各种格式文件，使得所有CAD软件生成的图形都能直接读入，不管用户的数据来自何方，均可利用CAXA完成加工编程，生成加工代码。

3）图样、代码的打印。可通过软件直接从打印机上输出图样和生成的代码。其中代码还允许用户进行排版、修改等操作，加强了图样、代码的管理功能。

4）交互式的图像矢量化功能。位图矢量化一直是很受用户欢迎的一个实用功能，新版本对它也进行了改进。新的位图矢量化功能能够接受的图形格式更多、更常见，适用于BMP、GIF、JPG、PNG等格式的图形，而且在矢量化后可以调出原图进行对比，在原图的基础上对矢量化后的轮廓进行修正。

5）齿轮、花键加工功能。解决任意参数的齿轮加工问题。输入任意的模数、齿数等齿轮的相关参数，由软件自动生成齿轮、花键的加工代码。

6）完善的通信方式。可以将计算机与机床直接联机，将加工代码发送到机床的控制器。CAXA提供了电报头通信、光电头通信串口通信等多种通信方式，能与国产的所有机床连接。

## 5.1.4  产品数字化管理

产品数字化管理是建立在计算机、通信和网络技术的基础上，通过对制造企业中管理要素、管理行为和管理流程的数字化，实现产品研发、采购、生产计划与组织、市场营销、服务、创新等管理职能的数字化、网络化和智能化。数字化管理有利于企业数字化信息的集成与综合应用，挖掘数字化信息的内在价值，减少人为因素对企业管理的影响，提高管理决策的科学性、效率、质量和智能化水平，提升制造企业的竞争力。数字化管理技术发展到现在，已形成较完善的理论体系和软件模块。常用的数字化管理软件（模块）包括产品数据管理（PDM）、产品全生命周期管理（PLM）、客户关系管理（CRM）、供应链管理（SCM）、企业资源计划（EP）和制造执行系统（MES）等。下面主要介绍PDM和PLM两个模块。

**1. 产品数据管理**

（1）基本概念

为解决产品数据的集成化管理需求，PDM技术应运而生。PDM是企业信息化发展到

一定阶段的必然结果。PDM建立在软件的基础上，它是一门管理产品相关信息（包括电子文档、数字化文件、数据库记录等）和相关过程（包括工作流程、更新流程等）的技术，旨在企业内建立一个产品设计与制造的并行化协作环境，狭义的PDM只管理与工程设计相关的信息；广义的PDM技术则远超过设计和工程部门的范畴，渗透到生产和经营管理部门，覆盖市场需求分析、设计、制造、销售、服务与维护等过程，涵盖产品全生命周期，成为产品开发过程中各种信息的集成者。

（2）PDM系统的主要功能

产品是制造企业生产运作的基本对象和核心目标。产品的种类繁多、企业状况各异，PDM软件产品的功能也不尽相同。标准PDM系统应具备管理产品相关信息和控制产品相关过程的有效机制，提供对产品设计、制造、维护、售后服务等信息进行存储、变更、管理、检索和控制的功能。标准PDM系统可以用于产品文字档案、图形档案和数据库记录的规划及管理，包括产品的形态、结构定义、设计信息、几何模型、工程分析模型与分析结果、工艺规程、数控程序、声音和影像文件、纸质文件、项目计划文件等的管理。

PDM系统的主要功能包括：

1）项目管理。项目是为开发和制造某个产品或提供某种服务而组成的临时性组织。为保证项目的顺利实施，需要制订项目规划、拟定计划进度、监控实施过程、分析执行结果等。

项目管理是对项目实施过程中的计划、组织、人员和相关数据开展管理与配置，监控项目的运行状态，完成计划的执行与反馈。产品项目管理的主要功能包括：项目的创建、修改、查询、审批、统计和分析；项目组成人员、组织机构的定义和修改；人员角色的指派；产品数据操作权限的设定。

2）工作流程管理。工作流程管理是PDM系统的主要功能之一，用于定义产品设计流程，控制产品开发过程。工作流程管理还是项目管理的基础，它管理数据流向，跟踪项目全生命周期内所有的事务和数据活动。

工作流程管理涉及加工路线、规则和角色等内容，加工路线用来定义对象及其传送路径，常用的对象包括文档、事件、部件和消息等。规则用于定义信息加工的路线、方向和异常情况处理等。工作流程管理的主要功能包括：

① 过程单元定义，是指根据用户的指定将过程单元连接成需要的工作流程；

② 提交工作流程执行的设计对象，如零件、部件、文档等；

③ 建立相关人员的工作任务列表，并根据流程走向记录每个任务列表的执行信息，支持工作流程的异常处理和过程重组；

④ 根据工作流程的进展情况，向有关人员提供电子审批与发放，并通过接口技术实现用户之间的通信和过程信息的传递。

3）文档管理。PDM系统需要管理产品开发过程中的所有数据，包括工程设计与分析数据、产品模型数据、产品图形数据、加工数据等。管理模型可以是图形文件、数据文件或文本文件，也可以是表格文件、多媒体文件等。

文档管理的目的是使相关用户能够按照要求方便地存取数据。文档管理的对象主要包括：

① 原始档案。包括合同、产品设计任务书需求分析、可行性报告、产品设计说明。

② 设计文档。包括设计规范、标准和产品技术参数，也包括设计过程中生成的数据、产品模型数据、工程设计与分析数据、图形信息、测试报告、验收报告、NC加工代码等。

③ 工艺文档和工艺数据。工艺文档和工艺数据是指由CAPP系统产生的静态和动态工

131

艺数据。其中，静态工艺数据主要是指工艺设计手册中已经标准化、规范化的工艺数据和标准工艺规程等；动态工艺数据包括工艺决策所需的规则等。

④ 生产计划与管理数据。

⑤ 销售、维修服务数据。包括常用备件清单、维修记录和使用手册等文件。

⑥ 专用文件。如电子行业的电气原理图、布线图、印制电路板图等。

文档管理的主要功能是提供文档信息的定义与编辑模块，为用户提供文档信息的配置功能，并根据用户定义的信息项，完成文档基本信息的录入与编辑，包括调用、删除、修改等操作。

4）版本管理。版本管理用于管理零件、部件和产品等对象的产生和发生变化的所有历程。从制订产品开发计划到制造的过程中，产品配置信息要经历多次变化，产品结构和信息的改变形成了不同版本。版本记录了设计人员对产品的每次修改，便于设计人员随时跟踪产品状态。当开发完成时，需要将版本冻结，以防止其再被修改。另外，也可以在冻结版本的基础上开展新的设计工作，此时需要在工作区中建立冻结版本的副本。PDM系统的版本管理反映了整个设计过程，可以实现设计历程追溯、设计方案比较和设计方案选择等功能。

5）产品配置管理。产品配置管理以材料清单（BOM）为核心，将与最终产品有关的所有工程数据和文档联系起来，实现产品数据的组织管理与控制，向用户或应用系统提供产品结构的定义。产品配置管理的研究内容包括：

① 产品结构定义域的编辑。根据产品与零件之间的独立需求和相关需求的内在关系，采用结构树定义和修改产品结构，并存入数据库中。

② 产品结构的视图管理。针对产品设计中不同批次或同一批次的不同阶段（如设计、工艺、制造、装配等），生成产品结构信息的不同视图，满足不同部门对同一产品的不同BOM需求。

③ 产品结构查询与浏览。提供多种条件的浏览与查询功能，用直观的图视方式显示零件之间的层次关系。

6）分类管理。按照设计或工艺的相似性将零件分类，形成零件族。设计人员可以通过零件族结构树快速查找零件，提高设计效率。成组技术和编码规则是分类管理的基础。

7）网络、数据库接口和信息集成。PDM只是企业信息化的一个环节，成熟的PDM软件应提供有效的网络接口和数据库接口，以实现与其他数字化应用系统的有机集成，并应具有以下特征：

① 与操作系统、数据库软件和软件开发环境保持同步更新；

② 能够对存储信息进行有效的版本管理；

③ 能够完成对存储信息的查询、关联性分析等操作；

④ 能够浏览各种信息，并添加必要的图形和文字标注；

⑤ 能够与CAD/CAE/CAPP/CAM/ERP等数字化软件集成；

⑥ 能够进行数字化信息的流程追踪和管理；

⑦ 能够对数字化信息进行有效的安全控制；

⑧ 保证信息架构的稳定性和可用性；

⑨ 易于操作和使用。

PDM技术建立在网络和数据库的基础上，它利用计算机将产品设计、分析、工艺规划、制造、销售、售后服务和质量管理等方面的信息集成起来，支持分布、异构环境下的软硬件平台，实现了 CAD/CAE/CAPP/CAM 等系统的信息共享和无缝集成，解决了产品数字化设计与制造中的重要技术瓶颈问题。除数字化设计、数字化制造和 PDM 系统之外，企业信息化系统还包括企业资源计划（ERP）系统等。要保证企业内部信息的完整统一，需要将产品信息与 ERP 集成，PDM 自然地成为 ERP 系统与 CAD/CAE/CAPP/CAM 模块之间信息传递的桥梁，通过产品数据和相关文档的无缝双向传输，使设计、生产、采购和销售等部门的沟通和交流成为可能，实现企业范围内信息的集成与共享。企业产品数据管理的技术水平和能力已经成为衡量企业综合竞争力的重要指标。

**2. 产品生命周期管理**

随着计算机技术的发展以及 CAD、CAE、CAPP、CAM 系统的广泛应用，企业的产品自主研发能力在不断地增强，但必须清醒地认识到，这些计算机系统只能是解决企业产品生产中的一些局部的问题，如产品的设计、产品生产过程的管理等。从企业的发展角度来看，应该建立一个满足企业产品生命周期管理的信息管理框架，组织规范企业急剧增长的各种数据资源，使产品生命周期中的产品数据、技术文档、工作流程、工程更改、项目管理等能够有效地进行交换、集成和共享，实现产品生命周期的信息、过程集成和协同应用，这样就产生了产品生命周期管理系统。

PLM 的基本概念已经在第 2 章有相关介绍，本节主要介绍 PLM 的关键技术及相关软件。

（1）PLM 的关键技术

PLM 的技术定位是为 CAX、ERP、PDM、SCM、CRM 等分立的系统提供统一的支撑平台，以支持企业业务过程的协同运作。也就是说 PLM 为不同的企业应用系统提供统一的基础信息表示和操作，是连接企业各个业务部门的信息平台与纽带，PLM 支持扩展企业资源的动态集成、配置、维护和管理。PLM 的关键技术介绍如下。

1）统一模型。面对产品不同阶段（设计、工艺、生产、营销和服务等）所产生的异构数据，PLM 的技术重点是支持产品各个阶段的数据和过程管理，通过统一的信息建模实现对产品各阶段数据的管理、转换和使用。同时要求该产品模型能随着产品开发进程自动扩张，并从设计模型自动映射为不同目的的模型，如信息流分析模型、性能优化模型、动态仿真模型、任务控制模型等。它们分别需要产品模型的不同的信息，如信息流分析以产品的输入、输出数据为对象；性能评价需要资源、成员间的协同等信息；动态仿真注重于时间的激发、结束条件、时间和空间等信息；而任务管理则需要较为全面的信息。因此，产品模型是多视角的，仅用某单一视图来表达是不够的。在管理的每一阶段应有相应的模型：信息流分析模型、性能评价模型、动态仿真模型、任务控制模型，它们从不同的侧面表达产品生命过程，有静态的，也有动态的。

产品模型是支持产品管理的信息的基础结构。它综合描述产品开发管理过程中所需要的信息数据：产品数据、事件数据、组织数据、资源数据和路径数据等，使产品管理能实现产品的创建、分析、重构、动态模拟以及任务控制等功能。产品模型还能够全面地表达和评价与产品全生命周期相关的性能指标。

2）数据应用集成。随着经济全球化的发展，企业间的联合与协作日趋紧密，作为企业信息平台的 PLM 系统将提供更加强大的集成与扩展功能，增加企业柔性，便于这些具有协作关系的企业联盟更加有效地工作。集成的数据环境保证数据的唯一性和一致性。唯一性指不同的用户在对同一数据单元进行操作时，通过网络传递的是数据的映像或者是一种参

照关系，而不是通过复制生成一个新的数据单元；一致性指数据单元的变更能及时通知到有关的工作结点，并且在数据变更时，提供一种加解锁机制，保证数据版本的统一。这种集成数据环境可采用集中式共享数据库实现。

3）全面协同。PDM的多年实践，较好地解决了企业的数据管理和使用问题。由于通信技术和互联网的快速发展，制约企业工作效率的协同工作基础得到了改善。PLM将依赖于先进的支持企业内部和企业间的协同工作。

（2）PLM软件

Teamcenter：是Siemens PLM Software公司推出的，采用J2EE、Microsoft. NET框架、UDDI、XML、OAP、JSP和Web等技术，支持产品生命周期不同阶段信息的无缝集成和管理，支持产品生命周期中所有的参与者（包括供应商、合作伙伴、客户）捕捉、控制、评估和利用产品知识，用户可以使用各种Web接入/存取设备，包括计算机、个人数字助理（PDA）、移动电话等，消除因地域、部门和技术等原因形成的障碍，构建跨越产品生命周期的协同工作环境。Teamcenter支持不同类型信息的访问，包括产品需求信息、项目数据、流程信息、设计信息、供应数据、产品文档、来自异构商用系统和协作企业应用系统的产品数据等。Teamcenter的产品族包括Teamcenter企业协同、工程协同、制造协同、项目协同、需求协同、可视化协同、社区协同和Teamcenter集成器等。

Windchill：是美国PTC公司推出的基于Java平台和B/S结构的产品全生命周期管理系统。Windchill的主要功能包括：

1）具有完整的数字化产品数据模型和安全的产品信息库；

2）由工作流和生命周期驱动产品开发；

3）提供独立于CAD系统和基于Web的2D、3D产品信息可视化插件；

4）采用基于角色的Web访问功能，获取产品和过程信息，具有基于事件的提示功能；

5）提供项目和计划的管理与协作功能；

6）提供对过程、活动的监控分析和报告功能；

7）提供更改、配置和发布管理过程的有效方法；

8）提供零件和设计的参数化搜索功能，以最大限度地实现设计重用；

9）提供用于设计和采购的制造协作区；

10）实现与CAD/ERP/SCM/CRM/Web服务等企业应用系统的集成。Windchill提供模块化解决方案，适用于客户驱动式的产品协作开发。

MatrixOne：是Dassault Systemes公司的产品。MatrixOne主要由PLM平台（PLM Platform）、协同应用（Collaborative Applications）、全生命周期应用（Lifecycle Applications）和PLM建模工作室（PLM Modeling Studio）等组件构成，各组件的主要功能如下：

1）PLM平台是MatrixOne的基础组件和PLM应用的主干，其他的业务流程、协同建模和第三方工具等都集成在该平台上。

2）协同应用组件主要包括团队中心（Team Central）、文件中心（Document Central）和程序中心（Program Central）三个模块，它们构成了企业及其产品生命周期中合作伙伴协同工作的基础，使地理上分散的工作团队可以实时获取信息，共同完成同一业务流程。

3）全生命周期应用组件包括采购中心（Sourcing Central）、工程中心（Engineering Central）、供应商中心（Supplier Central）、产品中心（Product Central）和规范中心（Specification Central）五个模块，它们分别管理完整的产品全生命周期中的一部分，包括外包、工程流程、产品结构、供应商、采购、商务谈判、合同和制造等内容。协同应用组件和全生命周期应用组件共同构成完整的协同 PLM 应用环境，用户也可以根据实际需求进行二次开发。

4）PLM 建模工作室组件是一组界面友好的业务建模工具。它基于 PLM 平台，提供动态建模功能，可以在多个层面上完成动态建模，包括信息建模、流程建模及应用建模等。通过 PLM 建模工作室，用户可以定义新的数据类型或业务流程，也可以定义新的用户界面。

随着 PLM 技术和企业管理模式的不断发展，充分利用这些技术满足企业信息化的需求，必然会对工艺信息化的应用效果带来较大的提升。但是实施 PLM 解决方案是一项复杂的系统工程，需要科学的实施策略作为指导方针，针对企业、供应商和软件在实施过程中各自的定位，探索不同的科学、实用、有效的实施方法。

# 5.2 逆向工程技术

## 5.2.1 概述

### 1. 基本概念

（1）正向工程

正向工程（Forward Engineering，FE），其产品的开发循着序列严谨的研发流程，从功能与规格的预期指针确定开始，构思产品的零组件需求，再由各个组件的设计、制造以及检验零组件、检验整机组装、性能测试等过程（见图 5-1）。传统的产品开发属于正向工程。

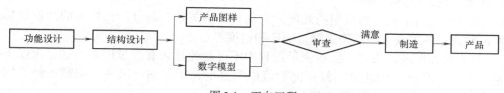

图 5-1　正向工程

（2）逆向工程

逆向工程（Reveres Engineering，RE）亦称反求工程，是相对于传统正向工程而言的。传统的产品开发过程遵从正向设计的思维进行，即从市场需求抽象出产品的概念描述，据此建立产品的 CAD 模型，然后对其进行数控编程和数控加工，最后得到产品的实物原型。概括地说，正向设计工程是由概念到 CAD 模型，再到实物模型的开发过程。而逆向工程则是由实物模型到 CAD 模型的过程。逆向工程属于逆向思维体系，它利用数据采集设备获取实物样本的几何结构信息，借助于专用的数据处理软件和三维 CAD 系统对所采集的样本信息进行处理和三维重构，在计算机上复现原实物样本的几何结构模型，通过对样本模型的分析、改进和创新，进行数控编程并快速地加工出创新的新产品（见图 5-2）。逆向工程技术是测量技术、数据处理、图形处理以及现代加工技术相结合的一门综合性技术。随着计算机技术的飞速发展和各项单元技术的逐渐成熟，逆向工程现已成为产品快速开发的有效工具，在工程领域得到越来越多的应用。根据产品样本信息的来源不同，可将逆向工程分为：

1）实物反求信息源为产品样本的实物模型；

2）软件反求信息源为产品样本的工程图样、数控程序、技术文件等；

3）影像反求信息源为产品样本图片、照片或影像资料。

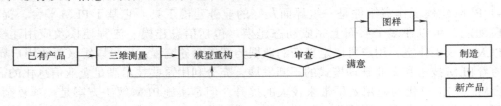

图 5-2　逆向工程

逆向工程技术不同于一般常规的产品仿制，采用逆向工程技术开发的产品往往比较复杂，通常是由一些复杂曲面构成，精度要求也较高，若采用常规仿制方法难以实现，必须借助于计算机辅助（CAX）技术手段。可以说逆向工程是计算机辅助技术的一种典型应用。

**2. 逆向工程的基本步骤**

逆向工程的设计步骤可分为分析阶段、再设计阶段和制造阶段。

（1）分析阶段

首先需对反求对象的功能原理、结构形状、材料性能、加工工艺等方面有全面深入的了解，明确其关键功能及关键技术，对原设计特点和不足之处做出评估。通过对反求对象相关信息的分析，可以确定产品样本的技术指标及其几何结构元素之间的拓扑关系。该阶段对逆向工程能否顺利进行以及成功与否至关重要。

（2）再设计阶段

在反求分析的基础上，对反求对象进行再设计。包括对样本的测量规划、模型重构、改进创新等过程，具体任务有：

1）根据分析结果和实物模型的几何元素拓扑结构关系，制订产品样本的测量规划，确定实物模型测量的工具设备，确定测量顺序和精度等。

2）对测量数据进行修正。因在测量过程中不可避免地含有测量误差，这里所修正的内容包括剔除测量数据中的坏点，修正测量值中明显不合理的测量结果，按照拓扑结构关系的定义修正几何元素的空间位置与相互关系等。

3）按照修正后的测量数据以及反求对象的几何元素拓扑结构关系，利用CAD造型系统重构反求对象的几何模型。

4）在充分分析反求对象功能的基础上，对产品模型进行再设计，根据实际需要在结构和功能等方面进行必要的改进和创新。

（3）制造阶段

按照产品通常的制造方法，完成反求产品的制造过程。采用一定的检测手段，对反求产品进行结构和功能的检测。如果不满足设计要求，可以返回分析阶段或再设计阶段重新进行修改设计。

## 5.2.2　逆向工程的关键技术

### 1. 逆向对象的分析

在逆向工程中，如何根据所提供的反求样本信息，获取逆向对象的功能、原理、材料及加工工艺等，这是逆向工程成败的关键。

**2. 逆向对象的三维数字测量**

逆向对象的几何参数采集是逆向工程的又一个关键环节。根据逆向对象信息源（实物、软件或影像）的不同，确定逆向对象形体尺寸的方法也不尽相同。

以实物逆向中的形体尺寸确定为例，有以下测量手段：

1）以圆规、卡尺、万能量具等简易测量工具进行手工测量；

2）采用机械接触式坐标测量设备；

3）采用激光、数字成像、声学等非接触式坐标测量设备。

如图 5-3 所示为实物逆向中样本形体数据测量的常用数据采集方法。接触式测量的精度较高但测量效率较低，最常用的接触式测量设备是三坐标测量机（CMM）。非接触式测量主要是基于光学、声学、磁学等原理，将一定的物理模拟量通过适当的方法转化为样件表面的坐标点。各种测量方法有各自的特点，但从总体上讲，基于光学的测量设备在精度及测量速度上具有明显的优势，因而在目前的逆向工程中应用最为广泛。

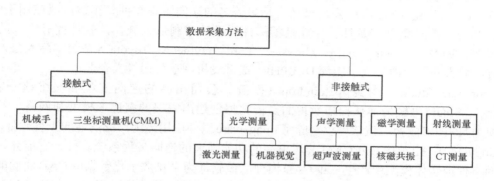

图 5-3　常用数据采集方法

**3. 逆向对象的模型重构技术**

所谓模型重构，就是根据所采集的样本几何数据在计算机内重构样本模型的技术。坐标测量技术的发展使得对样本的细微测量成为可能，但样本测量数据量随之增加，常达几十甚至上百万个数据点，海量的数据给数据处理以及模型重构带来了一定的困难。

按照所处理的数据对象不同，模型重构可分为有序数据的模型重构和散乱数据的模型重构。有序数据是指所测量的数据点集不但包含了测量点的坐标位置，而且包含了测量点的数据组织形式，例如按拓扑矩形点阵排列的数据点、按轮廓分层的数据点、按特征线或特征面测量的数据点等。散乱数据则是指除坐标位置之外，测量点集中不隐含任何的数据组织形式，测量点之间没有任何相互关系，而要凭借模型重构算法来自动识别和建立。

按对测量数据重构后表面表示形式的不同，可将模型重构分为两种类型：一是由众多小三角面片构成的网格曲面模型；二是由分片连续的样条曲面模型。其中由三角面片构成的网格曲面模型应用更为普遍，其基本构建过程是采用适当的算法将集中的三个测量点连成一个小三角面片，各个三角面片之间不能有交叉、重叠、穿越或存在缝隙，从而使众多的小三角面片连接成分片的曲面，它能最佳地拟合样本表面。通常，样本模型重构的基本

步骤为：

1）数据预处理测量机输出的数据量极大并包含一些噪声数据。数据预处理就是要对这些原始数据进行过滤、筛选、去噪、平滑和编辑等操作，使数据满足模型重构的要求。

2）网格模型生成测量数据经过预处理后，可自行开发配套的专用模型重构软件，也可以采用通用商品化逆向工程模型重构软件，自动生成样本的三角化网格模型。

3）网格模型后处理基于海量数据所构造的三角化网格模型中的小三角面片数量较大，常有几十万甚至更多。因此，在精度允许的范围内有必要对三角化网格模型进行简化，以减小模型的规模。此外，由于算法、处理等原因，模型重构所得到的三角网格表面往往存在一些孔洞、缝隙和重叠等缺陷，还需对存在缺陷的三角网格表面进行修补处理。

经过上述步骤，就可以在计算机中得到重构的产品样本模型。

## 5.2.3　逆向工程软件

目前主流逆向工程软件有Imageware、Geomagic Studio、CopyCAD、RapidForm、UG等。

Imageware：由美国 EDS公司出品，是最著名的逆向工程软件，正被广泛应用于汽车、航空、航天、消费家电、模具、计算机零部件等设计与制造领域。该软件拥有广大的用户群，国外有BMW、Boeing、GM、Chrysler、Ford、raytheon、Toyota等著名国际大公司，国内则有上海大众、上海交大、上海DELPHI、成都飞机制造公司等大企业。

Geomagic Studio：由美国Raindrop（雨滴）公司出品的逆向工程和三维检测软件。Geomagic Studio可轻易地从扫描所得的点云数据创建出完美的多边形模型和网格，并可自动转换为NURBS曲面。该软件也是除了Imageware以外应用最为广泛的逆向工程软件。

CopyCAD：由英国DELCAM公司出品的功能强大的逆向工程系统软件，它能允许从已存在的零件或实体模型中产生三维CAD模型。该软件为来自数字化数据的CAD曲面的产生提供了复杂的工具。CopyCAD能够接受来自坐标测量机床的数据，同时跟踪机床和激光扫描器。

RapidForm：是韩国INUS公司出品的全球四大逆向工程软件之一，RapidForm提供了新一代运算模式，可实时将点云数据运算出无接缝的多边形曲面，使它成为3D Scan后处理最佳化的接口。RapidForm也将提升工作效率，使3D扫描设备的运用范围扩大，改善扫描品质。

## 5.2.4　逆向工程举例

一套完整的逆向工程系统，需要有以下基本配置：

1）测量测头。有接触式和非接触式。

2）测量机。有三坐标测量机、激光扫描仪、零件断层扫描仪。

3）点云数据处理软件。进行噪声点滤除、细线化、曲线建构、曲面建构、曲面修改、内插值补点等。

4）逆向工程软件。

5）增材制造设备。SLA、SLS、LOM、FDM等工艺。

如图5-4所示为对汽车部分壳体实施逆向工程的过程：首先，采用非接触激光扫描仪等数据采集设备对样本模型进行表面几何参数采集，表面点云数据；然后，对采集的点云数据进行预处理，包括噪声清除、缺陷修补、坐标校正、数据拼合等；构建曲面型面，包括截面剖分、截面数据点获取、截面曲线拟合、构建曲面型面、曲面型面平滑光顺、构建型面边界曲线等；再建立三维实体模型，包括曲面型面及其他表面；最后将三维实体模型转换为 STL 格式文件，供给快速原型机加工，得到实体模型。

图 5-4　逆向工程的应用举例

## 5.2.5　逆向工程的应用

逆向工程在实践中具有十分广泛的需求。可以在以下诸多方面发挥重要作用：

1）将实体模型转化为三维 CAD 模型。

2）改型设计。对已有的构件做局部修改。在原始设计没有三维 CAD 模型的情况下，可将实物零件通过数据测量与处理产生与实际相符的 CAD 模型，对 CAD 模型进行修改以后再进行加工，将显著提高生产效率。

3）基于现有产品为基础的产品创新设计。利用逆向工程技术建立现有产品的 CAD 模型，同时利用先进的 CAD/CAE/CAM 技术进行再创新设计，提高新产品研发速度。

4）快速零件直接制造。对于某些大型设备，如航空发动机、汽轮机组等，常会因为某一零部件的损坏而停止运行，通过逆向工程手段，可以快速生产这些零部件的替代零件，从而提高设备的利用率和使用寿命。

5）产品内部结构建模。借助于工业 CT 技术，逆向工程不仅可以产生物体的外部形状，而且可以快速发现、度量、定位物体的内部缺陷，从而成为工业产品无损探伤的重要手段。

6）计算机视觉。利用逆向工程手段，可以方便地产生基于模型的计算机视觉。

7）智能化设计。通过实物模型产生其 CAD 模型，可以使产品设计充分利用 CAD 技术的优势，并适应智能化、集成化的产品设计制造过程中的信息交换。

8）特殊领域的应用。如艺术品、考古文物的复制，医学领域中人体骨骼、关节等的复制、假肢制造，特种服装、头盔的制造时需要首先建立人体的几何模型等，这些情况下都必须从实物模型出发得到 CAD 模型。

综上可见，逆向工程技术具有广阔的应用领域，尤其是随着增材制造技术在制造业中的应用，作为 RP 技术的前端数据处理方法，逆向工程已成为产品创新设计与制造的重要技术途径，尤其是对于提高我国航空、航天、汽车、摩托车、模具工业产品的快速 CAD 设计与制造水平，加快产品开发速度，提高产品市场竞争能力，具有重要的实际意义和经济价值。

# 5.3 增材制造技术

## 5.3.1 概述

### 1. 基本概念

增材制造（Additive Manufacturing，AM）俗称3D打印，融合了计算机辅助设计、材料加工与成型技术，以数字模型文件为基础，通过软件与数控系统将专用的金属材料、非金属材料以及医用生物材料，按照挤压、烧结、熔融、光固化、喷射等方式逐层堆积，制造出实体物品的制造技术。相对于传统的、对原材料去除、切削、组装的加工模式不同，是一种"自下而上"通过材料累加的制造方法，实现从无到有。这使得过去受到传统制造方式的约束而无法实现的复杂结构件制造变为可能。近二十年来，AM技术取得了快速的发展，"快速原型制造（Rapid Prototyping）""三维打印（3D Printing）""实体自由制造（Solid Free-form Fabrication）"之类各异的叫法分别从不同侧面表达了这一技术的特点。

### 2. 增材制造成型原理

增材制造技术是指基于离散-堆积原理，由零件三维数据驱动直接制造零件的科学技术体系。如图5-5所示，通过设计或扫描建立3D模型，根据一定的坐标轴将3D模型分层切片，然后按原始位置逐层打印并堆叠在一起，以形成一个实体3D模型。基于不同的分类原则和理解方式，增材制造技术还有快速原型、快速成形、快速制造、3D打印等多种称谓，其内涵仍在不断深化，外延也不断扩展，这里所说的"增材制造"与"快速成形""快速制造"意义相同。

 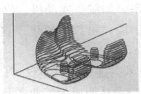 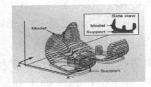 

a) 三维建模　　　　　　b) 软件分片　　　　　　c) 逐层堆积　　　　　　d) 截面轮廓

图5-5　增材制造技术成型原理

### 3. 增材制造关键技术

（1）材料单元的控制技术

如何控制材料单元在堆积过程中的物理与化学变化是一个难点，例如金属直接成型中，激光熔化的微小熔池的尺寸和外界气氛控制直接影响制造精度和制件性能。

（2）设备的再涂层技术

增材制造的自动化涂层是材料累加的必要工序，再涂层的工艺方法直接决定了零件在累加方向的精度和质量。分层厚度向0.01mm发展，控制更小的层厚及其稳定性是提高制件精度和降低表面粗糙度的关键。

（3）高效制造技术

增材制造在向大尺寸构件制造技术发展，例如金属激光直接制造飞机上的钛合金框梁结构件，框梁结构件长度可达 6m，制作时间过长，如何实现多激光束同步制造，提高制造效率，保证同步增材组织之间的一致性和制造结合区域的质量是发展的难点。

此外，为提高效率，增材制造与传统切削制造结合，发展材料累加制造与材料去除制造复合制造技术方法也是发展的方向和关键技术。

**4. 增材制造的优势**

增材制造通过降低模具成本、减少材料、减少装配、减少研发周期等优势来降低企业制造成本，提高生产效益。具体优势如下：

1）与传统的大规模生产方式相比，小批量定制产品在经济上具有吸引力；

2）直接从 3D CAD 模型生产意味着不需要工具和模具，没有转换成本；

3）以数字文件的形式进行设计方便共享，且方便组件和产品的修改与定制；

4）该工艺的可加性使材料得以节约，同时还能重复利用未在制造过程中使用的废料（如粉末、树脂），另外，金属粉末的可回收性在 95%~98% 之间；

5）新颖、复杂的结构，如自由形式的封闭结构和通道是可以实现的，使得最终部件的孔隙率非常低；

6）订货减少了库存风险，没有未售出的成品，同时也改善了收入流，因为货物是在生产前支付的；分销允许本地消费者/客户和生产者之间的直接交互。

## 5.3.2 增材制造数据处理

**1. 增材制造的基本步骤**

如图 5-6 所示，增材制造的过程包括：

1）前处理（三维模型的构造、三维模型的近似处理、三维模型的切片处理）；

2）分层叠加成型（截面轮廓的制造与截面轮廓的叠合）；

3）后处理（表面处理等）。

**2. 增材制造数据处理**

（1）三维模型的建立

因为实现增材制造的系统只能接受计算机构造的产品三维模型，然后才能进行切片处理。因此，首先应在计算机上实现设计思想的数字化，即将产品的形状、特性等数据输入计算机中。目前增材制造机的数据输入主要有两种途径：一是正向工程，设计人员利用计算机辅助设计软件（如 Pro/Engineering，SolidWorks，IDEAS，MDT，AutoCAD 等），根据产品的要求设计三维模型，或将已有产品的二维三视图转换为三维模型；另一种是逆向工程，对已有的实物进行数字化，这些实物可以是手工模型、工艺品或人体器官等。这些实物的形体信息可以通过三维数字化仪、CT 和 MRI 等手段采集处理，然后通过相应的软件将获得的形体信息等数据转化为快速成型机所能接受的输入数据。

（2）三维模型的近似处理

由于产品上往往有一些不规则的自由曲面，因此加工前必须对其进行近似处理。在目前增材制造系统中，最常见的近似处理方法是，用一系列的小三角形平面来逼近自由曲面。其中，每一个三角形用 3 个顶点的坐标和 1 个法相量来描述。三角形的大小是可以选择的，从而能得到不同的曲面近似精度。经过上述近似处理的三维模型文件称为 STL 格式文件（许多 CAD 软件都提供了此项功能，如 Pro/Engineering，SolidWorks，IDEAS，Auto CAD，

MDT等），它由一系列相连的空间三角形组成。典型的计算机辅助设计都有转换和输出STL格式文件的接口，但是，有时输出的三角形会有少量错误，需要进行局部的修改。

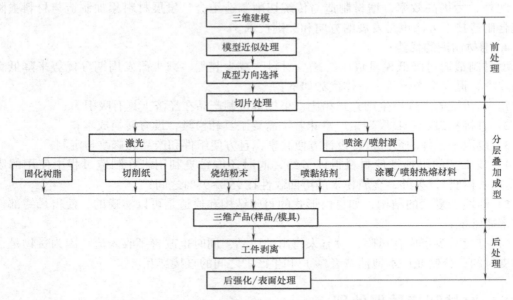

图5-6　增材制造技术基本步骤

（3）三维模型的切片处理

由于增材制造是按一层层截面轮廓来进行加工，加工前必须从三维模型上沿成型的高度方向，每隔一定的间隔进行切片处理，以便提取截面的轮廓。间隔的大小根据被成型件精度和生产率的要求选定，间隔越小，精度越高，成型时间越长；切片间隔选定之后，成型时每层叠加的材料厚度应与其相适应。一般增材制造系统都带有切片处理软件，能自动提取模型的截面轮廓。

（4）截面轮廓的制造

根据切片处理得到的截面轮廓，在计算机的控制下，增材制造系统中的成型头（激光头或喷头）在$x$-$y$平面内，自动按截面轮廓运动，得到一层层截面轮廓。每层截面轮廓成型后，增材制造系统将下一层材料送至成型的轮廓面上，然后进行新一层截面轮廓的成型，从而将一层层的截面轮廓逐步叠合在一起，最终形成三维产品。

## 5.3.3　典型增材制造工艺

随着新型材料特别是能直接增材制造的高性能材料的研制和应用，产生了越来越多的更为先进的增材制造工艺技术。目前增材制造已发展了十几种工艺方法，其中较成熟和典型的工艺有如下几个方面。

### 1. 立体光刻

立体光刻（Stereo Lithography，SLA）是最早实用化的快速成形技术。具体原理如图5-7所示，是选择性地用特定波长与强度的激光聚焦到光固化材料（例如液态光敏树脂）表面，使之发生聚合反应，再由点到线、由线到面顺序凝固，完成一个层面的绘图作业，然后升降台在垂直方向移动一个层片的高度，再固化另一个层面。这样层层叠加构成一个三维实体。SLA 技术主要用于制造多种模具、模型等；还可以在原料中通过加入其他成分，用 SLA 原型模代替熔模精密铸造中的蜡模。SLA 技术成形速度较快、精度较高，但由于树脂固化过程中产生收缩，不可避免地会产生应力或引起形变。因此开发收缩小、固化快、强度高的光敏材料是其发展趋势。

### 2. 选择性激光烧结

选择性激光烧结（Selective Laser Sintering，SLS）是利用粉末状材料成形的。如图 5-8 所示，将材料粉末铺洒在已成形零件的上表面，并刮平；用高强度的 $CO_2$ 激光器在刚铺的新层上扫描出零件截面；材料粉末在高强度的激光照射下被烧结在一起，得到零件的截面，并与下面已成形的部分粘接；当一层截面烧结完，铺上新的一层材料，选择地烧结下层截面。

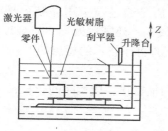

图 5-7  立体光刻

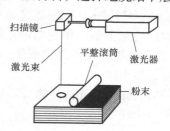

图 5-8  选择性激光烧结

与其他增材制造方法相比，SLS 最突出的优点在于它所使用的成型材料十分广泛。从理论上说，任何加热后能够形成原子间黏结的粉末材料都可以作为 SLS 的成型材料。可成功进行 SLS 成型加工的材料有石蜡、高分子、金属、陶瓷粉末和它们的复合粉末材料。由于 SLS 成型材料品种多、用料节省、成型件性能分布广泛、适合多种用途以及 SLS 无须设计和制造复杂的支撑系统，所以 SLS 的应用越来越广泛。

### 3. 熔融沉积成型

熔融沉积成型（Fused Deposition Modeling，FDM）以丝状材料（石蜡、金属、塑料、低熔点合金丝）为原料，利用电加热方式将丝材加热至略高于熔化温度（约比熔点高 1℃），在计算机的控制下，喷头作 $x$-$y$ 平面运动，将熔融的材料涂覆在工作台上，冷却后形成工件的一层截面，一层成形后，喷头上移一层高度，进行下一层涂覆，这样逐层堆积形成三维工件。该方法污染小，材料可以回收，用于中、小型工件的成形。图 5-9 所示为熔融沉积原理图。

成形材料：固体丝状工程塑料。

制件性能：相当于工程塑料或蜡模。

主要用途：塑料件、铸造用蜡模、样件或模型。

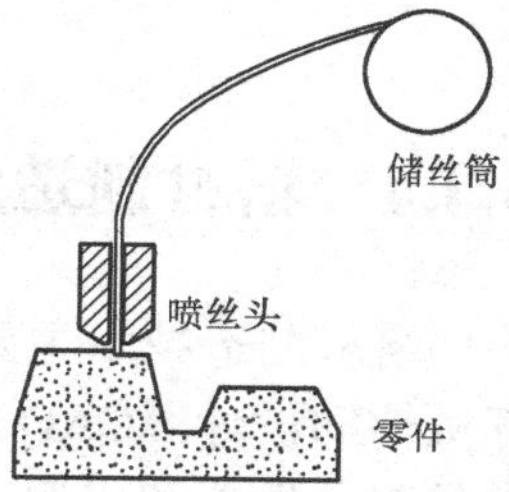

优点：

1）操作环境干净、安全，在办公室可进行；

2）工艺干净、简单、易于操作且不产生垃圾；

3）尺寸精度高、表面质量好、易于装配，可快速构建瓶状或中空零件；

4）原材料以卷轴丝的形式提供，易于搬运和快速更换；

5）原料价格便宜；

图 5-9  熔融沉积原理图

储丝筒

喷丝头

零件

6）材料利用率高；

7）可选用的材料较多，如染色的 ABS、PLA 和医用 ABD、PC、PPSF、人造橡胶、铸造用蜡。

缺点：

1）精度较低，难以构建结构复杂的零件；

2）与截面垂直方向的强度小；

3）成型速度相对较慢，不适合构建大型零件。

**4. 3D 打印技术**

3D 打印技术（Three Dimensional Printing，3DP）和平面打印非常相似，连打印头都是直接用平面打印机。如图 5-10 所示，3D 打印技术和 SLS 类似，所使用的原料也是粉末状的。与 SLS 不同的是材料粉末不是通过烧结连接起来，而是通过喷头用黏结剂将零件的截面"印刷"在材料粉末上面。用黏结剂黏结的零件强度较低，还需后处理。先烧掉黏结剂，然后在高温下渗入金属，使零件致密化，以提高强度。3D 打印技术的特点如下：

1）适合成型小件；

2）工件的表面不够光洁，需要对整个截面进行扫描黏接，成型时间较长；

3）采用多个喷头。

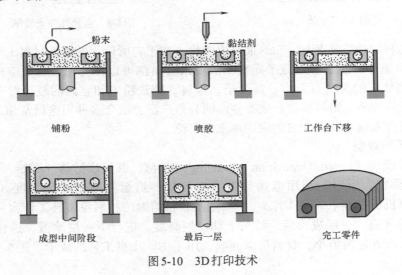

图 5-10　3D 打印技术

## 5.3.4　增材制造常用材料

增材制造技术主要由三个关键要素组成：一是产品需要进行精准的三维设计，运用计算机辅助设计（CAD）工具对产品全方位精准定位；二是需要强大的成型设备；三是需要满足制品性能和成型工艺的材料。其中，材料是不可或缺的环节。增材制造材料对于增材制造的重要性，相当于水之于鱼，它可以说是整个增材制造发展中最重要的物质基础。甚至可以说它是增材制造的灵魂。而现在业界主要研究的是设备和软件，对材料的研究还不够重视。材料瓶颈已经成为限制增材制造发展的首要问题。因为未来增材制造的真正发展将在高端领域即工业应用，而目前高端打印材料的发展尚无法满足增材制造技术发展的需要。理论上来说，所有的材料都可以用于增材制造，但目前主要以石膏、光敏树脂、塑料为主，这很难满足大众用户的需求。特别是工业级的 3D 打印材料更是十分有限，目前适用的金属材料只有 10 余种，而且只有专用的金属粉末材料才能满足金属零件的打印需要。需要用到金属粉末材料的增材制造为工业级打印机，即选择性激光烧结（SLS）、选择性激光熔化（SLM、DLS）、激光直接金属堆积（DMD）技术。

目前在工业级打印材料方面存在的问题主要是：

1）可适用的材料成熟度跟不上 3D 市场的发展；

2）打印流畅性不足；

3）材料强度不够；

4）材料对人体的安全性与对环境的友好性的矛盾；

5）材料标准化及系列化规范的制定。

增材制造对粉末材料的粒度分布、松装密度、氧含量、流动性等性能要求很高。但目前还没有形成一个行业性的标准，因此在材料特性的选择上，前期要花很长的时间。

**1. 塑料**

塑料是指以树脂为基础原料，加入各种添加剂，在一定温度、压力下可塑制成型，在常温下能保持其形状不变。在增材制造领域，塑料是最常用的打印材料，常用塑料的种类有：ABS 塑料、聚乳酸（PLA）、尼龙、PC、玻璃填充聚胺，通过不同比例的材料混合，可以产生将近 120 种软硬不同的新材料。

尼龙：具有良好的力学性能和生物相容性，经认证达到食品安全等级，高精细度，性能稳定，能承受高温烤漆和金属喷涂，适用于制作展示模型、功能部件、真空铸造原型、最终产品和零配件。它的表面是有一种沙沙的、粉末的质感，也略微有些疏松。

聚苯乙烯：具有优秀的尺寸精度，表面质量高，性能稳定，在高温下气化，灰粉残余物极低。材料热变形温度为 110℃，适用于制作熔模铸造、石膏铸造、陶瓷铸造和真空铸造原型。

多色树脂：材料颜色可为白色、蓝色及黑色，材料热变形温度为 45℃。该材料集尺寸稳定性和细节可视性于一身，适用于模拟标准塑料和制作模型，可实现逼真的最终产品效果。适用于装配与外观测试、活动部件与组装部件、展览与营销模型、电子元件的组装及硅胶模具。在电子消费品、家电、汽车制造、航空航天、医疗器械等领域得到广泛的应用。

半透明树脂：半透明微黄，材料热变形温度为 45℃。它是集高尺寸稳定性、生物相容性和表面平滑度于一身的标准塑料模拟材料。非常适用于透明或透视部件的成形和拟合测试、玻璃、眼镜、灯罩、灯箱、液流的可视化、彩染、医疗、艺术与展览模型。

聚乳酸（聚丙交酯）：热稳定性好，加工温度为 170～230℃，有好的抗溶剂性，可用多种方式进行加工。由 PLA 制成的产品除能生物降解外，生物相容性、光泽度、透明性、手感和耐热性好，有的 PLA 还具有一定的抗菌性、阻燃性和抗紫外线性。使用可再生的植物资源（如玉米）所提出的淀粉原料制成。淀粉原料经由发酵过程制成乳酸，再通过化学合成转换成聚乳酸。其具有良好的生物可降解性，使用后能被自然界中的微生物完全降解，最终生成二氧化碳和水，不污染环境。

丙烯腈-丁二烯-苯乙烯共聚物 ABS：ABS 是常用的一种增材制造塑料之一。ABS 塑料具有优良的综合性能，有极好的冲击强度、尺寸稳定性好，电性能、耐磨性、抗化学药品性、染色性、成型加工和机械加工较好。ABS 塑料耐水、无机盐、碱和酸类，不溶于大部

分醇类和烃类溶剂，而容易溶于醛、酮、酯和某些氯代烃中。ABS塑料的缺点是热变形温度较低、可燃、耐候性较差。

ABS-ESD防静电塑料材料：颜色为黑色，材料热变形温度为90℃。ABS-ESD7是一种基于ABS-M30的热塑性工程塑料，具备静电消散性能，可以用于防止静电堆积。主要用于易被静电损坏、降低产品性能或引起爆炸的物体。因为ABS-ESD7防止静电积累，因此它不会导致静态振动也不会造成像粉末、尘土和微粒的微小颗粒的物体表面吸附。该材料适合用于电路板等电子产品的包装和运输，且广泛用于电子元器件的装配夹具和辅助工具。

PC材料、PC-ISO材料、PC-ABS材料：颜色为白色，材料热变形温度为138℃。PC材料是真正的热塑性材料，具备工程塑料的所有特性。具有高强度、耐高温、抗冲击、抗弯曲的优点，可以作为最终零部件使用。使用PC材料制作的样件，可以直接装配使用，广泛应用于交通工具及家电行业。PC的强度比ABS材料高出60%左右，具备超强的工程材料属性。

光敏树脂：即UV树脂，由聚合物单体与预聚体组成，其中加有光（紫外光）引发剂（或称为光敏剂）。在一定波长的紫外光（250~300nm）照射下立刻引起聚合反应完成固化。光敏树脂主要有以下系列：

Somos 11122：透明，具有防水性和尺寸稳定性。提供多种类似工程塑料的特性。适用于汽车、家电、医药、电子消费品，透镜、包装、流体分析、耐用概念模型、风洞试验、快速铸造等。

Somos 19120：粉红色材质，铸造专用材料。成型后直接代替精密铸造的蜡膜原型，避免开模具的风险，大大缩短周期。拥有低留灰烬和高精度等特点。

Somos Next：材料为白色材质，类PC新材料，材料韧性较好，精度和表面质量更佳，制作的部件拥有最先进的刚性和韧性结合。

环氧树脂（类透明PC类）：铸造的激光快速成型树脂，含灰量极低（1500°F时的残留含灰量<0.01%）。可用于熔融石英和氧化铝高温型壳体系，不含重金属锑，可用于制造极其精密的快速铸造型模。应用于汽车、家电、电子消费品等。

**2. 金属材料**

增材制造材料中以金属粉末的应用市场最为广阔。因此，直接用金属粉末烧结成型三维零件是快速成形制造的最终目标之一。由于各种金属材料的化学成分、物理性质不同，因此成型的机理也各具特征，对金属粉末的性能要求也更为严苛。

目前仅德国的EOS公司能生产出有限的几种金属粉末，如：不锈钢粉、铝硅粉、钛合金粉，但价格是传统粉体的10~20倍。

不锈钢：主要有316L、304L、430L不锈钢粉，一般粒度为15~40μm，适用于要求抗腐蚀的金属零件及模具的增材制造。

特高强度钢：如马氏体钢、H13钢等，适用于注塑模具、工程零件。

铁镍合金：主要是用于高温下苛求优异的机械和化学特性的合金。比如用于航空航天工业的动力涡轮机和相关零件的制造，在高达700°C的温度下，该合金具有极佳的蠕变断裂强度。

钴铬钼超耐热合金 CobaltChrome MP1：一种基于钴铬钼超耐热合金材料，它具有优秀的机械性能、高抗腐蚀及抗温特性，被广泛应用于生物医学及航空航天。

CobaltChrome SP2：材料成分与CobaltChrome MP1基本相同，抗腐蚀性较MP1更强，目前主要应用于牙科义齿的批量制造，包括牙冠、桥体等。

钛合金：颜色为银白色，熔点为1672℃。可以生产最终使用的金属样件，质量可媲美开模加工的模型。钛合金模型的强度非常高，尺寸精密，能制作的最小细节的尺寸为0.1mm。广泛应用于家电、汽车制造、航空航天、医疗器械。

铝合金：强度高、细节好、表面光滑度高。适用于EOS M金属粉末烧结成型设备。

铜合金：具有良好的机械性能、优秀的细节表现及表面质量、易于打磨、良好的收缩性，可使烧结的样件达到很高的精度，适用于注塑模具和功能性原型件的制造。

### 3. 复合材料

尼龙铝：颜色为银白色，熔点为660℃。尼龙铝模型是由一种灰色铝粉及腈纶混合物制作而成。尼龙铝是一种高强度并且硬挺的材料，做成的样件能够承受较小的冲击力，并能在弯曲状态下抵抗一些压力。尺寸精度高、高强度、金属外观，适用于制作展示模型、模具镶件、夹具和小批量制造模具。应用于飞机、汽车、火车、船舶、宇宙火箭、航天飞机、人造卫星、化学反应器、医疗器械、冷冻装置等。

碳纤维和尼龙混合材料：重量轻、机械性能强、高电阻，适用于制作全功能部件和用来做风洞实验的表面精致的样件。

尼龙玻纤（玻璃纤维和尼龙）：颜色为白色，材料热变形温度为110℃。尼龙玻纤的外观是一种白色的粉末。比起普通塑料，其拉伸强度、弯曲强度有所增强，具有极好的刚硬度，非常耐磨、耐热、性能稳定，能承受高温烤漆和金属喷涂，适用于制作展示模型、外壳件、高强度机械结构测试和短时间受热使用的零件和耐磨损零件。热变形温度以及材料的模量有所提高，材料的收缩率减小了，但材料表面变粗糙，冲击强度降低。应用于汽车、家电、电子消费品。

彩色石膏材料：全彩色，材料热变形温度为200℃。材料本身基于石膏，色彩清晰，材料感觉起来很像岩石。与其他3D打印材料相比，石膏具有精细的颗粒粉末、颗粒直径易于调整、性价比高及安全环保等优点。按照需要使用不同的浸润方法，如低熔点蜡、Zbond 101、ZMax 90（强度依次递减）。全彩色增材制造模型易碎。基于在粉末介质上逐层打印的成型原理，增材制造的成品在处理完毕后，表面可能出现细微的颗粒效果，在曲面表面可能出现细微的年轮状纹理，应用于动漫、玩偶、建筑等。

### 4. 其他材料

橡胶：颜色为黑色，材料热变形温度为50℃。具备多种级别的弹性材料特征：所具备的肖氏A级硬度、断裂伸长率、抗撕裂强度和拉伸强度，使其非常适合于要求防滑或柔软表面的应用领域，如消费类电子产品、医疗设备和汽车内饰。适用于展览与交流模型、橡胶包裹层和覆膜、柔软触感涂层和防滑表面、旋钮、把手、拉手、把手垫片、封条、橡皮软管、鞋类、轮胎、垫片。

建筑材料：国外主流增材制造采用的是石膏和普通水泥的混合材料。

生物材料：用于各生物支架的制造，适用设备：3D-Bioplotter™第四代。

食品材料：巧克力、土豆、面粉及水等。

目前，国内在增材制造原材料方面缺少相关的标准，加之生产增材制造材料的企业很少，特别是金属材料方面仍依赖进口，导致价格居高不下，致使增材制造产品的成本较高，影响其产业化进程。增材制造关键性材料的"缺失"已经成为影响增材制造产业腾飞的桎梏，如何寻找到优秀的新材料企业和优质的增材制造材料成为了整个产业界关注的焦点。如果材料学基础研究能够取得更大的突破，那必将推动增材制造产业向未来更好地发展。

## 5.3.5　组织工程

**1. 基本概念及组织工程基本原理**

组织工程（Tissue Engineering, TE）一词最早是在1987年美国科学基金会在华盛顿举办的生物工程小组会上提出的，1988年将其正式定义为应用生命科学与工程学的原理与技术，是在正确认识哺乳动物的正常及病理两种状态下的组织结构与功能关系的基础上，研究开发用于修复、维护、促进人体各种组织或器官损伤后的功能和形态的生物替代物的一门新兴学科。组织工程是一门以细胞生物学和材料科学相结合，进行体外或体内构建组织或器官的学科。组织工程学，也有人称其为"再生医学"，是指利用生物活性物质，通过体外培养或构建的方法，再造或者修复器官及组织的技术。

从机体获取少量的活体组织，用特殊的酶或其他方法将细胞（又称种子细胞）从组织中分离出来在体外进行培养扩增，然后将扩增的细胞与具有良好生物相容性、可降解性和可吸收的生物材料（支架）按一定的比例混合，使细胞黏附在生物材料（支架）上形成细胞-材料复合物；将该复合物植入机体的组织或器官病损部位，随着生物材料在体内逐渐被降解和吸收，植入的细胞在体内不断增殖并分泌细胞外基质，最终形成相应的组织或器官，从而达到修复创伤和重建功能的目的。生物材料支架所形成的三维结构为细胞获取营养、生长和代谢提供了一个良好的环境。所谓的组织工程的三要素或四要素，主要包括种子细胞、生物材料、细胞与生物材料的整合以及植入物与体内微环境的整合。组织工程学的发展提供了一种组织再生的技术手段，将改变外科传统的"以创伤修复创伤"的治疗模式，迈入无创伤修复的新阶段。同时，组织工程学的发展也将改变传统的医学模式，进一步发展成为再生医学并最终用于临床。

**2. 生物活性组织工程化制造**

组织工程的主要内容包括四个方面：种子细胞、组织工程材料、细胞生长因子及构建组织和器官的方法和技术。生物活性组织制造的基本思路为：将体外培养的细胞接种到可降解生物材料支架上，通过细胞之间的相互黏附、生长繁殖、分泌细胞外基质，从而形成具有一定结构和功能的组织或器官。

（1）种子细胞

种子细胞是组织修复或再生的细胞材料，主要来源于功能细胞（组织来源体细胞）和干细胞（胚胎干细胞、成体干细胞）。种子细胞的特点是容易获得和体外培养、遗传稳定，但也存在如下问题：

1）同种、异种细胞存在免疫排斥等问题；

2）干细胞潜在的理想种子细胞，诱导分化技术有待完善；

3）多种类型细胞协调增殖、分化。

（2）组织工程材料

组织工程材料是组织再生的支架与模板，聚合物材料在组织中具有诱导组织再生、调节细胞生长和功能分化的材料，即相当于人工细胞外基质。组织工程支架材料是指替代细胞外基质使用的生物医学材料。具有如下特点：

1）生物相容性。生物医学材料引起宿主反应和产生有效作用的能力。

2）生物降解性。材料完成支架的作用后能被降解，降解速率与细胞生长速率相互协调。

3）合适的三维立体结构。

4）加工性与一定的机械强度。

5）良好的消毒性能。

组织工程材料在组织工程研究中常用的聚合物材料，包括源自生物体的天然生物材料和人工合成的高分子生物材料等。

（3）细胞生长因子（Cell growth factor）

细胞对外部环境产生的应答是通过感知某种化学信号或物理刺激，并将之传递到细胞核中，促发或者抑制基因的表达实现的。细胞的增殖与分化由各种因子调节。细胞生长因子主要是指在细胞间传递信息、对细胞的生长具有调节功能的一些多肽。

（4）构建组织和器官的方法和技术

将组织工程材料与增材制造结合，采用生物相容性和生物可降解性材料，制造生长单元的框架，然后在生长单元内部注入生长因子，使各生长单元并行生长，以解决与人体的相容性和个体的适配性，以及快速生成的需求，实现人体器官的人工制造。

生物学家首先制定构建某种组织或器官的设计图，并按照图纸的要求制备一种特殊的骨架，这种骨架要具有降解特性，且降解后对人体无害，并能提供细胞生长场所。生物学家将患者残余器官的少量正常细胞作为"种子细胞"，"种"在人造骨架上，并提供合适的生长因子，让细胞分泌出建造组织或器官所需的细胞间质，最后作为骨架的生物在生物反应器里培养，等整个器官在体外"长"好之后，再移植。在细胞培育过程中，骨架逐渐降解而消失。整个器官在完全无菌的患者体内，由于是患者自身细胞"长"成的器官，因此不会产生排斥反应。

**3. 细胞3D打印**

细胞3D打印是增材制造技术和生物制造技术的有机结合，可以解决传统组织工程难以解决的问题。如图5-11所示，细胞3D打印技术可以直接将细胞、蛋白及其他具有生物活性的材料（例如蛋白质、DNA、生长因子等）作为3D打印的基本单元，以3D打印的方式，直接构建体外生物结构体、组织或器官模型。目前可以将细胞作为原材料，复制一些简单的生命体组织，例如皮肤、肌肉以及血管等，在未来将可以制造人体组织如肾脏、肝脏甚至心脏，用于进行器官移植。细胞3D打印在生物医学的基础和应用研究中有着广阔的发展前景。其与传统的组织工程技术相比（如"细胞+支架"技术），细胞3D打印的优势主要有：

1）同时构建有生物活性的二维或三维"多细胞/材料"体系；

2）在时间和空间上准确沉积不同种类的细胞；

3）构建细胞所需的三维微环境。

　　此外，细胞3D打印还是完全由计算机控制的高通量细胞排列技术，也可以发展成为在生物体内进行原位操作的技术。此技术可应用于组织工程，建造细胞传感器，为药物代谢动力学和药物筛选提供模型等。

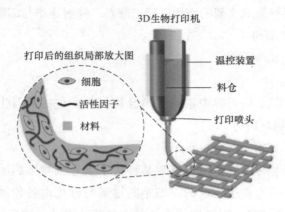

图5-11　细胞3D打印原理图

## 5.3.6　增材制造的应用

　　如图5-12所示，增材制造的应用主要体现在以下几个方面：

　　1）工业概念设计、性能验证（见图5-12a）。增材制造技术可快速地将产品设计的CAD模型转换成物理实物模型，这样可以方便地验证设计人员的设计思想和产品结构的合理性、可装配性、美观性，发现设计中的问题并及时修改。如果用传统的方法，需要完成绘图、工艺设计、工装模具制造等多个环节，周期长、费用高。如果不进行设计验证而直接投产，则一旦存在设计失误，将会造成极大的损失。增材制造技术可应用于可制造性、可装配性检验和供货询价、市场宣传。对有限空间的复杂系统，如汽车、卫星、导弹的可制造性和可装配性用增材制造技术进行检验和设计，将大大降低此类系统的设计制造难度。对于难以确定的复杂零件，可以用增材制造技术进行试生产以确定最佳的合理的工艺。此外，增材制造还是产品从设计到商品化各个环节中进行交流的有效手段。比如为客户提供产品样件、进行市场宣传等，增材制造技术已成为并行工程和敏捷制造的一种技术途径。

　　2）模具制造（见图5-12b）。通过各种转换技术将RP原型转换成各种快速模具，如低熔点合金模、硅胶模、金属冷喷模、陶瓷模等，进行中小批量零件的生产，满足产品更新换代快、批量越来越小的发展趋势。增材制造应用的领域几乎包括了制造领域的各个行业，在医疗、人体工程、文物保护等行业也得到了越来越广泛的应用。

　　3）单件、小批量和特殊复杂零件的直接制造（见图5-12c）。对于高分子材料的零部件，可以用高强度的工程塑料直接增材制造，满足使用要求；对于复杂的金属零件，可通过快速铸造或直接金属件成型获得。该项应用对航空、航天及国防工业有特殊的意义。

　　4）医学工程应用（见图5-12d~i）。主要体现在三个方面：医学诊断、手术计划、假肢

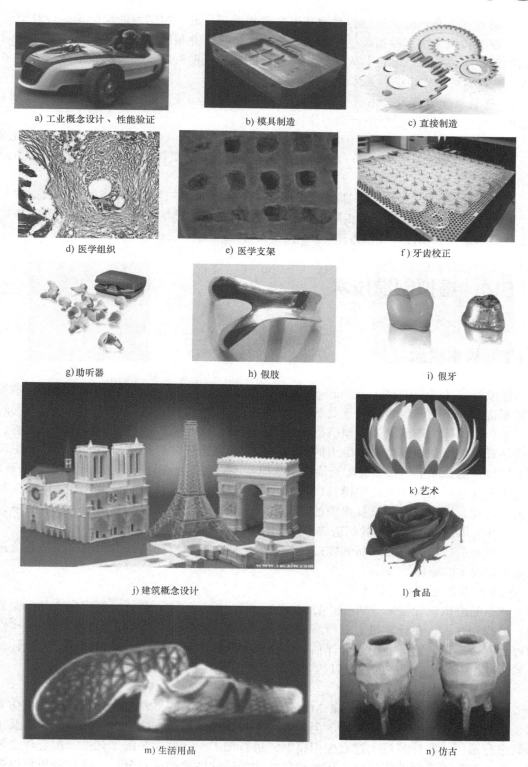

a) 工业概念设计、性能验证　　　　b) 模具制造　　　　c) 直接制造

d) 医学组织　　　　e) 医学支架　　　　f) 牙齿校正

g) 助听器　　　　h) 假肢　　　　i) 假牙

j) 建筑概念设计

k) 艺术

l) 食品

m) 生活用品　　　　n) 仿古

图5-12　增材制造技术的应用

骨和组织器官生产。医生可以容易地获得患者相关部位的一组二维断层图像，计算机可以将扫描数据转换为快速原型系统的通用数据输入格式，并精确地再现具有与生物体相同形状的模型。所以，可以制造与人体结构相吻合的假肢、助听器及牙齿和整形牙套等。采用活性生物材料可制作组织、人体器官等。

5）建筑概念设计及艺术（见图5-12j~k）。增材制造工艺可以制造任意复杂结构形状，因此可以轻松地制造出形状不规则的建筑及艺术品。

6）食品（见图5-12l）。采用可食用材料，制造出任意形状的食品，如一朵巧克力花朵。

7）生活用品（见图5-12m）。增材制造技术可以制造出更符合人体结构的生活用品，如运动鞋。

8）仿古（见图5-12n）。计算机可以将扫描数据转换为快速原型系统的通用数据输入格式，并精确地再现具有与古董相同形状的模型，若选择合适的材料或在表面处理的基础上完全可以仿造出和原件一样的古董。可用于展示，防止原件的破毁。

# 5.4　虚拟制造技术

## 5.4.1　基本概念

虚拟制造（Virtual Manufacturing，VM）是利用信息技术、仿真技术、计算机技术等对现实制造活动中的人、物、信息及制造过程进行全面的仿真，以发现制造中可能出现的问题，在产品实际生产前就采取预防措施，使得产品一次性制造成功，以达到降低成本、缩短产品开发周期、增强企业竞争力的目的。在虚拟制造中，产品从初始外形设计、生产过程的建模、仿真加工、模型装配到检验整个的生产周期都是在计算机上进行模拟和仿真的，不需要实际生产出产品来检验模具设计的合理性，因而可以减少前期设计给后期加工制造带来的麻烦，更可以避免模具报废的情况出现。从而达到提高产品开发的一次成品率，缩短产品开发周期，降低企业的制造成本的目的。

虚拟制造可以理解为产品的虚拟设计技术、产品的虚拟制造技术和虚拟制造系统三个方面关键技术的综合。

（1）产品的虚拟设计技术

产品的虚拟设计技术（Virtual Design Technology，VDT）是面向数字化产品模型的原理、结构和性能，在计算机上对产品进行设计，仿真多种制造方案，分析产品的结构性能和可装配性，以获得产品的设计评估和性能预测结果，从而优化产品设计和工艺设计，减少制造过程中可能出现的问题，以达到降低成本、缩短生产周期的目的。

（2）产品的虚拟制造技术

产品的虚拟制造技术（Virtual Manufacturing Technology，VMT）是利用计算机仿真技术，根据企业现有的资源、环境、生产能力等对零件的加工方法、工序顺序、工装及工艺参数进行选用，在计算机上建立虚拟模型，进行加工工艺性、装配工艺性、配合件之间的配合性、连接件之间的连接性、运动构件之间的运动性等的仿真分析。通过分析可以提前发现加工中的缺陷及装配时出现的问题，从而对制造工艺过程进行相应的修改，直到整个制造过程完全合理，来达到优化的目的。产品的虚拟制造技术主要包括材料热加工工艺模拟、装配工艺模拟、板材成形模拟、加工过程仿真、模具制造仿真、产品试模仿真等。

（3）虚拟制造系统

虚拟制造系统（Virtual Manufacturing System，VMS）是将仿真技术引入数控模型中，提供模拟实际生产过程的虚拟环境。即将机器控制模型用于仿真，使企业在考虑车间控制行为的基础上对制造过程进行优化控制，其目标是实现实际生产中的过程优化，以及更优的配置制造系统。

如上所述，虚拟制造技术是在一个虚拟的环境下进行的，也就是说，虚拟制造技术和电子信息技术、互联网技术相关联，是由计算机控制进行操作的。这就可以充分体现出虚拟制造技术具有快捷方便、节省资源的特点，不用耗费大量的人力、物力等资源去进行现实制造。在虚拟制造技术制造出相关的实际模型的时候，就可以按照模型进行实际操作。如果在过程中发现虚拟的模型存在任何问题就可以直接进行修改，这样就不会产生很多的麻烦。因为计算机在进行模型数据的更改过程中是快速便捷的，而且在进行数据更改之后就会直接生成一套新的模型。

虚拟制造技术的过程其实和现实的制造过程是相关联的，也需要设计人员根据客户的需求进行设计和制作，要采取客户的建议或者要求。虚拟制造技术是根据商品的生命周期进行设计的，通过设计人员进行详细的分析和研究之后才能进一步确定产品的功能和性能。在设计人员确定好了相关数据之后，就可以进行虚拟建设。设计人员将做好的虚拟模型带给客户看，如果客户满意就可以进行实际操作，如果客户不满意就要根据客户的要求进行整改，生成一套新的虚拟模型。所以说虚拟制造技术的整个过程都是与客户的要求相关联的，而且要求技术人员在设计的过程中注重产品的生命周期和其功能和性能的分配。

## 5.4.2 虚拟制造的关键技术

虚拟制造技术是由多学科先进知识形成的综合系统技术，是以计算机仿真技术为前提，对设计、制造等生产过程进行统一建模，在产品设计阶段，实时地、并行地模拟出产品未来制造全过程及其对产品设计的影响，预测产品性能、产品制造成本、产品的制造性，从而更有效、更经济地、灵活地组织制造生产，使工厂和车间的资源得到合理配置，以达到产品的开发周期和成本的最小化，产品设计质量的最优化，生产效率的最高化的目的。因此，除了需要高性能计算机系统软硬件设备之外，建模技术、仿真技术及虚拟现实技术是其关键的核心技术。

（1）虚拟制造技术中的建模技术

虚拟制造技术是指通过计算机技术将现实中的机械工程、制造工程的流程反映出来，将现实中的制造过程数字化、信息化、规模化和计算机化。虚拟制造技术的建设过程涉及三种模型的建立。第一种模型是生产模型，生产模型又分为静态模型和动态模型两种类型，其中，静态模型是指生产模型的性能和功能，动态模型是指产品所表现出来的生命周期和主要用途；第二种模型是产品模型，产品模型主要考究的是虚拟制造技术所产生的模型的外观；第三种模型是工艺模型，这种模型是要在用虚拟制造技术建设模型的过程当中，联系各种工艺数据，最后将现实中的制造过程映射出来。

（2）虚拟制造技术中的仿真技术

虚拟制造技术中的仿真技术，就是用虚拟制造技术，通过互联网技术的叠加，将现实的生产过程，通过数字化和模型化，最终展示出来。在仿真技术的支持下，就可以通过对所产生的模型进行各种分析，最后研究出现实当中如果建立这种模型是否真实有用。仿真技术和现实生产是两种完全分离、并且独立的生产过程。但是虚拟制造技术中的仿真技术会对现实生产过程中实际模型的建立有着指导作用，而且仿真技术在建设模型的过程当中可以极大限度地利用高效的计算机技术，节约了大量的时间和资源，并且可以建设出比较完善的模型。

（3）虚拟制造技术中的虚拟现实技术

虚拟制造技术中的虚拟现实技术是指利用计算机技术建立虚拟模型。这种虚拟现实技术可以通过人机接口或者其他接口形成通道，将虚拟模型和人类的实际感受相连接，就是说现实当中的人可以通过一些机器或者接口产生对虚拟模型直观的体验和认识。这种感觉就相当于是3D技术感受。虚拟现实技术可以极大地利用计算机技术让人类体验模型的效果，给人一种身临其境的感受。

## 5.4.3 虚拟制造软件

虚拟制造技术是一种软件技术，是CAD/CAE/CAM/CAPP和仿真技术的更高阶段，它能在计算机上实现从设计到制造再到检验的全过程。下面简单介绍虚拟制造的相关软件。

**1. 建模、仿真及有限元分析软件**

（1）3DS MAX

3D Studio MAX，简称3DS MAX，其前身为运行在DOS操作系统下的3DS，由著名的AutoDesk公司旗下的Discreet多媒体分部推出的一种功能强大的三维设计软件包，是当前世界上销量最大的一种三维建模、虚拟现实建模的应用软件。根据不同行业的应用特点，对3DS MAX的掌握程度也有不同的要求。在虚拟现实方面，主要要求是对场景物体进行建模，并可以通过相关的插件输出其他文件格式的模型，一般是一些简单的动画功能。

3DS MAX常用于虚拟现实技术的建模，尤其是WEB 3D的应用。与其他的同类软件相比，它具有强大的建模功能、性价比高、入门容易、学习简单、使用者多和便于交流与应用等优点。

（2）MDT

MDT是Autodesk公司在PC平台上开发的三维机械CAD系统。它以三维设计为基础，集设计、分析、制造以及文档管理等多种功能为一体。MDT基于特征的参数化实体造型、基于NURBS的曲面造型，可以比较方便地完成几百甚至上千个零件的大型装配，并提供相关联的绘图和草图功能，提供完整的模型和绘图的双向联结。该软件与AutoCAD完全融为一体，用户可以方便地实现三维向二维的转换。MDT为AutoCAD用户向三维升级提供了一个较好的选择。

（3）MSC系列

Msc. Software Corporation（简称MSC）创建于1963年，总部设在美国洛杉矶，是享誉全球最大的工程校验、有限元分析和计算机仿真预测应用软件（CAE）供应商，也是世界最著名、最权威、最可靠的大型通用结构有限元分析软件MSC. NASTRAN的开发者。MSC

公司的MSC. NASTRAN软件始终作为美国联邦航空管理局（FAA）飞行器适航证领取的验证软件。MSC. NASTRAN是世界上功能最全面、性能超群、应用最广泛的大型通用结构有限元分析软件，也是全球CAE工业标准的原代码程序。能够有效地解决各类大型复杂结构的强度、刚度、屈曲、模态、动力学、热力学、非线性、噪声学、流体-结构耦合、气动弹性、超单元、惯性释放及结构优化等问题。通过MSC. NASTRAN的分析可确保各个零部件及整个系统在最合理的环境下正常工作，获得最佳性能。

（4）ANSYS

ANSYS软件是融结构、流体、电磁场、声场和耦合场分析于一体的大型通用有限元分析软件。由世界上最大的有限元分析软件公司之一的美国ANSYS开发，它能与多数CAD软件接口，实现数据的共享和交换，是现代产品设计中的高级CAD工具之一。ANSYS软件主要包括三个部分：前处理模块、分析计算模块和后处理模块。分析计算模块包括结构分析（可进行线性分析、非线性分析和高度非线性分析）、流体动力学分析、电磁场分析、声场分析、压电分析以及多物理场的耦合分析，可模拟多种物理介质的相互作用，具有灵敏度分析及优化分析能力。

（5）I-DEAS有限元分析功能

I-DEAS有限元建模和预览分析结果，可直接从I-DEAS零件主模型、装配体主模型或从其他CAD系统模型自动生成有限元网格。

线性求解器用于线性结构热场和流场有限元分析的模块，以多种固定形式给出求解参数和输出结果，使运行简化。

非线性求解器用于载荷、材料特性、接触条件或结构刚度随位移变化的非线性条件下的有限元分析，非线性求解器支持几何非线性、材料非线性、面面接触及它们综合的分析；还支持加载自动步长控制和弯曲分析等复杂问题。

（6）UG/FEA

UG/FEA是一个与UG/Scenario for FEA前处理和后处理功能紧密集成的有限元解算器，优越的单元技术和强大的数字方法是UG/FEA的基础，稀少的矩阵数字法大大地增加了解算速度和减少了需要的磁盘空间量，使数字处理快速有效。UG/FEA支持概念分析的广泛的各种分析类型，包括线性静态、标准模态、稳态热传递、线性屈服和间隙分析，支持的材料类型有各向同性、各向异性和正交异性。

（7）ABAQUS

ABAQUS是由Hibbitt、Karlsson& Sorensen公司（HKS）开发并且提供售后服务的先进的通用有限元程序系统，其解决问题的范围从相对简单的线性分析到许多复杂的非线性问题。ABAQUS包括一个十分丰富的、可模拟任意实际形状的单元库。与之对应的有各种类型的材料模型库，可以模拟大多数典型工程材料的性能，其中包括金属、橡胶、高分子材料、复合材料、钢筋混凝土、可压缩有弹性的泡沫材料以及类似于土和岩石等材料。作为通用的模拟计算工具，ABAQUS能解决结构（应力/位移）的许多问题。它可以模拟各种领域的问题，例如热传导、质量扩散、电子部件的热控制（热电偶分析）、声学分析、岩土力学分析（流体渗透/应力耦合分析）及压电介质力学分析。

（8）LS-DYNA

美国 Lawrence Livemore 国家材料实验室J. O. Hallquist教授主持开发了几何大变形、非线性材料和接触摩擦滑动边界三重非线性动力分析程序。LS-DYNA是世界上最著名的通用显式动力分析程序，能够模拟真实世界的各种复杂问题，特别适合求解各种二维、三维非线性结构的高速碰撞、爆炸和金属成型等非线性动力冲击问题，同时可以求解传热、流体及流固耦合问题，在工程应用领域被广泛认可为最佳的分析软件包。通过实验的无数次对比证实了其计算的可靠性。

LS-DYNA 程序是功能齐全的几何非线性（大位移、大转动和大应变）、材料非线性（140 多种材料动态模型）和接触非线性（50 多种）程序。它以 Lagrange 算法为主，兼有 ALE 和 Euler 算法；以显式求解为主，兼有隐式求解功能；以结构分析为主，兼有热分析、流体结构耦合功能；以非线性动力分析为主，兼有静力分析功能（如动力分析前的预应力计算和薄板冲压成型后的回弹计算）。它是军用和民用相结合的通用结构分析非线性有限元程序。

另外，前面 5.1.3 小节已经介绍参数化建模软件如 Unigraphics（UG）、Pro/Engineer、CATIA、SolidWorks、AutoCAD 等，也都是虚拟设计常用的建模仿真软件，在这里不再赘述。

**2. 虚拟现实建模语言**

虚拟现实建模语言（Virtual Reality Modeling Language，VRML）是一种用于建立真实世界的场景模型或人们虚构的三维世界的场景建模语言，具有平台无关性。VRML 本质上是一种面向 Web、面向对象的三维造型语言，而且它是一种解释性语言。VRML 的对象称为结点，子结点的集合可以构成复杂的景物。结点可以通过实例得到复用，对它们赋以名字，进行定义后，即可建立动态的虚拟世界（Virtual Reality，VR）。VRML 是目前 Internet 上基于 WWW 的三维互动网站制作的主流语言。

VRML 是一种用在 Internet 和 Web 超链上的、多用户交互的、独立于计算机平台的网络虚拟现实建模语言。虚拟世界的显示、交互及网络互连都可以用 VRML 来描述。VRML 的设计是从在 Web 上欣赏实时 3D 图像开始的。VRML 浏览器既是插件，又是帮助应用程序，还是独立运行的应用程序。VRML 提供了 6+1 的自由度，用户可以沿着三个方向移动，也可以沿着三个方向旋转，同时还可以建立与其他 3D 空间的超链接。因此，VRML 是超空间的。VRML 定义了一种把 3D 图形和多媒体集成在一起的文件格式。从语法角度看，VRML 文件是显式地定义和组织起来的 3D 多媒体对象集合；从语义角度看，VRML 文件描述的是基于时间的交互式 3D 多媒体信息的抽象功能行为。VRML 文件描述的基于时间的 3D 空间称为虚拟境界（Virtual World，VW），简称境界，所包含的图形对象和听觉对象可通过多种机制动态修改。

VRML 的访问方式是基于客户/服务器模式的。其中服务器提供 VRML 文件及支持资源（图像、视频、声音等），客户端通过网络下载希望访问的文件，并通过本地平台上的 VRML 浏览器交互式地访问该文件描述的虚拟境界。由于浏览器是本地平台提供的，从而实现了平台无关性。

# 第 6 章　智能检测技术

　　智能检测就是利用计算机及相关仪器，实现检测过程的智能化和自动化。智能检测技术指能自动获取信息，并利用有关知识和策略，采用实时动态建模在线识别、人工智能、专家系统等技术，对被测对象（过程）实现检测、监控、自诊断和自修复的技术。智能检测技术包括传感技术、微电子技术、计算机技术、信号分析与处理技术、数据通信技术、模式识别技术、可靠性技术、抗干扰技术、人工智能技术等。本章的主要内容如下：

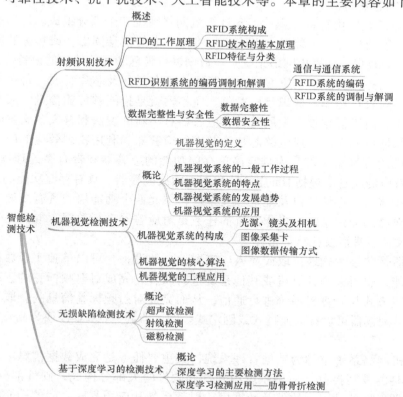

## 6.1 射频识别技术

### 6.1.1 概论

射频识别（Radio Frequency Identification，RFID）技术，又称无线射频识别，是自动识别技术的一种，是利用射频信号通过空间耦合（交变磁场或电磁场）的方式进行非接触双向数据通信，对目标进行识别并获取相关数据的一种技术。RFID存储介质的存储容量最大可以达到 $2^{96}$ 以上，可以让地球上每一个商品都拥有独一无二的电子标识；而且它的最大优点在于非接触，完成识别工作时无须人工干预，可以同时读取多个被识别物体（标签）的信息，并在严重污染的环境中工作，RFID技术以其上述很多优势已经被认为是21世纪十大重要技术之一。如今，RFID技术已被广泛应用于生产生活的各个领域，逐渐渗透到社会生活的方方面面，在生产自动化控制、车辆识别、仓储配送、邮件跟踪、体育行业、畜牧业等方面发挥着重要的作用，并有广阔的发展前景。

### 6.1.2 RFID 的工作原理

#### 1. RFID 系统构成

RFID系统通常由标签、识读器和计算机网络系统三个部分组成。标签是射频识别系统中存储可识别数据的电子装置。识读器是将标签中的信息读出，或将标签所需要存储的信息写入标签的装置。计算机网络系统是对数据进行管理和通信传输的设备。

标签，也称射频标签、应答器，由天线、耦合元件及芯片组成，每个标签具有唯一的电子编码，附着在物体上标识目标对象。应答器就是指能够传输信息、回复信息的电子模块，近些年，由于射频技术发展迅猛，应答器有了新的说法和含义，又被叫作智能标签或标签。应答器可分为以集成电路芯片为基础的应答器和利用物理效应的应答器，而以集成电路为基础的应答器又可分为具有简单存储功能的应答器和带有微处理器的智能应答器。利用物理效应的应答器包括1bit应答器和声表面波应答器。具有存储功能的应答器主要包括天线、高频接口、存储器以及地址和安全逻辑单元四个功能块。具有微处理器的非接触智能卡包含自己的操作系统。操作系统的任务是对应答器进行数据存取的操作、对命令序列的控制、文件管理以及执行加密算法。

识读器是非接触式地读取或写入应答器信息的设备，可以单独实现数据读写、显示和处理等功能，也可以与计算机或其他系统进行联合，完成对射频标签的读写操作。它通过有线或无线方式与计算机系统进行通信，从而完成对射频标签信息的获取、解码、识别和数据管理。阅读器可设计成便携式或固定式。阅读器的3个基本模块为高频接口、控制单元和天线。

计算机网络系统也称为数据管理系统，其主要任务是完成数据信息的存储、管理以及对射频标签的读写控制。应用系统由硬件和软件两大部分构成，硬件部分通常为计算机，软件部分则包括各种应用软件及数据库。射频标签和应用程序之间的中介称为中间件，它是一种独立的系统软件或服务程序。应用程序借助中间件提供的通用应用程序接口，可以连接到 RFID 系统的阅读器，进而读取射频标签中的数据。

**2. RFID 技术的基本原理**

RFID 技术的基本原理是利用射频信号或空间耦合（电感或电磁耦合）的传输特性，实现对物体或商品的自动识别。数据存储在电子数据载体（称应答器）之中，应答器的能量供应以及应答器与阅读器之间的数据交换，不是通过电流的触点接通，而是通过磁场或电磁场。

RFID 系统的基本工作流程如下：

1）阅读器通过发射天线发送一定频率的射频信号，当附着有射频标签的目标对象进入阅读器的电磁信号辐射区域时，会产生感应电流；

2）借助感应电流或自身电源提供的能量，射频标签将自身编码等信息通过内置天线发送出去；

3）阅读器天线接收来自射频标签的载波信号，经天线调节器传送到阅读器的控制单元，进行解调和解码后，送到应用系统进行相关处理；

4）应用系统根据逻辑运算判断该射频标签的合法性，并针对不同的应用做出相应的处理和控制，发出指令信号并执行相应的应用操作。

根据应答器即电子标签到阅读器之间的能量传输方式，可将 RFID 系统分为电感耦合系统和电磁反向散射耦合系统。电感耦合依据的是电磁感应定律，通过空间高频交变磁场实现耦合，一般适用于中、低频段的近距离 RFID 系统。电磁反向散射耦合利用发射出去的电磁波碰到目标后反射，在反射波中携带目标信息，依据的是电磁波的空间传播规律，一般适用于高频和微波 RFID 系统。

从数据的传输方式来看，在全双工和半双工 RFID 系统中，所有已知的数字调制方法都可用于从阅读器到应答器的数据传输，与工作频率或耦合方式无关。但从应答器到阅读器的数据传输方法，因工作模式和能量传输方式的不同而不同，例如，在全双工或半双工 RFID 系统中，数据传输有直接负载调制和使用副载波的负载调制；而在时序系统中，一个完整的阅读周期是由充电阶段和读出阶段两个时段构成的。

如果一个 RFID 应用系统要从一个非接触的数据载体（应答器）中读出数据，或者对一个非接触的数据载体写入数据，需要一个非接触的阅读器作为接口。对一个非接触的应答器的读/写操作是严格按照"主从原则"进行的，即阅读器和应答器的所有动作均由应用软件来控制。应用软件向阅读器发出一条简单的读取命令，此时会在阅读器和某个应答器之间触发一系列的通信步骤。阅读器的基本任务就是启动应答器，与这个应答器建立通信，并且在应用软件和一个非接触的应答器之间传送数据。

**3. RFID 的特征与分类**

RFID 系统的特征包括工作方式、应答器存储数据量、应答器读写方式、应答器能量供应方式、系统工作频率和作用距离、应答器到阅读器的数据传输方式等。根据这些特征可以对 RFID 系统进行分类。

1）按工作方式分类。可以将 RFID 系统分为全双工系统、半双工系统和时序系统。在全双工和半双工系统中，应答器的应答响应是在阅读器接通高频电磁场的情况下发送出去的。而在时序系统中，阅读器的电磁场短时间周期性地断开，这些间隔被应答器识别出来，并被用于从应答器到阅读器的数据传输。

2）按供电方式分类。可以将RFID系统分为无源标签和有源标签。无源标签需要靠外界提供能量才能正常工作，其产生电能的装置是天线与线圈。无源标签支持长时间的数据传输和永久性的数据存储，但数据传输的距离要比有源标签短。有源标签内部自带电池进行供电，故可靠性高、传输距离远，但有源标签的寿命受到电池寿命的限制，且随着电池能量的消耗，传输距离会越来越小，从而影响系统的正常工作。除此之外，还有一种有源标签，其电池只用于激活系统，系统激活后便进入无源模式，利用电磁场供电。

3）按系统功能分类。系统功能包括数据载体（应答器）的数据存储能力、应答器的读写方式、处理速度、应答器的能量来源、密码功能等。根据系统的功能，可将RFID系统分为低端系统、中端系统和高端系统。其中，只读系统构成低端系统的下端，只能读数据，但不能重写；许多带有可写数据存储器构成的系统组成RFID系统的中端部分；具有密码功能的系统为高端RFID系统。

4）按工作频率和作用距离分类。可将RFID系统分为低频系统、高频或射频系统和超高频或微波系统。低频系统的工作频率为30～300kHz，应答器为无源标签，低频标签与阅读器之间的作用距离通常小于1m；高频或射频系统的工作频率范围为3～30MHz，应答器也为无源标签，系统的作用距离通常小于1m；超高频系统的工作频率为300MHz～3GHz，而微波系统的工作频率大于3GHz，应答器包括有源和无源，微波系统的作用距离一般超过1m。

## 6.1.3　RFID识别系统的编码调制和解调

### 1. 通信与通信系统

人类在生活、生产和社会活动中总是伴随着消息（或信息）的传递，这种传递消息（或信息）的过程就叫作通信。通信系统是指完成通信这一过程的全部设备和传输媒介，一般可概括为如图6-1所示的模型。

图6-1　通信系统模型

其中，信息源把各种消息转换成原始电信号，如麦克风，信息源可分为模拟信源和数字信源；发送设备产生适合于在信道中传输的信号；信道将来自发送设备的信号传送到接收端的物理媒质，分为有线信道和无线信道两大类；噪声源集中表示分布于通信系统中各处的噪声；接收设备从受到减损的接收信号中正确恢复出原始电信号；受信者把原始电信号还原成相应的消息，如扬声器等。

通常，按照信道中传输的是模拟信号还是数字信号，相应地把通信系统分为模拟通信系统和数字通信系统。模拟信号中代表消息的信号参考量为连续值，数字信号中代表消息的信号参考量为有限个。

模拟通信系统是利用模拟信号来传递信息的通信系统。在模拟通信系统中，发送设备简化为调制器，接收设备简化为解调器，主要是强调在模拟通信系统中调制的重要作用。

模拟通信系统模型如图6-2所示。

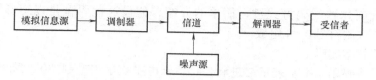

图6-2　模拟通信系统模型

　　数字通信系统是利用数字信号来传递信息的通信系统。与模拟通信系统有所不同，其模型如图6-3所示。

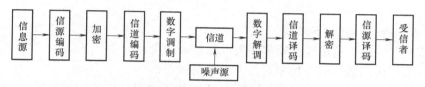

图6-3　数字通信系统模型

其中：

　　信源编码与信源译码用于提高信息传输的有效性以及完成模/数转换；

　　信道编码与信道译码用于增强抗干扰能力；

　　加密与解密用于保证所传信息的安全；

　　数字调制与数字解调用于形成适合在信道中传输的带通信号；

　　同步用于使收发两端的信号在时间上保持步调一致。

**2. RFID 系统的编码**

　　RFID系统的结构与通信系统的基本模型相类似，满足了通信功能的基本要求。读写器和电子标签之间的数据传输构成了与该基本通信模型相类似的结构。按照从读写器到电子标签的数据传输方向，呈现出以下基本结构（见图6-4）。

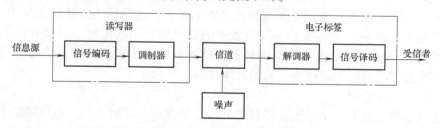

图6-4　射频通信系统结构

　　信号编码系统是对要传输的信息进行编码，以便传输信号能够尽可能最佳地与信道相匹配，防止信息干扰或发生碰撞。调制器用于改变高频载波信号，使得载波信号的振幅、频率或相位与调制的基带信号相关。RFID系统信道的传输介质为磁场（电感耦合）和电磁波（微波）。解调器用于解调获取的信号，以便再生基带信号。信号译码系统是对从解调器传来的基带信号进行译码，恢复成原来的信息，并识别和纠正传输错误。

　　常用的数据编码方式有反向不归零编码（Non Return Zero，NRZ）、曼彻斯特编码（Manchester）、单极性归零编码（Unipolar RZ）、差动双相编码（DBP）、米勒编码（Miller）、

变形米勒编码、差动编码、脉冲-间歇编码、脉冲位置编码（Pulse Position Modulation，PPM）等。下面对这些编码方式进行简单的介绍，假设这些码型是以矩形脉冲为基础的，且消息代码由二进制符号0、1组成。

（1）反向不归零编码

反向不归零编码用高电平表示二进制"1"，低电平表示二进制"0"，如图6-5所示。

图6-5　反向不归零编码

此码型不宜传输，有以下原因：

1）有直流，一般信道难于传输零频附近的频率分量；

2）接收端判决门限与信号功率有关，不方便使用；

3）不能直接用来提取位同步信号，因为NRZ中不含有位同步信号频率成分；

4）要求传输线有一根接地。

（2）曼彻斯特编码

曼彻斯特编码也称为分相编码（Split-Phase Coding）。某比特位的值是由该比特长度内半个比特周期时电平的变化（上升或下降）来表示的，在半个比特周期时的负跳变表示二进制"1"，半个比特周期时的正跳变表示二进制"0"，如图6-6所示。

图6-6　曼彻斯特编码

曼彻斯特编码在采用负载波的负载调制或者反向散射调制时，通常用于从电子标签到读写器的数据传输，因为这有利于发现数据传输的错误。这是因为在比特长度内，"没有变化"的状态是不允许的。当多个标签同时发送的数据位有不同值时，则接收的上升边和下降边互相抵消，导致在整个比特长度内是不间断的负载波信号，由于该状态不允许，所以读写器利用该错误就可以判定碰撞发生的具体位置。

（3）单极性归零编码

单极性归零编码在第一个半比特周期中的高电平表示二进制"1"，而持续整个比特周期内的低电平信号表示二进制"0"，单极性归零编码可用来提取位同步信号，如图6-7所示。

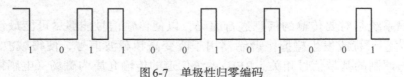

图6-7　单极性归零编码

（4）差动双相编码

差动双相编码在半个比特周期中的任意边沿表示二进制"0"，而没有边沿就是二进制"1"，如图6-8所示。此外，在每个比特周期开始时，电平都要反相。因此，对于接收器来

说，位节拍比较容易重建。

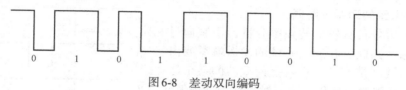

图6-8 差动双向编码

（5）米勒编码

米勒编码在半个比特周期内的任意边沿表示二进制"1"，而经过下一个比特周期中不变的电平表示二进制"0"。一连串的比特周期开始时产生电平交变，如图6-9所示。因此，对于接收器来说，位节拍也比较容易重建。

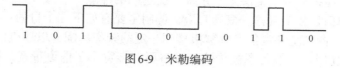

图6-9 米勒编码

（6）变形米勒编码

变形米勒编码相对于米勒编码来说，将其每个边沿都用负脉冲代替。由于负脉冲的时间很短，可以保证在数据传输的过程中从高频场中连续给电子标签提供能量。变形米勒编码在电感耦合的RFID系统中用于从读写器到电子标签的数据传输。

（7）差动编码

在差动编码中，每个要传输的二进制"1"都会引起信号电平的变化，而对于二进制"0"，信号电平保持不变。如图6-10所示为差动编码。

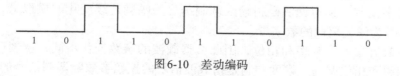

图6-10 差动编码

（8）脉冲-间歇编码

对于脉冲-间歇编码来说，在下一脉冲前的暂停持续时间 $t$ 表示二进制"1"，而下一脉冲前的暂停持续时间 $2t$ 则表示二进制"0"，如图6-11所示。

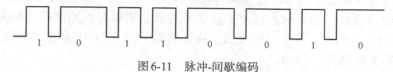

图6-11 脉冲-间歇编码

这种编码方法在电感耦合的射频系统中用于从读写器到电子标签的数据传输，由于脉冲转换时间很短，所以可以在数据传输过程中保证从读写器的高频场中连续给射频标签供给能量。

（9）脉冲位置编码

脉冲位置编码与上述的脉冲-间歇编码类似，不同的是，在脉冲位置编码中，每个数据比特的宽度是一致的。其中，脉冲在第一个时间段表示"00"；第二个时间段表示"01"；

第三个时间段表示"10";第四个时间段表示"11",如图6-12所示。

### 3. RFID 系统的调制与解调

通常基带信号具有较低的频率分量,不宜通过无线信道传输。因此,在通信系统的发送端需要由一个载波来运载基带信号,也就是使载波的某个参量随基带信号的规律而变化,这一过程称为(载波)调制。载波受调制以后称为已调信号,它含有基带信号的全部特征。在通信系统的接收端则需要有解调过程,其作用是将已调信号中的原始基带信号恢复出来。调制和解调过程对通信系统是至关重要的,因为调制解调方式在很大程度上决定了系统可能达到的性能。

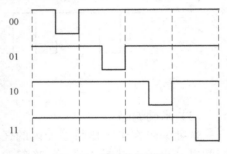

图6-12　脉冲位置编码

调制的基本作用是频率搬移。概括起来,调制主要有如下几个目的:

1)频率搬移。调制把基带信号频谱搬移到一定的频率范围,以适应信道传输要求。

2)实现信道复用。一般每个被传输信号占用的带宽小于信道带宽,因此,一个信道同时只传一个信号是很浪费的,此时信道工作在远小于其传输信息容量的情况下。然而通过调制,使各个信号的频谱搬移到指定的位置,从而实现在一个信道里同时传输许多信号。

3)工作频率越高带宽越大。根据信息论的一般原理可知,宽带通信系统一般表现出较好的抗干扰性能。将信号变换,使它占据较大的带宽,将会具有较强的抗干扰性。

4)工作频率越高,天线尺寸越小。如果天线的尺寸可以与工作波长相比拟,天线的辐射更为有效。由于工作频率与波长成反比,提高工作频率可以降低波长,进而减小天线的尺寸,迎合现代通信对尺寸小型化的要求。

调制信号有模拟信号和数字信号之分,因此根据输入调制信号的不同,调制可以分为模拟调制和数字调制。模拟调制是指输入调制信号为幅度连续变化的模拟量,数字调制是指输入调制信号为幅度离散的数字量。

载波的参数有幅度、频率和相位,因此根据载波的参数变化不同,调制可以分为幅度调制、频率调制和相位调制。幅度调制是指载波信号的振幅参数随调制信号的大小而变化;频率调制是指载波信号的频率参数随调制信号的大小而变化;相位调制是指载波信号的相位参数随调制信号的大小而变化。

用二进制(多进制)数字信号作为调制信号,去控制载波某些参量的变化,这种把基带数字信号变换成频带数字信号的过程称为数字调制,反之,称为数字解调。

通过开关键控载波,通常称为键控法。常见的数字调制有振幅键控(ASK)、频移键控(FSK)、相移键控(PSK)。其中,ASK属于线性调制,FSK、PSK属于非线性调制。

(1)二进制振幅键控(2ASK)

2ASK信号的一般表达式为

$$e_{2ASK}(t) = s(t)\cos\omega_c t \tag{6-1}$$

其中,$s(t) = \sum a_n g(t - nT_s)$

式中,$T_s$为码元持续时间;$g(t)$为持续时间为$T_s$的基带脉冲波形,通常假设是高度为1、宽度等于$T_s$的矩形脉冲;$a_n$表示第$N$个符号的电平取值。2ASK波形图如图6-13所示。

$$a_n = \begin{cases} 1, & 概率为P \\ 0, & 概率为1 - P \end{cases}$$

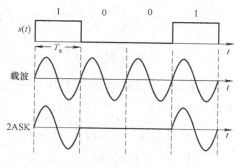

图 6-13　2ASK 波形图

2ASK 的产生方法有两种，一种是模拟调制法（相乘器法），另一种是键控法，分别如图 6-14a 和 b 所示。

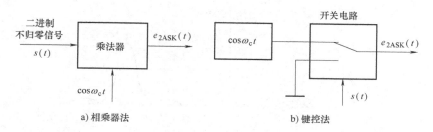

a) 相乘器法　　　　　　　　　　　b) 键控法

图 6-14　2ASK 的产生方法

2ASK 信号解调方法也有两种，一种是非相干解调，另一种是相干解调。

2ASK 信号可以表示为

$$e_{2ASK}(t) = s(t)\cos\omega_c t \tag{6-2}$$

式中，$s(t)$ 为二进制单极性随机矩形脉冲序列。假设 $P_s(f)$ 表示 $s(t)$ 的功率谱密度、$P_{2ASK}(f)$ 表示 2ASK 信号的功率谱密度，则由上式可得

$$P_{2ASK}(f) = \frac{1}{4}\left[P_s(f + f_s) + P_s(f - f_c)\right] \tag{6-3}$$

由式（6-3）可见，2ASK 信号的功率谱是基带信号功率谱 $P_s(f)$ 的线性搬移（属线性调制）。所以知道了 $P_s(f)$ 即可确定 $P_{2ASK}(f)$。

根据相关理论可知，单极性的随机脉冲序列功率谱的一般表达式为

$$P_s(f) = f_s P(1-P)\left|G(f)\right|^2 + \sum_{m=-\infty}^{\infty}\left|f_s(1-P)G(mf_s)\right|^2 \delta(f - mf_s) \tag{6-4}$$

式中，$f_s = 1/T_s$；$G(f)$ 是单个基带信号码元 $g(t)$ 的频谱函数。则对于全占空矩形脉冲序列，根据矩形波形 $g(t)$ 的频谱特点，对于所有的 $m$ 不等于 0 的整数，有

$$G(mf_s) = T_s Sa(n\pi) = 0 \tag{6-5}$$

上式可简化为

$$P_s f(f) = f_s P(1-P)\left|G(f)\right|^2 + f_s^2(1-P)^2\left|G(0)\right|\delta(f) \tag{6-6}$$

将式（6-6）代入式（6-3），可得

$$P_{2ASK} = \frac{1}{4} f_s P(1-P)\left[\left|G(f+f_c)\right|^2 + \left|G(f-f_c)\right|^2\right] +$$
$$\frac{1}{4} f_s^2 (1-P)^2 \left|G(0)\right|^2 \left[\delta(f+f_c) + \delta(f-f_c)\right] \qquad (6\text{-}7)$$

当概率 $P=1/2$ 时，并考虑到 $G(f) = T_s Sa(\pi f T_s)$，$G(0) = T_s$。

则 2ASK 信号的功率谱密度为

$$P_{2ASK}(f) = \frac{T_s}{16}\left[\left|\frac{\sin\pi(f+f_c)T_s}{\pi(f+f_c)T_s}\right|^2 + \left|\frac{\sin\pi(f-f_c)T_s}{\pi(f-f_c)T_s}\right|^2\right] \qquad (6\text{-}8)$$

从以上分析及图 6-15 所示的 2ASK 信号的功率谱密度可以看出：

2ASK 信号的功率谱由连续谱和离散谱两部分组成，连续谱取决于 $g(t)$ 经线性调制后的双边带谱，而离散谱由载波分量确定。

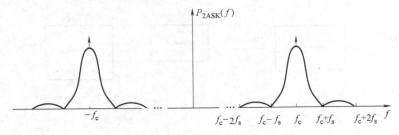

图 6-15　2ASK 信号的功率谱密度示意图

2ASK 信号的带宽是基带信号带宽的两倍，若只计谱的主瓣（第一个谱零点位置），则有 $B_{2ASK} = 2f_s$，其中 $f_s = 1/T_s$，即 2ASK 信号的传输带宽是码元速率的两倍。

（2）二进制频移键控（2FSK）

在 2FSK 中，载波的频率随二进制基带信号在 $f_1$ 和 $f_2$ 两个频率点间变化。其典型的波形图如图 6-16 所示。

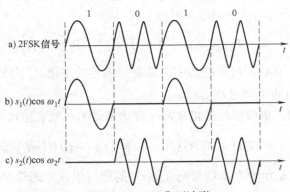

图 6-16　2FSK 典型波形

由图 6-16 可见，2FSK 信号的波形可以分解为图 6-16b 和 c 所示的波形，也就是说，一个 2FSK 信号可以看成是两个不同载频的 2ASK 信号的叠加。因此，2FSK 信号的时域表达式又可写成

$$e_{2FSK}(t) = \left[\sum_n a_n g(t-nT_s)\right]\cos(\omega_1 t + \varphi_n) + \left[\sum_n a_n g(t-nT_s)\right]\cos(\omega_2 t + \theta_n) \qquad (6\text{-}9)$$

式中，$g(t)$ 表示单个矩形脉冲；$T_s$ 表示脉冲持续时间；$a_n$ 为 1 的概率为 $P$，$a_n$ 为 0 的概率为 $1-P$；$\varphi_n$ 和 $\theta_n$ 分别是第 $n$ 个信号码元（1 或 0）的初始相位，通常可令其为 0。因此，2FSK 信号的表达式可简化为

$$e_{2FSK}(t) = s_1(t)\cos\omega_1 t + s_2(t)\cos\omega_2 t \tag{6-10}$$

$$s_1(t) = \sum_n a_n g(t-nT_s) \qquad s_2(t) = \sum_n a_n g(t-nT_s) \tag{6-11}$$

2FSK 信号的产生方法也有两种，一种是模拟调频法，另一种是键控法，2FSK 键控法如图 6-17 所示。

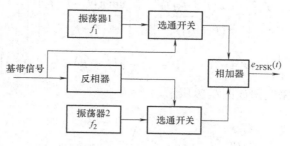

图 6-17  2FSK 键控法

2FSK 信号解调方法也有两种，一种是非相干解调，一种是相干解调。2FSK 解调示意图如图 6-18 所示。

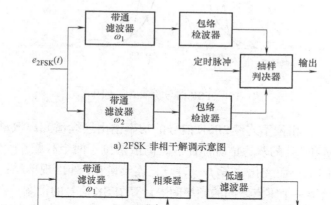

a) 2FSK 非相干解调示意图

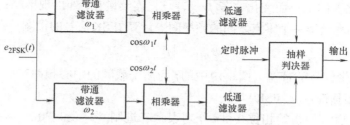

b) 2FSK 相干解调示意图

图 6-18  2FSK 解调示意图

对相位不连续的 2FSK 信号，可以看成由两个不同载频的 2ASK 信号的叠加，它可以表示为

$$e_{2FSK}(t) = s_1(t)\cos\omega_1 t + s_2(t)\cos\omega_2 t \tag{6-12}$$

式中，$s_1(t)$ 和 $s_2(t)$ 为两路二进制基带信号。根据 2ASK 信号功率谱密度的表达式，可写出这种 2FSK 信号的功率谱密度的表达式：

$$P_{2FSK}(f) = \frac{1}{4}\left[ P_{s_1}(f - f_1) + P_{s_1}(f + f_1) \right] + \frac{1}{4}\left[ P_{s_2}(f - f_2) + P_{s_2}(f + f_2) \right] \quad (6\text{-}13)$$

令概率 $P=0.5$，只需将 2ASK 信号频谱中的 $f_c$ 分别替换为 $f_1$ 和 $f_2$，然后代入式（6-13），即可得到下式：

$$\begin{aligned}
P_{2FSK}(f) = &\frac{T_s}{16}\left[ \left| \frac{\sin\pi(f+f_1)T_s}{\pi(f+f_1)T_s} \right|^2 + \left| \frac{\sin\pi(f-f_1)T_s}{\pi(f-f_1)T_s} \right|^2 \right] + \\
&\frac{T_s}{16}\left[ \left| \frac{\sin\pi(f+f_2)T_s}{\pi(f+f_2)T_s} \right|^2 + \left| \frac{\sin\pi(f-f_2)T_s}{\pi(f-f_2)T_s} \right|^2 \right] + \\
&\frac{1}{16}\left[ \delta(f+f_1) + \delta(f-f_1) + \delta(f+f_2) + \delta(f-f_2) \right]
\end{aligned} \quad (6\text{-}14)$$

2FSK 信号功率谱密度图如图 6-19 所示。

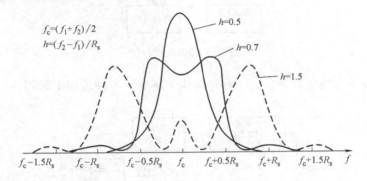

图 6-19　2FSK 信号功率谱密度图

由图 6-19 可以看出，相位不连续 2FSK 信号的功率谱由连续谱和离散谱组成。其中，连续谱由两个中心位于 $f_1$ 和 $f_2$ 处的双边谱叠加而成，离散谱位于两个载频 $f_1$ 和 $f_2$ 处；连续谱的形状随着两个载频之差的大小而变化，若 $|f_1 - f_2| < f_s$，连续谱在 $f_c$ 处出现单峰；若 $|f_1 - f_2| > f_s$，则出现双峰；若以功率谱第一个零点之间的频率间隔计算 2FSK 信号的带宽，则其带宽近似为

$$B_{2FSK} = |f_2 - f_1| + 2f_s \quad (6\text{-}15)$$

式中，$f_s = 1/T_s$ 为基带信号的带宽。图 6-19 中的 $f_c$ 为两个载频的中心频率。

（3）二进制相移键控（2PSK）

在 2PSK 中，通常用初始相位 0 和 $\pi$ 分别表示二进制 "1" 和 "0"。因此，2PSK 信号的时域表达式为

$$e_{2PSK}(t) = A\cos(\omega_c t + \varphi_n) \quad (6\text{-}16)$$

式中，$\varphi_n$ 表示第 $n$ 个符号的绝对相移，

$$\varphi_n = \begin{cases} 0, & \text{发送 "0" 时} \\ \pi, & \text{发送 "1" 时} \end{cases} \quad (6\text{-}17)$$

因此，式（6-16）可以改写为

$$e_{2PSK}(t) = \begin{cases} A\cos\omega_c t, & \text{概率为} P \\ -A\cos\omega_c t, & \text{概率为} 1-P \end{cases} \tag{6-18}$$

由于两种码元的波形相同，极性相反，故 2PSK 信号可以表示为一个双极性全占空矩形脉冲序列与一个正弦载波相乘：

$$e_{2PSK}(t) = s(t)\cos\omega_c t \tag{6-19}$$

其中：

$$s(t) = \sum a_n g(t - nT_s) \tag{6-20}$$

式中，$g(t)$ 是脉宽为 $T_s$ 的单个矩形脉冲；而 $a_n$ 的统计特性为

$$a_n = \begin{cases} 1, & \text{概率为} P \\ -1, & \text{概率为} 1-P \end{cases} \tag{6-21}$$

即发送二进制符号"0"时（$a_n$ 取 +1），$e_{2PSK}(t)$ 取 0 相位；发送二进制符号"1"时（$a_n$ 取 -1），$e_{2PSK}(t)$ 取 π 相位。这种以载波的不同相位直接去表示相应二进制数字信号的调制方式，称为二进制绝对相移方式。

2PSK 信号的典型波形如图 6-20 所示。

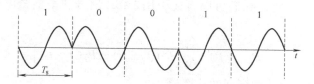

图 6-20  2PSK 信号的典型波形

2PSK 信号的产生方法也有两种，如图 6-21 所示。

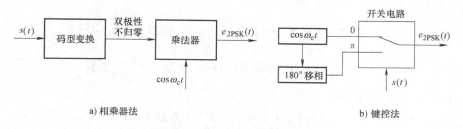

a) 相乘器法　　　　　　　　　　　　　　　　　b) 键控法

图 6-21  2PSK 信号的产生方法

2PSK 信号的解调方法常用的是相干检测法，如图 6-22 所示。

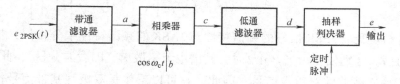

图 6-22  2PSK 信号相干检测法解调示意图

2PSK 信号解调波形如图6-23所示。

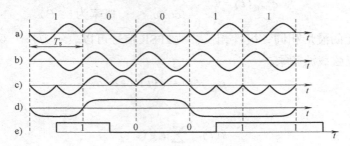

图6-23    2PSK信号解调波形

比较2ASK信号的表达式和2PSK信号的表达式：

2ASK：

$$e_{2ASK}(t) = s(t)\cos\omega_c t \qquad (6-22)$$

2PSK：

$$e_{2PSK}(t) = \begin{cases} A\cos\omega_c t, & \text{概率为} P \\ -A\cos\omega_c t, & \text{概率为} 1-P \end{cases} \qquad (6-23)$$

可知，两者的表示形式完全一样，区别仅在于基带信号 $s(t)$ 不同（$a_n$ 不同），前者为单极性，后者为双极性。因此，我们可以直接引用2ASK信号功率谱密度的公式来表述2PSK信号的功率谱，即

$$P_{2PSK}(f) = \frac{1}{4}\big[P_s(f+f_c) + P_s(f-f_c)\big] \qquad (6-24)$$

式中，$P_s(f)$ 是双极性矩形脉冲序列的功率谱。

由相关理论可知，双极性的全占空矩形随机脉冲序列的功率谱密度为

$$P_s(f) = 4f_s P(1-P)\left|G(f)\right|^2 + f_s^2(1-2P)^2\left|G(0)\right|^2\delta(f) \qquad (6-25)$$

将式（6-25）带入式（6-24）得

$$P_{2PSK} = f_s P(1-P)\left[\left|G(f+f_c)\right|^2 + \left|G(f-f_c)\right|^2\right] +$$
$$\frac{1}{4}f_s^2(1-2P)^2\left|G(0)\right|^2\big[\delta(f+f_c) + \delta(f-f_c)\big] \qquad (6-26)$$

若 $P=1/2$，并考虑到矩形脉冲的频谱

$$G(f) = T_s Sa(\pi f T_s) \qquad G(0) = T_s \qquad (6-27)$$

则2PSK信号的功率谱密度为

$$P_{2PSK}(f) = \frac{T_s}{4}\left[\left|\frac{\sin\pi(f+f_c)T_s}{\pi(f+f_c)T_s}\right|^2 + \left|\frac{\sin\pi(f-f_c)T_s}{\pi(f-f_c)T_s}\right|^2\right] \qquad (6-28)$$

从以上分析可见，2PSK信号的频谱特性与2ASK的频谱特性十分相似，带宽也是基带信号带宽的两倍。区别仅在于当 $P=1/2$ 时，其谱中无离散谱（即载波分量），此时2PSK信号实际上相当于抑制载波的双边带信号。因此，它可以看作是双极性基带信号作用下的调幅信号。如图6-24所示为2PSK功率谱密度曲线。

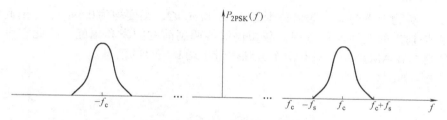

图 6-24　2PSK 功率谱密度曲线

用连续模拟信号作为调制信号，去控制载波某些参量的变化，这种把基带模拟信号变换成频带模拟信号的过程称为模拟调制，反之，称为模拟解调。

常见的模拟调制有幅度调制和角度调制。根据频谱特性的不同，通常可以把幅度调制分为标准调幅（AM）、抑制载波双边带调幅（DSB）、单边带调幅（SSB）等。

（1）标准调幅

假设：

载波信号：

$$v_c(t) = V_{cm} \cos \omega_c t \tag{6-29}$$

调制信号：

$$v_\Omega(t) = V_{\Omega m} \cos \omega_c t \tag{6-30}$$

并且，$\omega_c \gg \Omega (\omega_c = 2\pi f_c,\ \Omega = 2\pi F)$，$V_{cm} \geqslant V_{\Omega m}$

标准调幅就是用调制信号 $v_{cm}(t)$ 控制载波幅度 $V_{cm}$，使载波幅度按照调制信号的规律变化，即

$$V_{cm}(t) = V_{cm} + k_a v_\Omega(t) = V_{cm} + k_a v_{\Omega m} \cos \Omega t = V_{cm}(1 + m_a \cos \Omega t) \tag{6-31}$$

式中，$k_a$ 是由电路决定的常数；$m_a$ 是调幅指数，且 $m_a = \dfrac{k_a V_\Omega}{V_{cm}}$。图 6-25 所示为标准调幅信号。

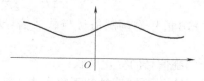

a）AM 调制信号

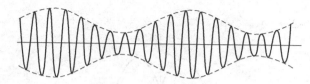

b）AM 已调信号

图 6-25　标准调幅信号

从频域角度来描述调幅波时，主要看它的频谱成分和带宽。

$$v_c(t) = V_{cm} \cos \omega_c t + \frac{1}{2} m_a V_{cm} \cos(\omega_c + \Omega)t + \frac{1}{2} m_a V_{cm} \cos(\omega_c - \Omega)t \tag{6-32}$$

式（6-32）表明，它含有三条高频谱线，一条位于 $\omega_c$ 处，幅度为 $V_{cm}$；另外两条位于载

171

频 $\omega_c$ 的两边，称为上下旁频，频谱分别是 $\omega_c+\Omega$ 和 $\omega_c-\Omega$，幅度均为 $0.5m_aV_{cm}$。由此可以看出调制的过程是频谱的线性搬移过程，载频仍保持调制前的频率和幅度，因此它没有反映调制信号的信息，在 AM 调制中只有两个旁频携带了调制信号的信息。

AM 频谱图如图 6-26 所示。

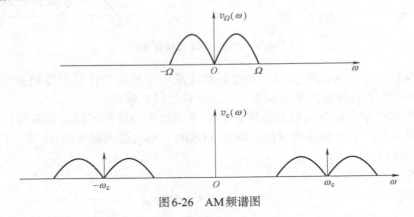

图 6-26　AM 频谱图

由图 6-26 可以看出，AM 信号的频谱由载频分量、上边带、下边带三部分组成。上边带的频谱结构与原调制信号的频谱结构相同，下边带是上边带的镜像。

（2）抑制载波双边带调幅

在标准调幅波中，载波本身并不携带有用的信息，却占据了一半以上的功率。在正弦调制下，100% 调制时的最大可能效率仅有 33%。考虑到实际系统的平均调制度小于 100%，因此实际效率更低，这是标准调幅的最大缺点。但可以设想，既然载波分量不携带消息，就可以将它完全抑制掉，将有效的功率全部用到边带传输上去，从而提高了调制效率。

根据同样的信号假设，则 DSB 信号的表达式为

$$v(t) = AV_{\Omega m}V_{cm}\cos\omega_c t = \frac{1}{2}AV_{\Omega m}V_{cm}\cos(\omega_c+\Omega)t + \frac{1}{2}AV_{\Omega m}V_{cm}\cos(\omega_c-\Omega)t \quad (6\text{-}33)$$

由式（6-33）可以看出，DSB 信号是调制信号与载波信号相乘的结果，DSB 信号的波形有两个特点：

1）它的上下包络均不同于调制信号的变化形状；

2）在调制信号为零的两旁，由于调制信号的正负发生了变化，所以已调波的相位在零点处发生了 180° 的突变。

DSB 频谱图如图 6-27 所示。

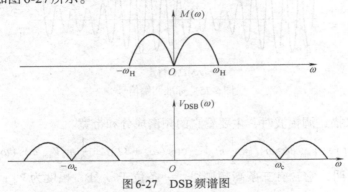

图 6-27　DSB 频谱图

从图6-27可以看出，双边带调幅不含有载波分量，节省了载波功率。但是该种调制方式不能使用包络检波解调，只能使用相干解调，较为复杂。

（3）单边带调幅

DSB信号的两个边带是完全对称的，每个边带都携带了相同的调制信号信息。从节省频带的角度出发，只需要发射一个边带（上边带或下边带），因此得到单边带调幅。与AM信号及DSB信号相比，SSB信号频带缩减了一倍，且功率利用率提高了一倍。按照同样的信号假设，则SSB信号的表达式为

$$v(t) = \frac{1}{2} A V_{\Omega M} V_{CM} \cos(\omega_c + \Omega) t \tag{6-34}$$

（4）信号调制

从频谱的角度看，无论AM、DSB和SSB，都是将调制信号的频谱不失真地搬迁到载频两边。而实现频谱不失真搬移的最基本的方法是在时域上将两个信号相乘，如图6-28所示。

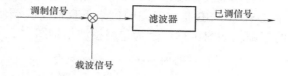

图6-28　信号调制示意图

图6-28中，滤波器的中心频率为$\omega_c$，带宽为$2F$。

（5）SSB信号的产生

产生SSB信号有两种基本方法：一是滤波法，二是移相法。

1）滤波法。由抑制载波的双边带信号中滤除一个下边带（或上边带）即可得到单边带信号。图6-29所示为通过滤波法得到的单边带信号频谱图。

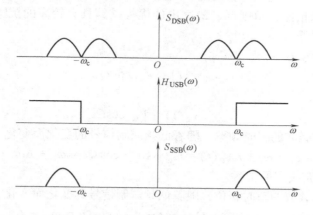

图6-29　单边带信号频谱图

2）移相法。可以将单边带信号的表达式转换为两个双边带信号之和的方法来实现。

$$V_{SSBL} = \frac{1}{2} A V_{\Omega m} V_{cm} \cos(\omega_c - \Omega) t = \frac{1}{2} A V_{\Omega m} V_{cm} (\cos \Omega t \cos \omega_c t + \sin \Omega t \sin \omega_c t) \tag{6-35}$$

$$V_{SSBH} = \frac{1}{2} A V_{\Omega m} V_{cm} \cos(\omega_c + \Omega) t = \frac{1}{2} A V_{\Omega m} V_{cm} (\cos \Omega t \cos \omega_c t - \sin \Omega t \sin \omega_c t) \tag{6-36}$$

（6）振幅解调

1）相干解调。相干解调的原理：为了无失真地恢复原基带信号，接收端必须提供一个与接收的已调载波严格同步（同频同相）的本地载波（称为相干载波），它与接收的已调信号相乘后，经低通滤波器取出低频分量，即可得到原始的基带调制信号。图6-30所示为相干解调一般模型。

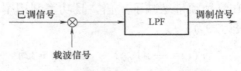

图6-30　相干解调一般模型

2）包络检波。包络检波是其输出的电压直接反映输入高频信号包络变化的解调电路，它的电路结构非常简单，而且不需要同步信号，属于非相干解调。但是由于只有AM波的包络与调制信号成正比，而DSB和SSB波，它们的包络不直接反映调制信号的变化，所以包络检波只适用于AM波的解调。如图6-31所示为包络检波结构图。

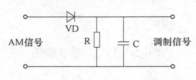

图6-31　包络检波结构图

（7）角度调制

角度调制是频率调制和相位调制的总称。频率调制简称调频（FM），就是用调制信号去控制高频载波的频率；相位调制简称调相（PM），就是用调制信号去控制高频载波的相位。这两种调制中，载波的幅度都保持恒定，而频率和相位的变化都表现为载波瞬时相位的变化。与幅度调制技术相比，角度调制最突出的优势是其具有较高的抗噪声性能。如图6-32所示为FM和PM的波形。

假设高频载波信号为

$$v_c(t) = V_{cm} \cos \omega_c t \tag{6-37}$$

调制信号为

$$v_\Omega(t) = V_{\Omega m} \cos \Omega t \tag{6-38}$$

调频定义为高频载波的瞬时频率，随着低频调制信号的变化而变化，则

$$\omega(t) = \omega_c + k_f v_\Omega(t) = \omega_c + k_f v_{\Omega m} \cos \Omega t = \omega_c + \Delta \omega_m \cos \Omega t \tag{6-39}$$

式中，$k_f$ 是由电路决定的常数。

调相定义为高频载波的瞬时相位，随着低频调制信号的变化而变化，则

$$\varphi(t) = \omega_c t + k_p v_\Omega(t) = \omega_c t + k_p v_{\Omega m} \cos \Omega t = \omega_c t + \Delta \varphi_m \cos \Omega t \tag{6-40}$$

式中，$\Delta \varphi_m = k_p V_{\Omega m}$ 称为最大相移，它仅与调制信号的幅度有关，与其频率无关。

调频波的相位变化规律为

$$\varphi(t) = \int \omega(t) \, dt = \int [\omega_c + k_f V_{\Omega m} \cos \Omega t] \, dt = \omega_c t + \frac{k_f V_{\Omega m}}{\Omega} \sin \Omega t \tag{6-41}$$

其中，调频波的相位变化与调制信号的积分成正比，最大相移为 $\Delta \varphi_m = \dfrac{\Delta \omega_m}{\Omega}$，它不仅

与调制信号的幅度有关，而且反比于调制信号的频率。因此，调频波的表达式为

$$v(t) = V_{cm} \cos \varphi(t) = V_{cm} \cos \left( \omega_c t + \frac{k_f V_{\Omega m}}{\Omega} \sin \Omega t \right) \tag{6-42}$$

定义最大相移为调频指数 $m_f$，即

$$m_f = \frac{\Delta \omega_m}{\Omega} \tag{6-43}$$

同理，调相波可以表示为

$$v(t) = V_{cm} \cos \varphi(t) = V_{cm} \cos (\omega_c t + k_p V_{\Omega m} \cos \Omega t) \tag{6-44}$$

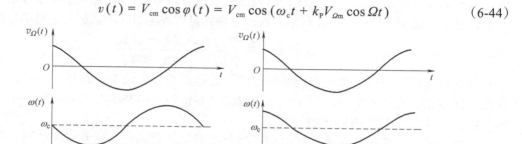

图6-32　FM和PM的波形

（8）调频信号的产生

1）直接调频法。用调制信号直接控制调制器的频率，使其频率跟随调制信号而变化。如图6-33a所示。

2）间接调频法。用调制信号的积分值去控制调相电路，使其输出相位与控制信号成正比，由于频率是相位的微分，因此输出信号的频率与调制信号成正比，从而实现了调频。如图6-33b所示。

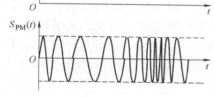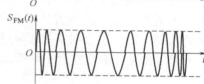

a) 直接调频法　　　　　　　　　　　　b) 间接调频法

图6-33　调频信号的产生方法

## 6.1.4　数据完整性与安全性

RFID系统是一个开放的无线系统，外界的各种干扰容易使数据传输产生错误，同时数据也容易被外界窃取，因此需要有相应的措施，使数据保持完整性和安全性。

**1. 数据完整性**

在RFID系统中，数据传输的完整性存在两个方面的问题：

1）外界的各种干扰可能使数据传输产生错误；

2）多个应答器同时占用信道使发送数据产生碰撞。

在读写器与电子标签的无线通信中，存在许多干扰因素，最主要的干扰因素是信道噪声和多卡操作。在RFID系统中，为防止各种干扰和电子标签之间数据的碰撞，经常采用差错控制和防碰撞算法来分别解决这两个问题。

差错控制是一种保证接收数据完整、准确的方法。在数字通信中，差错控制利用编码方法对传输中产生的差错进行控制，以提高数字消息传输的准确性。差错分为随机错误和突发错误。差错的衡量标准为误码率，误码率是衡量在规定时间内数据传输精确性的指标。

$$误码率 = \frac{接收出现差错的比特数}{总的发送的比特数} \tag{6-45}$$

差错控制编码可以分为检错码和纠错码。检错码是能自动发现差错的编码；纠错码不仅能发现差错，而且是能自动纠正差错的编码。差错控制的基本方式有反馈纠错（ARQ）、前向纠错（FEC）、混合纠错（HEC）。

反馈纠错发送端需要在得到接收端正确收到所发信息码元（通常以帧的形式发送）的确认信息后，才能认为发送成功。前向纠错接收端通过纠错解码自动纠正传输中出现的差错，所以该方法不需要重传。这种方法需要采用具有很强纠错能力的编码技术。其典型应用是数字电视的地面广播。混合纠错是ARQ和FEC的结合，设计思想是对出现的错误尽量纠正，纠正不了则需要通过重发来消除差错。如图6-34所示为差错控制基本方式。

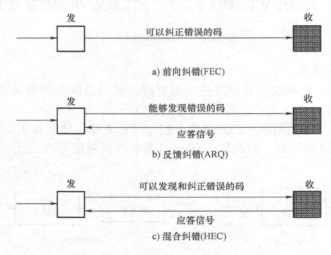

图6-34 差错控制基本方式

为了使信源代码具有检错和纠错的能力，应当按照一定的规则在信源编码的基础上增加一些冗余码元（又称为监督码元），使这些冗余码元与被传送信息码元之间建立一定的关系。在收信端，根据信息码元与监督码元的特定关系，可以实现检错或纠错。这是误码控制的基本原理。

信息码元又称为信息序列或信息位，这是发端由信源编码得到的被传送的信息数据比特，通常以$k$表示。监督码元又称为监督位或附加数据比特，这是为了检纠错码而在信道编码时加入的判断数据位，监督码元通常以$r$表示。检纠错码的分类如图6-35所示。

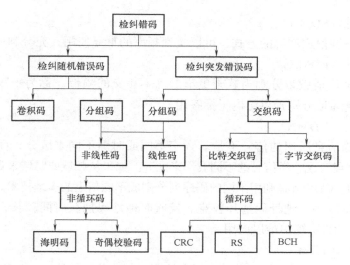

图6-35　检纠错码的分类

不同的编码建立在不同的数学模型基础上，具有不同的检错与纠错特性。编码效率越高，信道中用来传送信息码元的有效利用率就越高。编码效率的计算公式为

$$R = \frac{k}{n} = \frac{k}{k + r} \tag{6-46}$$

奇偶校验码无论信息位有多少，监督码元只有一位。在偶数监督码中，它使码组中"1"的数目为偶数。在奇数监督码中，它使码组中"1"的数目为奇数。

循环冗余校验（Cyclic Redundancy Check，CRC）是RFID常用的一种差错校验方法。循环码具有循环性，即循环码中任意一个码组循环一位（将最右端的码移至最左端）以后，仍为该码中的一个码组。

循环冗余校验具有较强的检错能力，硬件实现简单。任意一个由二进制位串组成的代码都可以和一个系数仅为0和1取值的多项式一一对应，即一个长度为n的代码可以表示为

$$T(X) = a_{n-1}x^{n-1} + a_{n-2}x^{n-2} + \cdots + a_1 x + a_0 \tag{6-47}$$

CRC码是基于多项式的编码技术。在计算CRC码时，发送方和接收方必须采用一个共同的生成多项式$g(x)$，$g(x)$的阶为$r$，$g(x)$的最高、最低系数必须为1。CRC编码过程是在检验字段挂在原信息多项式后一起发送，发送通过制定的$g(x)$产生CRC码字，接收方则通过该$g(x)$来验证收到的CRC码字。

CRC算法步骤为

1）将$k$位信息写成$k$-1阶多项式$M(X)$；

2）生成多项式$G(X)$的阶为$r$；

3）用模2除法计算$X^r M(X)/G(X)$，获得余数多项式$R(X)$；

4）用模2减法求得传送多项式$T(X)=X^r M(X)/G(X)-R(X)$，则$T(X)$多项式系数序列的前$k$位为信息位，后$r$位为校验位，总位数$n=k+r$。

在RFID系统应用中，因为多个超高频读写器和多个标签，造成的读写器或标签之间的相互干扰统称为碰撞。碰撞的类型主要分为标签碰撞和读写器碰撞。在无线通信技术中，一般通信碰撞有以下四种解决的方法：

（1）空分多址（SDMA）

空分多址是一种信道增容的方式，可以实现频率的重复使用，充分利用频率资源。

（2）频分多址（FDMA）

频分多址是把信道频带分割为若干更窄的互不相交的频带，称为子频带，系统把不同的载波频率的传输通道分别提供给电子标签用户。

（3）码分多址（CDMA）

不同用户传输信息所用的信号不是靠频率不同或时隙不同来区分，而是用各自不同的编码序列来区分，或者说，靠信号的不同波形来区分。如果从频域或时域来观察，多个CDMA信号是互相重叠的。CDMA是利用不同的码序列分割成不同信道的多址技术。CDMA的频带利用率低、信道容量较小、地址码选择较难、接收时地址码捕获时间较长，其通频带和技术的复杂性使其在RFID系统中难以应用。

（4）时分多址（TDMA）

TDMA是把时间分割成周期性的帧，每个帧再分割成若干时隙。在RFID系统中，TDMA是被广泛采用的多路方法。具体分为标签控制和阅读器控制，大多数RFID系统采用由阅读器作为主控制器的控制方法。

**2. 数据安全性**

随着RFID技术的广泛应用，其安全与隐私问题也日益突出。在读写器、电子标签和网络等各个环节，数据都存在安全隐患，安全与隐私问题已经成为制约RFID技术的主要因素之一。为防止某些试图欺骗RFID系统而进行的非授权访问，或防止追踪、窃取甚至恶意篡改电子标签的信息，必须采取措施保障数据的有效性和隐私性，从而使数据保持安全性。

在RFID系统中，数据信息可能受到人为和自然原因的威胁，数据的安全性主要用来保护信息不被非授权泄露和非授权破坏，确保数据信息在存储、处理和传输过程中的安全和有效使用。RFID标签数据的安全性主要是解决信息认证和数据加密的问题，以防止RFID系统非授权的访问，或企图跟踪、窃取甚至恶意篡改RFID电子标签信息的行为。

信息认证是指在RFID数据交易进行前，超高频读写器和RFID标签必须确认对方的身份，即双方在通信过程中首先应该相互检验对方的密钥，才能进行进一步的操作。数据加密是指经过身份认证的电子标签和RFID读写器，在数据传输前使用密钥和加密算法对数据明文进行处理，得到密文，然后在接收方使用解密密钥和解密算法将密文恢复成明文。

信息认证和数据加密的设置有效地实现了RFID标签数据的安全性，但同时其复杂的算法和流程也提高了RFID系统的成本。对于一些低成本标签，它们往往受成本严格的限制而难以实现上述复杂的密码机制，此时可以采用一些物理方法限制标签的功能，防止部分安全威胁。物理安全机制包括读写距离控制机制、主动干扰法、自毁机制、休眠机制和静电屏蔽法等。

在RFID读写器与电子标签的无线通信中，存在许多干扰因素，最主要的干扰因素是信道噪声和多卡操作，这些干扰会使传输的信号发生畸变，从而导致信号传输的错误。要提高数字传输系统的可靠性，就要采用数据校验（差错控制）编码，对可能或已经出现的错误进行控制。采用恰当的编码和访问控制技术，能显著提高数据传输的可靠性，从而使数据保持完整性。

# 6.2  机器视觉检测技术

## 6.2.1  概论

### 1. 机器视觉的定义

美国制造工程协会（American Society of Manufacturing Engineers，ASME）的机器视觉分会和美国机器人工业协会（Robotic Industries Association，RIA）的自动化视觉分会对机器视觉的定义为："机器视觉（Machine Vision，MV）是通过光学的装置和非接触的传感器自动地接受和处理一个真实物体的图像，通过分析图像获得所需信息或用于控制机器运动的装置"。简单地说，机器视觉是指基于视觉技术的机器系统或学科，故从广义角度来说，机器人、图像系统、基于视觉的工业测控设备等统属于机器视觉范畴。从狭义角度来说，机器视觉更多地指基于视觉的工业测控系统设备。机器视觉系统的特点是提高生产的产品质量和生产线的自动化程度。尤其是在一些不适合于人工作业的危险工作环境或人眼难以满足要求的场合，常用机器视觉来替代人工视觉；同时在大批量工业生产过程中，用人工视觉检查产品质量效率低且精度不高，用机器视觉检测方法可以大大提高生产效率和生产的自动化程度。而且机器视觉易于实现信息集成，是实现计算机集成制造的基础技术。机器视觉系统的功能是通过机器视觉产品（即图像摄取装置）抓拍图像，然后将该图像传送至处理单元，通过数字化处理，根据像素分布和亮度、颜色等信息，来进行尺寸、形状、颜色等的判别，进而根据判别的结果来控制现场的设备动作。

随着信息技术及现场总线技术的发展，机器视觉已成为现代加工制造业不可或缺的工具，广泛应用于食品和饮料、化妆品、制药、建材和化工、金属加工、电子制造包装、汽车制造等行业。机器视觉的引入，代替传统的人工检测方法，极大地提高了产品质量和生产效率。

### 2. 机器视觉系统的一般工作过程

一个完整的机器视觉系统的主要工作过程如下：

1）工件定位传感器探测到物体已经运动至接近摄像系统的视野中心，向图像采集单元发送触发脉冲；

2）图像采集单元按照事先设定的程序和延时，分别向摄像机和照明系统发出触发脉冲；

3）摄像机停止目前的扫描，重新开始新的一帧扫描，或者摄像机在触发脉冲来到之前处于等待状态，触发脉冲到来后启动一帧扫描；

4）摄像机开始新的一帧扫描之前打开电子快门，曝光时间可以事先设定；

5）另一个触发脉冲打开灯光照明，灯光的开启时间应该与摄像机的曝光时间匹配；

6）摄像机曝光后，正式开始一帧图像的扫描和输出；

7）图像采集单元接收模拟视频信号通过 A/D 转换器将其数字化，或者是直接接收摄像机数字化后的数字视频数据；

8）图像采集单元将数字图像存放在处理器或计算机的内存中；

9）处理器对图像进行处理、分析、识别，获得测量结果或逻辑控制值；

10）处理结果控制生产流水线的动作，进行定位、纠正运动的误差等。

从上述的工作流程可以看出，机器视觉系统是一种相对复杂的系统。大多监控对象都是运动物体，系统与运动物体的匹配和协调动作尤为重要，所以给系统各部分的动作时间和处理速度带来了严格的要求。在某些应用领域，例如机器人、飞行物体制导等，对整个系统或者系统的一部分重量、体积和功耗都会有严格的要求。如图6-36所示为典型机器视觉系统。

尽管机器视觉应用各异，但一般都包括以下几个过程：

1）图像采集。光学系统采集图像，图像转换成数字格式并传入计算机存储器。

2）图像处理。处理器运用不同的算法来提高对检测有重要影响的图像像素。

3）特征提取。处理器识别并量化图像的关键特征，例如位置、数量、面积等。然后这些数据传送到控制程序。

4）判决和控制。处理器的控制程序根据接收到的数据做出结论。例如：位置是否合乎规格，或者执行机构如何移动去拾取某个部件。

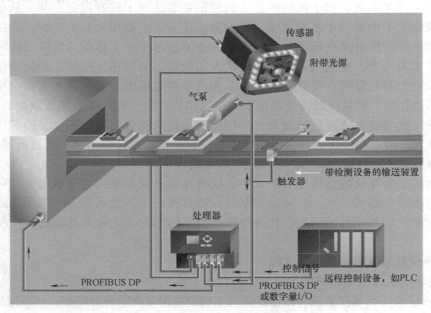

图6-36 典型机器视觉系统

### 3. 机器视觉系统的特点

机器视觉系统的特点如下：

1）非接触测量。对于观测者与被观测者的脆弱部件都不会产生任何损伤，从而提高系统的可靠性。在一些不适合人工操作的危险工作环境或人工视觉难以满足要求的场合，常用机器视觉来替代人工视觉。

2）具有较宽的光谱响应范围。例如使用人眼看不见的红外线测量，扩展了人眼的视觉范围。

3）连续性。机器视觉能够长时间稳定工作，使人们免除疲劳之苦。人类难以长时间对同一对象进行观察，而机器视觉则可以长时间地作测量、分析和识别任务。

4）成本较低，效率很高。随着计算机处理器价格的急剧下降，机器视觉系统的性价比也变得越来越高。而且，视觉系统的操作和维护费用非常低。在大批量工业生产过程中，用人工视觉检查产品质量效率低且精度不高，用机器视觉检测方法可以大大提高生产效率和生产的自动化程度。

5）机器视觉易于实现信息集成，是实现计算机集成制造的基础技术。正是由于机器视觉系统可以快速获取大量信息，而且易于自动处理，也易于同设计信息以及加工控制信息集成。因此，在现代自动化生产过程中，人们将机器视觉系统广泛地用于工况监视、成品检验和质量控制等领域。

6）精度高。人眼在连续目测产品时，能发现的最小瑕疵为0.3mm，而机器视觉的检测精度可达到0.001in（1in=25.4mm）。

7）灵活性。视觉系统能够进行各种不同的测量。当应用对象发生变化以后，只需软件做相应的变化或者升级以适应新的需求即可。

机器视觉系统比光学或机器传感器有更好的可适应性。它们使自动机器具有了多样性、灵活性和可重组性。当需要改变生产过程时，对机器视觉来说"工具更换"仅仅是软件的变换而不是更换昂贵的硬件。当生产线重组后，视觉系统往往可以重复使用。

**4. 机器视觉系统的发展趋势**

机器视觉是实现工业自动化和智能化的必要手段，相当于人类视觉在机器上的延伸。机器视觉具有高度自动化、高效率、高精度和适应较差环境等优点，将在工业自动化的实现过程中产生重要的作用。

视觉图像技术需要重点构建四大核心能力：

1）智能识别。海量信息快速收敛，从大量信息中找到关键特征，准确度和可靠度是关键。

2）智能测量。测量是工业的基础，要求具有精准度。

3）智能检测。在测量的基础上，综合分析判断多信息多指标，关键点上是基于复杂逻辑的智能化判断。

4）智能互联。图像的海量数据在多节点采集互联，同时将人员、设备、生产物资、环境、工艺等数据互联，衍生出深度学习、智能优化、智能预测等创新能力，真正展示出工业4.0的威力。

随着机器视觉技术及其相关技术的不断提升，机器人与正常人之间的视觉能力差距在不断缩小，视觉技术的成熟和发展会使其在制造企业中得到越来越广泛的应用。未来，机器视觉技术将主要呈现以下三大趋势：

1）嵌入式的机器视觉系统将成为发展趋势。嵌入式视觉系统是将先进的计算机技术、半导体技术、电子技术和各个行业的具体应用相结合后的产物。嵌入式系统可以进行实时视觉图像采集、视觉图像处理控制，具有结构紧凑、成本低、功耗低的特点，且绝大多数都采用C语言进行开发，开发效率高、周期短，产品可靠性高、易于维护和升级。

2）机器视觉系统与其他传感技术相融合。与单传感器相比，多传感器技术在探测、跟踪和目标识别方面能够提高系统的可靠性和健壮性、增强数据的可信度、提高精度、增加系统的实时性。机器视觉系统易于向多传感器信息融合技术拓展，解决单一视觉系统的局限性。

3）机器视觉的发展有数字化、智能化和实时化的趋势。机器视觉的数字图像处理、LED光源控制器和目标识别等方面都需要数字化；在智能专用装备领域，机器视觉在智能

化大型施工机械和农业机械方面的应用都在稳步发展；而流水线对机器视觉的实时性要求都很高。

在国际机器视觉行业市场上，国际市场早已发展成熟，行业进入成熟期。随着微处理器、半导体技术的进步，以及劳动力成本上升和高质量产品的需求，国外机器视觉已进入高速发展期，广泛运用于工业控制领域。

**5. 机器视觉系统的应用**

由于机器视觉可以快速获取大量信息，而且易于自动处理，人们逐渐将机器视觉系统广泛地用于天文行业、医药行业、交通航海行业以及军事行业领域等。在国外，机器视觉的应用相当普及，主要集中在电子、汽车、冶金、食品饮料、零配件装配及制造等行业。机器视觉系统在质量检测的各个方面已经得到广泛的应用。

机器视觉在工业中的应用有以下几个方面：

1）引导和定位。视觉定位要求机器视觉系统能够快速准确地找到被测零件并确认其位置，上下料使用机器视觉来定位，引导机械手臂准确抓取。在半导体封装领域，设备需要根据机器视觉取得的芯片位置信息调整拾取头，准确拾取芯片并进行绑定，这就是视觉定位在机器视觉工业领域最基本的应用。

2）外观检测。检测生产线上产品有无质量问题，该环节也是取代人工最多的环节。机器视觉涉及的医药领域，其主要检测包括尺寸检测、瓶身外观缺陷检测、瓶肩部缺陷检测、瓶口检测等。

3）高精度检测。有些产品的精密度较高，达到 0.01～0.02mm 甚至 μm，人眼无法检测，必须使用机器完成。

4）识别。利用机器视觉对图像进行处理、分析和理解，以识别各种不同模式的目标和对象。可以达到数据的追溯和采集，在汽车零部件、食品、药品等领域应用较多。

概括地说，机器视觉系统的特点是提高生产的柔性和自动化程度，主要在一些不适合于人工作业的危险工作环境或人工视觉难以满足要求的场合，常用机器视觉来替代人工视觉。同时在大批量工业生产过程中，用人工视觉检查产品质量效率低且精度不高，用机器视觉检测方法可以大大提高生产效率和生产的自动化程度。

## 6.2.2  机器视觉系统的构成

典型的机器视觉系统一般包括：光源、镜头、相机、图像处理单元（或图像采集卡）、图像处理软件、监视器、通信/输入输出单元等。下面对它们的一些相关知识进行详细的介绍。

**1. 光源**

机器视觉系统的核心是图像采集和处理。所有信息均来源于图像之中，图像本身的质量对整个视觉系统极为关键。而光源则是影响机器视觉系统图像质量的重要因素，光源对输入数据的影响至少占到30%。

选择机器视觉光源时应主要考虑亮度、源均匀性、光谱特性、寿命特性、对比度等特性。在机器视觉系统中，通过适当的光源照明设计，使图像中的目标信息与背景信息得到最佳分离，可以大大降低图像处理算法分割、识别的难度，同时提高系统的定位、测量精度，使系统的可靠性和综合性能得到提高；反之，如果光源设计不当，会导致在图像处理算法设计和成像系统设计中事倍功半。因此，光源及光学系统设计的成败是决定系统成败的首要因素。在机器视觉系统中，光源的作用至少有以下几种：

1）可以照亮目标，提高目标亮度；

2）形成最有利于图像处理的成像效果；

3）克服环境光干扰，保证图像的稳定性；

4）用作测量的工具或参照。

通常，光源可以定义为能够产生光辐射的辐射源。光源一般可分为自然光源和人工光源。自然光源，如天体（地球、太阳、星体）、大气；人工光源是人为将各种形式的能量（热能、电能、化学能）转化成光辐射的器件，其中利用电能产生光辐射的器件称为电光源，根据光源的发光机理不同，可以分为高频荧光灯、卤素灯（光纤光源）、发光二极管（LED）光源、气体放电灯、激光二极管（LD）。

根据图像的期望效果，还需选择光源的入射角度，如高角度照射、低角度照射、多角度照射、背光照射、同轴光照射。考虑选择光源颜色与背景颜色，使用与被测物同色系的光会使图像变亮，使用与被测物相反色系的光会使图像变暗。考虑光源形状和尺寸，主要分为圆形、方形和条形，要求保障整个视野内光线均匀，略大于视野为佳。考虑是否使用漫射光源，如被测物体表面反光，最好选用漫射光源。

**2. 镜头**

相机的镜头类似于人眼的晶状体。如果没有晶状体，人眼看不到任何物体；如果没有镜头，相机无法输出清晰的图像。在机器视觉系统中，镜头的主要作用是将成像目标聚焦在图像传感器的光敏面上。镜头对成像质量有着关键性的作用，它对成像质量的几个最主要指标都有影响，包括分辨率、对比度、景深及各种像差。

镜头种类繁多，一般情况下，机器视觉系统中的镜头通常根据有效像场的大小、焦距的大小、光圈的类型、镜头接口的类型以及特殊用途来划分。

机器视觉中的镜头一般由一组透镜和光阑组成。透镜是进行光束变换的基本单位，有塑胶透镜和玻璃透镜两种。透镜一般分为凸透镜和凹透镜。其中，凸透镜对光线有汇聚作用，也称为汇聚透镜或者正透镜；凹透镜对光线有发散作用，也称为发散透镜或者负透镜。由于正、负透镜具有相反的作用（如像差或者色散等），所以在透镜设计中常常将二者配合使用，以校正像差和其他各类失真。由于变焦镜头既要使镜头的焦距在较大范围内可调，又要保证能将成像目标聚焦在图像传感器的光敏面上，因而变焦镜头一般由多组正、负透镜组成。

光学系统中，只用光学零件的金属框内孔来限制光束有时是不够的，有许多光学系统还设置一些带孔的金属薄片，称为光阑。光阑的通光孔通常呈圆形，其中心轴在镜头的中心轴上。光阑的作用就是约束进入镜头的光束成分，使有益的光束进入镜头成像，而有害的光束不能进入镜头。根据光阑设置的目的不同，光阑又可以进一步细分为孔径光阑、视场光阑和消杂光光阑。

合适的镜头选择对于机器视觉能否发挥应有的作用是非常重要的。镜头的选择过程，是将镜头各项参数逐步明确化的过程。作为成像器件，镜头通常与光源、相机一起构成一个完整的图像采集系统，因此镜头的选择受到整个系统要求的制约。一般可以按以下四个方面进行分析考虑：可以检测物体类别和特性；景深或者焦距；加载和检测距离；运行环境。

分析这四个因素，可以针对具体应用确定合适的镜头选择。

（1）波长、变焦与否

镜头的工作波长和是否需要变焦是比较容易先确定下来的，成像过程中如果需要改变放大的倍率，可以采用变焦镜头，否则采用定焦镜头。

（2）特殊要求优先考虑

结合实际的应用特点，可能会有特殊的要求，应该先予明确下来。例如是否有测量功能，是否需要使用远心镜头，成像的景深是否很大等。景深往往不被重视，但是它却是任何成像系统都必须考虑的。

景深是指由探测器移动引起的可以接受的模糊范围。光学系统的性能取决于允许的图像模糊程度，模糊可能源于物体平面或者图像平面的位置漂移。景深效果（DOF）是指由于物体移动导致的模糊。DOF是完全在焦距范围内最大的物体深度，它也是保持理想对焦状态下物体允许的移动量（从最佳焦距前后移动）。当物体的放置位置比工作距离近或者远的时候，它就位于焦外了，这样解析度和对比度都会受到不好的影响。出于这个原因，DOF同指定的分辨率和对比度相配合。当景深一定的情况下，DOF可以通过缩小镜头孔径来变大，同时也需要将光线增强。

（3）工作距离、焦距

工作距离和焦距往往结合起来考虑。一般地，可以采用这个思路：先明确系统的分辨率，结合电荷耦合器件（Charge Coupled Device，CCD）像素尺寸就能知道放大倍率，再结合空间结构约束就能知道大概的物像距离，进一步估算镜头的焦距。所以镜头的焦距是和镜头的工作距离、系统分辨率及CCD像素尺寸相关的。

（4）像面大小和像质

所选镜头的像面大小要与相机感光面大小兼容遵循"大的兼容小的"原则，相机感光面不能超出镜头标示的像面尺寸，否则边缘视场的像质不保。在测量应用中，尤其应该重视畸变。

（5）光圈和接口

镜头的光圈主要影响像面的亮度。但是现在的机器视觉系统中，最终的图像亮度是由很多因素共同决定的：如光圈、相机增益、积分时间、光源等。所以，为了获得必要的图像亮度，有比较多的环节供调整。镜头的接口指它与相机的连接接口，它们两者需匹配，不能直接匹配就需考虑转接。

（6）成本和技术成熟度

如果以上因素考虑完之后有多项方案都能满足要求，则可以考虑成本和技术成熟度，进行权衡择优选取。

**3. 相机**

相机作为机器视觉系统的核心部件，根据功能和应用领域可分为工业相机、可变焦工业相机和OEM（Original Equipment/Entrusted Manufacture）工业相机。

感光芯片是相机的核心部件，目前相机常用的感光芯片有CCD芯片和CMOS芯片两种。因此工业相机也可分为如下两类。

1）CCD相机。CCD是一种半导体器件，能够把光学影像转化为数字信号。CCD上植入的微小光敏物质称作像素。一块CCD上包含的像素数越多，其提供的画面分辨率也就越高。

2）CMOS相机。CMOS是Complementary Metal-Oxide-Semiconductor-Transistor（互补

金属氧化物半导体）的缩写，CMOS实际上是将晶体管放在硅块上的技术。

CCD与CMOS的主要差异在于将光转换为电信号的方式。对于CCD传感器，光照射到像元上，像元产生电荷，电荷通过少量的输出电极传输并转化为电流、缓冲、信号输出。对于CMOS传感器，每个像元自己完成电荷到电压的转换，同时产生数字信号。如图6-37所示为线阵CCD扫描测量原理。

按输出图像格式可分为如下两类：

1）模拟相机。模拟相机所输出的信号形式为标准的模拟量视频信号，需要配专用的图像采集卡才能转化为计算机可以处理的数字信息。模拟相机一般用于电视摄像和监控领域，具有通用性好、成本低的特点，但一般分辨率较低、采集速度慢，而且在图像传输中容易受到噪声干扰，导致图像质量下降，所以只能用于对图像质量要求不高的机器视觉系统。

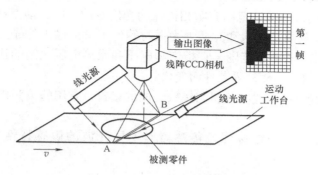

图6-37　线阵CCD扫描测量原理

2）数字相机。数字相机是在内部集成了A/D转换电路，可以直接将模拟量的图像信号转化为数字信息，不仅有效避免了图像传输线路中的干扰问题，而且由于摆脱了标准视频信号格式的制约，对外的信号输出使用更加高速和灵活的数字信号传输协议，可以做成各种分辨率的形式。

相机不仅可以根据传感器技术进行区分，还可以根据传感器架构进行区分。有两种主要的传感器架构：面扫描和线扫描。

1）面扫描。面扫描相机通常用于输出直接在监视器上显示的场合；场景包含在传感器分辨率内；运动物体用频闪照明；图像用一个事件触发采集（或条件的组合），线扫描相机用于连续运动物体成像或需要连续的高分辨率成像的场合。

2）线扫描。线扫描相机的应用之一是卷材检测中要对连续产品进行成像，比如纺织、纸张、玻璃、钢板等。同时，线扫描相机同样适用于电子行业的非静止画面检测。

选择合适的相机也是机器视觉系统设计中的重要环节，相机不仅直接决定所采集到的图像分辨率、图像质量等，同时也与整个系统的运行模式相关。而选择合适的相机就需要深入了解相机的特性参数，进而选择能满足需求的相机。通常来说，相机的主要特性参数有：

1）分辨率。分辨率是相机最为重要的性能参数之一，主要用于衡量相机对物象中明暗细节的分辨能力。

2）最大帧率/行频。相机采集传输图像的速率，对于面阵相机一般为每秒采集的帧数，对于线阵相机为每秒采集的行数。

3）曝光方式和快门速度。对于线阵相机都是逐行曝光的方式，可以选择固定行频和外触发同步的采集方式，曝光时间可以与行周期一致，也可以设定一个固定的时间；面阵相机有帧曝光、场曝光和滚动行曝光等几种常见方式，数字相机一般都提供外触发采图的功能。快门速度一般可达到10μs，高速相机还可以更快。

4）像素深度。即每一个像素数据的位数，一般常用的是8bit，对于数字相机一般还会有10bit、12bit等。

5）固定图像噪声。固定图像噪声是指不随像素点的空间坐标改变的噪声，其中主要是暗电流噪声。暗电流噪声是由于光电二极管的转移栅的不一致性而产生不一致的电流偏置，从而引起噪声。由于固定图像噪声对每幅图像都是一样的，可采用非均匀性校正电路或采用软件方法进行校正。

6）动态范围。相机的动态范围表明相机探测光信号的范围，动态范围可用两种方法界定，一种是光学动态范围，指饱和时最大光强与等价于噪声输出的光强度的比值，由芯片特性决定；另一种是电子动态范围，它指饱和电压和噪声电压之间的比值。对于固定相机其动态范围是一个定值，不随外界条件而变化。

7）光学接口。光学接口是指相机与镜头之间的接口，常用的镜头接口有C口、CS口和F口。

8）光谱回应特性。是指该像元传感器对不同光波的敏感特性，一般响应范围是350～1000nm。

**4. 图像采集卡**

图像采集卡又称为图像卡，它将摄像机的图像视频信号，以帧为单位，送到计算机的内存和VGA帧存，供计算机处理、存储、显示和传输等使用。在机器视觉系统中，图像采集卡采集到的图像，供处理器做出工件是否合格、运动物体的运动偏差量、缺陷所在的位置等处理。图像采集卡是机器视觉系统的重要组成部分，如图6-38所示。图像经过采样、量化以后转换为数字图像并输入、存储到帧存储器的过程，就叫作采集、数字化。由于图像视频信号所带有的信息量非常大，所以图像无论是采集、传输、转换还是存储，都要求够高的图像信号传输速度，通用的传输接口不能满足要求，因此需要图像采集卡。

图6-38　图像采集卡

图像采集卡种类繁多，可以按照多种方式进行分类。根据系统中相机的类型，图像采集卡也相应地分为彩色图像采集卡和黑白图像采集卡。但是，彩色图像采集卡也可以采集同灰度级别的黑白图像，黑白图像采集卡却不可以用于彩色图像的采集。模拟图像采集卡需要经过A/D转换模块把模拟信号转换为数字信号后进行传输，在一定程度上会影响图像的质量，而数字图像采集卡只是把数字相机采集好的图像数据进行传输处理，对图像不会造成影响。模拟采集卡和模拟相机一般用于电视摄像和监控领域，具有通用性好、成本低的特点，但一般分辨率较低、采集速度慢，而且在图像传输中容易受到噪声的干扰，导致图像质量下降，只用于对图像质量要求不高的视觉系统与数字摄像机配套使用的图像采集卡。与面阵相机配套的采集卡是面阵图像采集卡，其一般不支持线阵相机。配合线阵相机使用的是线阵图像采集卡。支持线阵相机的图像采集卡往往也支持面阵相机。按照图像采集卡的用途，还可将其分为广播级图像采集卡、专业级图像采集卡和民用级图像采集卡。

**5. 图像数据传输方式**

（1）模拟传输方式

如图6-39所示，首先，相机得到图像的数字信号，再通过模拟方式传输给采集卡，而采集卡再经过A/D转换得到离散的数字图像信息。RS-170（美国）与CCIR（欧洲）是目前模拟传输的两种串口标准。模拟传输目前存在两大问题：信号干扰大和传输速度受限。因此，目前机器视觉信号传输正朝着数字化的传输方向发展。

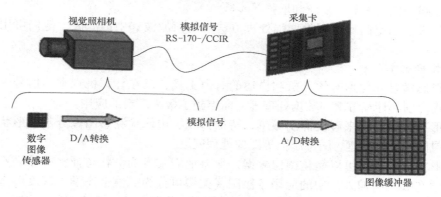

图6-39　模拟传输方式

（2）数字化传输方式

数字化传输方式是将图像采集卡集成到相机上。由相机得到的模拟信号先经过图像采集卡转化为数字信号，然后再进行传输，如图6-40所示。

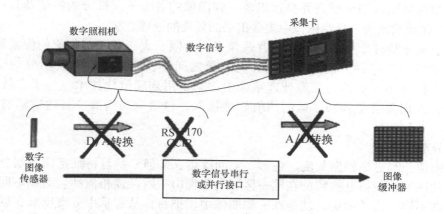

图6-40　数字化传输方式

## 6.2.3　机器视觉的核心算法

### 1. 图像预处理

由于噪声、光照等外界环境或设备本身的原因，通常所获取的原始数字图像质量并不是非常高，因此在对图像进行边缘检测、图像分割等操作之前，一般都需要对原始数字图像进行增强处理。图像增强主要有两个方面的应用，一方面是改善图像的视觉效果，另一方面也能提高边缘检测或图像分割的质量，突出图像的特征，便于计算机更有效地对图像进行识别和分析。

图像增强是数字图像处理技术中最基本的内容之一，也是图像预处理的方法之一，图像预处理是相对于图像识别、图像理解而言的一种前期处理。图像预处理的主要目的是消除图像中无关的信息，恢复有用的真实信息，增强有关信息的可检测性和最大限度地简化数据，从而改进特征抽取、图像分割、匹配和识别的可靠性。预处理过程一般有数字化、几何变换、归一化、平滑、复原和增强等步骤。

具有代表性的空间域的图像增强处理方法有均值滤波和中值滤波，他们可用于去除或减弱噪声。

### 2. 数学形态学

数学形态学是几何形态学分析和描述的有力工具，已在计算机视觉、信号处理与图像分析、模式识别、计算方法与数据处理等方面得到了极为广泛的应用。

数学形态学可以用来解决抑制噪声、特征提取、边缘检测、图像分割、形状识别、纹理分析、图像恢复与重建、图像压缩等图像处理问题。

数学形态学的应用可以简化图像数据，保持他们基本的形状特征，并除去不相干的结构。形态学在数字图像处理中的应用按照图像类型可分为二值形态学、灰度形态学和模糊形态学等，其中作为基础的是二值形态学。数学形态学的基本运算有4个：膨胀、腐蚀、开运算和闭运算。它们在二值图像中和灰度图像中各有特点。基于这些基本运算还可以推导和组合成各种数学形态学实用算法。

### 3. 阈值分割

前面介绍的图像增强是对整幅图像的质量进行改善，是输入输出均为图像的处理方法，而图像分割则是更详细地研究并描述组成一幅图像的各个不同部分的特征及其相互关系，是输入为图像而输出为从这些图像中提取出来的属性的处理方法。

阈值是在分割时作为区分物体与背景像素的门限，大于或等于阈值的像素属于物体，而其他属于背景。这种方法对于在物体与背景之间存在明显差别的景物分割十分有效。实际上，在任何实际应用的图像处理系统中，都要用到阈值化技术。为了有效地分割物体与背景，人们发展了各种各样的阈值处理技术，包括全局阈值、自适应阈值、最佳阈值等。

图像分割

所谓图像分割是指根据灰度、色彩、空间纹理、几何形状等特征把图像划分成若干个互不相交的区域，使得这些特征在同一区域内表现出一致性或相似性，而在不同区域间表现出明显的不同。简单地讲，就是在一幅图像中，把目标从背景中分离出来，以便于进一步处理。

阈值法是一种传统的图像分割方法，已被应用于很多领域。图像分割常用的有以下五种方法。

（1）对图像特征、空间做分类的方法

1）颜色特征。颜色特征是一种全局特征，描述了图像或图像区域所对应的景物的表面性质。

2）纹理特征。纹理特征也是一种全局特征，它也描述了图像或图像区域所对应景物的表面性质，但由于纹理只是一种物体表面的特性并不能完全反映出物体的本质属性，所以仅仅利用纹理特征是无法获得高层次图像内容的。

3）形状特征。各种基于形状特征的检索方法都可以比较有效地利用图像中感兴趣的目标来进行检索。

4）空间关系特征。所谓空间关系，是指图像中分割出来的多个目标之间的相互的空间位置或相对方向关系，这些关系也可分为邻接关系、重叠关系和包容关系等。空间关系特征的使用可加强对图像内容的描述区分能力。

（2）基于区域的方法

1）区域生长分割法。所谓区域生长是指将成组的像素或区域发展成更大区域的过程。从种子点的集合开始，这些点的区域增长是通过将与每个种子点有相似属性如强度、灰度级、纹理颜色等的相邻像素合并到此区域。它是一个迭代的过程，这里每个种子像素点都迭代生长，直到处理过每个像素，因此形成了不同的区域，这些区域的边界通过闭合的多边形定义。

2）分裂合并法。基本思想是从整幅图像开始通过不断分裂合并来得到各个区域。分裂合并法的关键是分裂合并准则的设计，这种算法对复杂图像的分割效果较好，但算法复杂、计算量大，分裂可能破坏区域的边界。

3）分水岭分割法。是一种基于拓扑理论的数学形态学的分割方法，其基本思想是把图像看作是测地学上的拓扑地貌，图像中每一点像素的灰度值表示该点的海拔高度，每一个局部极小值及其影响区域称为集水盆，而集水盆的边界则形成分水岭。

（3）基于边缘的方法

图像的边缘是指图像局部区域亮度变化显著的部分，该区域的灰度剖面一般可以看作一个阶跃，即从一个灰度值在很小的缓冲区域内急剧变化到另一个灰度相差较大的灰度值。图像的边缘部分集中了图像的大部分信息，图像边缘的确定与提取对于整个图像场景的识别与理解是非常重要的，同时也是图像分割所依赖的重要特征。边缘检测主要是图像的灰度变化的度量、检测和定位。边缘检测的基本思想是先利用边缘增强算子，突出图像中的局部边缘，然后定义像素的"边缘强度"，通过设置阈值的方法提取边缘点集。

（4）基于函数优化的方法（贝叶斯算法-Bayesian）

英国数学家贝叶斯，在数学方面主要研究概率论。他首先将归纳推理法用于概率论基础理论，并创立了贝叶斯统计理论，对统计决策函数、统计推断、统计估算等做出了贡献。贝叶斯决策理论方法是统计模式识别中的一个基本方法。贝叶斯决策判据既考虑了各类参考总体出现的概率大小，又考虑了因误判造成的损失大小，判别能力强。

（5）综合考虑边缘和区域信息的混合分割方法

这类方法既可以很好地提取出图像中目标的边缘，又可以使得算法的计算相对简单，对于均匀的连通目标有较好的分割效果。

## 6.2.4 机器视觉的工程应用

快速实时视觉检测系统设计

**1. 基本设计参数**

一个机器视觉应用项目在总体设计初期，要考虑如何选择摄像机的类型、计算摄像机的视场、计算分辨率、计算线扫描速度、计算数据处理量、评估硬件处理的可能性、选择摄像机型号、选择镜头、选择光照技术、选择采集卡、设计图像处理算法等。

（1）选择摄像机的类型

摄像机的类型包括线阵相机（一维线扫描方式）、面阵相机（二维面扫描方式）以及三维摄像技术。根据项目的具体要求，从成本或性价比的角度考虑，一般优先选择面阵相机；而线阵相机的适用范围一般包括一维位置测量移动的卷筒物（如纸）、大量传送的零件、圆柱体外围成像、离散部件的高分辨率成像，相机可以根据位置关系与被测物发生相对移动。

（2）计算摄像机的视场

被测物体进入摄像机的视场才能获得完整的图像，在设计过程中要选择相机在何处采像、零件上要拍摄的部位、零件上会引起视觉混乱的部位（例如内孔、折弯）、零件安装的部位及位置变化量，以及可能会限制相机安装的设备。

计算视场 $FOV$ 的公式为

$$FOV = (D_P + L_V)(1 + P_a) \tag{6-48}$$

式中，$FOV$ 为某方向上的视场大小（包括水平方向和垂直方向）；$D_P$ 为视场方向零件的最大尺寸；$L_V$ 为零件位置和角度的最大变化量；$P_a$ 为相机对准系数，通常为0.1。

（3）计算分辨率

科学地计算分辨率，可获得有效的检测精度和合理的成本，分辨率包括图像分辨率、空间分辨率、特征分辨率、测量分辨率和像素分辨率五个概念。

1）图像分辨率 $R$。图像分辨率是图像行和列的数目，由相机和采集卡决定，普通灰度面阵相机的图像分辨率一般有 640×480 和 1000×1000，线阵相机的图像分辨率特指横向像素的个数，常见的有 1024、2048、4096，最大可到 8000 甚至更高。一般的选择原则是：选择相机的图像分辨率和采集卡的图像分辨率中的较低者。

2）空间分辨率 $R_s$。空间分辨率是指像素中心映射到场景上的间距，如 0.04cm/像素。对给定图像分辨率，空间分辨率取决于视场尺寸、镜头放大倍率等因素。

3）特征分辨率 $R$。特征分辨率是指能被视觉系统可靠采集到的物体最小特征的尺寸。

4）测量分辨率 $R_m$。测量分辨率是指目标尺寸或位置可以被检测到的最小变化。测量误差通常来自系统误差和偶然误差。偶然误差是不可预测、不可修正的，影响测量的准确性和可重复性；系统误差不影响测量的可重复性，可以通过校正技术修正。

5）像素分辨率 $M_1$。像素分辨率是指像素的灰度或彩色等级，通常由采集卡或相机的D/A转换得到。

计算分辨率的公式如下

$$R_i = FOV/R_s \tag{6-49}$$

$$R_s = ROV/R_i \tag{6-50}$$

$$R_m = R_s \times M_P \tag{6-51}$$

$$R_s = R_m / M_P \tag{6-52}$$

$$R_f = R_s \times F_P \tag{6-53}$$

式中，$M_P$ 为测量分辨率的像素表示；$F_P$ 为最小特征的像素点数。

（4）计算线扫描速度

线扫描速度是专门针对线阵相机而言的，线扫描速度的计算公式为

$$T_s = R_s / S_P \tag{6-54}$$

式中，$T_s$ 为相机扫描速度（扫描次数/s）；$R_s$ 为空间分辨率；$S_P$ 为零件经过相机的速度。

（5）计算数据处理量

数据处理量是指计算机每秒处理的像素个数，该值用来评估计算机的处理能力：

$$R_P = R_i(水平) \times R_i(垂直) / T_i \tag{6-55}$$

式中，$R_i$ 为图像分辨率；$T_i$ 为相邻图像采集的最短时间（对线阵相机而言，$T_i = T_s$）。

当数据处理量<1千万像素/s时，可选用一般PC机进行图像处理；

当数据处理量>1亿像素/s时，可选专用图像处理计算机或者带图像处理功能的采集卡，或者选用带嵌入式处理器的相机。

**2. 设计图像处理算法的步骤**

图像处理算法的设计主要分两个步骤，即图像简化和图像解释。

图像简化是通过对原始图像进行预处理和图像分割，来突出特征、消除背景。

图像解释是提取被测物体的特征，包括统计特征或几何特征，并根据预设的判据输出决策。统计特征包括如平均灰度或像素和等统计信息，具有鲁棒性但精确性不高；而几何特征比较精确，但容易被杂质干扰；决策技术有基于统计的，如线性分类，用于零件分类或光学字符识别（Optical Character Recognition，OCR）；也有基于决策树的，用于精确测量的应用场合。

实际应用中，图像简化的耗时是最大的，通常占80%左右的处理时间，因此多数情况下，应尽可能设计合适的光照和仪器以获得高质量的图像，即高对比度和低噪声的图像，减少预处理的工作量。设计拍摄对象进入相机的方式，也可以减少分割的工作。分割和预处理都是非常耗时的，尤其是对象重叠或接触，基于形状的分割技术可以提高分割的可靠性，但计算量大大增加。

# 6.3　无损缺陷检测技术

## 6.3.1　概论

### 1. 无损检测技术的概念

无损检测（Non-destructive Testing，NDT）技术就是利用声、光、磁和电等特性，在不损害或不影响被检对象使用性能的前提下，检测被检对象中是否存在缺陷或不均匀性，给出缺陷的大小、位置、性质和数量等信息，进而判定被检对象所处技术状态（如合格与否、剩余寿命等）的所有技术手段的总称。与破坏性检测相比，无损检测技术具有的显著特点包括非破坏性、全面性、全程性、可靠性问题。

无损检测技术分为常规无损检测技术和非常规无损检测技术。常规无损检测技术有超声波检测（Ultrasonic Testing，UT）、射线检测（Radiographic Testing，RT）、磁粉检测（Magnetic particle Testing，MT）、渗透检测（Penetrant Testing，PT）、涡流检测（Eddy current Testing，ET）等。非常规无损检测技术有声发射（Acoustic Emission，AE）、红外线检测（Infrared Radiation，IR）、激光全息检测（Holographic Nondestructive Testing，HNT）等。

**2. 无损检测技术的应用特点**

（1）不损坏试件材质、结构

无损检测技术的最大特点就是能在不损坏试件材质、结构的前提下进行检测，因此实施无损检测后，产品的检查率可以达到100%。

但是，并不是所有需要测试的项目和指标都能进行无损检测，无损检测技术也有自身的局限性。某些试验只能采用破坏性试验，因此目前无损检测还不能代替破坏性检测。也就是说，对一个工件、材料、机器设备的评价，必须把无损检测的结果与破坏性试验的结果互相对比和配合，才能做出准确的评定。

（2）正确选用实施无损检测的时机

无损检测系统在无损检测时，必须根据无损检测的目的，正确选择无损检测实施的时机。

（3）正确选用最适当的无损检测

由于各种检测方法都具有一定的特点，为提高检测结果的可靠性，应根据设备材质、制造方法、工作介质、使用条件和失效模式，以及预计可能产生的缺陷种类、形状、部位和取向，选择合适的无损检测方法。

（4）综合应用各种无损检测方法

任何一种无损检测方法都不是万能的，每种方法都有自己的优点和缺点。应尽可能地多用几种检测方法，互相取长补短，以保障承压设备的安全运行。此外，在无损检测技术的应用中，还应充分认识到，检测的目的不是片面追求高质量，而是应在充分保证安全性和合适风险率的前提下，着重考虑其经济性。只有这样，无损检测技术在承压设备中的应用才能达到预期的目的。

**3. 无损检测技术的发展**

（1）便携式无损检测仪器设备袖珍化

随着计算机软件技术及电子元器件技术的不断发展，便携式无损检测仪器设备具备了向掌上型、袖珍化发展的条件，体积越来越小巧，质量越来越小，但是功能并不减少，从而更方便现场使用。

（2）多种检测方法综合一体化

不仅出现了把同一检测方法中的多种功能合为一体的仪器，如把常规超声波检测与超声波衍射时差法（Time of Flight Diffraction，TOFD）功能、相控阵功能合为一体的数字化超声波探伤仪，而且出现了把不同无损检测方法合为一体的综合检测仪器，如涡流传感器与工业内窥镜探头一体化，集视频图像与实时八频涡流、远场涡流、磁记忆、漏磁、低频电磁场于一体的多信息融合扫描成像检测系统等。

（3）检测结果显示的数字图像化

无损检测技术检测的是被检物体中的物理参数变化，其检测结果的表现是多种多样的，除了渗透检测和磁粉检测可以直观地看到痕迹图形，射线透照可以较直观地看到投影图像等以外，很多检测方法所得到的结果是不直观的。随着计算机技术的飞速发展，无论是硬件还是软件都发展到了很高的层次，因此在无损检测技术应用中已经越来越多地利用数字图像处理（Digital Image Processing）技术，利用计算机来处理检测结果中的数据、图形和图像信息，将不直观的检测结果转变成可视图像，以满足检测结果的可视化效果的需要，如超声波检测技术中的 B 扫描、C 扫描、P 扫描、MA 扫描与计算机大屏幕连接用于培训教学的超轻便、多用途超声探伤仪，荧光磁粉检测的 CCD 摄像机记录等。

（4）检测工艺设计、检测结果评定的智能化

无损检测技术的基础是物质的各种物理性质或它们的组合及与物质相互作用的物理现象。检测结果的评定依赖于检测人员的主观因素，受到检测人员的技术水平、实践经验、思想与身体素质、知识状况等多种因素的影响，特别是无损检测结果的定位、定量与定性三大要素中的"定性"对于被检对象的安全评估有着特别重要的意义。

随着计算机技术和人工智能、思维科学研究的迅速发展，数字图像处理向更高、更深层次的方向发展，人们已经开始利用计算机系统进行图像识别和评定，实现类似人类视觉系统来理解外部世界，这被称为图像理解或计算机视觉。

（5）大型自动化无损检测系统

出于提高生产效率的需要，以及市场经济的深入发展，企业越来越重视成本效益，特别是我国经济改革开放以来，企业对自动化、半自动化检测的需求越来越大，从而大大促进了我国在大型自动化无损检测系统方面的发展，包括各种超声波探伤自动化成套检测设备、自动化涡流/超声检测系统、X 射线实时成像自动检测系统等。

（6）不断有采用新无损检测技术和适应新领域的检测设备的投入应用

随着工业生产的发展，许多产品的质量要求日渐提高，从而对无损检测技术的需求也大大增加。顺应无损检测需求的新的无损检测技术和适应新领域、新要求的无损检测设备器材也在不断推出并投入应用，如飞机机舱内应用的便携式激光电子散斑与脉冲散斑检测设备，长输管线应用的磁致伸缩型导波检测系统，基于 X 射线荧光分析技术的便携式、手持式合金/金属分析仪，最深可达水下 500m 的水下专用超声波测厚仪，水下应用的数字式超声波探伤仪，可在日光下远距离检测在役运行中高压设备潜在故障的紫外成像仪等。

## 6.3.2　超声波检测

### 1. 超声波检测的概念

频率在 20kHz 以上的声波称为超声波。利用超声波检测物体内部结构的方法始于 1930 年，到 1944 年，美国研制成功脉冲反射式超声波探伤仪。20 世纪 50 年代，超声波探伤广泛进入工业检验领域。20 世纪 60 年代，德国等国研制出高灵敏度和高分辨率的超声波仪器，有效地解决了焊缝超声波探伤问题，使超声波探伤的应用进一步扩大。

超声波是超声振动在介质中的传播，它的实质是以波动形式在弹性介质中传播的机械振动。超声波的频率 $f$、波长 $\lambda$ 和声速 $c$ 满足

$$\lambda = \frac{c}{f} \tag{6-56}$$

超声波检测的定义是：通过超声波与试件相互作用，对反射、透射和散射的波进行研究，并对试件进行宏观缺陷检测、几何特性测量、组织结构和力学性能变化的检测和表征，

进而对其特定应用性进行评价的技术。

图 6-41 所示为一个典型的超声波检测仪。超声波检测常用的工作频率为 0.4 ~ 5MHz，较低频率用于粗晶材料和衰减较大材料的检测；较高频率用于细晶材料和高灵敏度的检测。对于某些特殊要求的检测，工作频率可达 10 ~ 50MHz。近年来随着宽频窄脉冲技术的研究和应用，有的超声探头的工作频率已高达 100MHz。

超声波被用于无损检测，主要是因为有以下几个特性：

1）超声波在介质中传播时，遇到界面会发生反射；

2）超声波指向性好，频率越高，指向性越好；

3）超声波传播能量大，对各种材料的穿透力较强。

图 6-41　超声波检测仪

**2. 超声波检测方法**

（1）接触法与液浸法

接触法就是探头与工件表面之间经一层薄的耦合剂直接接触进行探伤的方法。耦合剂主要起传递超声波能量的作用。此法操作方便，但对被检工件表面粗糙度的要求较严。接触法可采用直探头和斜探头，适用于横波、表面波、板波检测法。

液浸法就是将探头与工件全部浸入液体，或探头与工件之间局部充以液体进行探伤的方法，适用于横波、表面波和板波检测法。由于探头不直接与工件接触，因而易于实现自动化检测，也适用于检测表面粗糙的工件。

（2）纵波脉冲反射法

纵波脉冲反射法又分为一次脉冲反射法和多次脉冲反射法。一次脉冲反射法是以一次底波为依据进行探伤的方法。超声波以一定的速度向工件内传播，一部分声波遇到缺陷时反射回来，另一部分声波继续传至工件底面后也反射回来。发射波、缺陷波和底波经过放大后进行适当处理就可以求出缺陷的部位及缺陷的大小。

多次脉冲反射法是以多次底波为依据进行探伤的方法，主要用于结构致密性较差的工件。

（3）横波探伤法

横波探伤法是声波以一定角度入射到工件中产生波形转换，利用横波进行探伤的方法。横波法通常用于单探头检测。横波入射工件后，当所遇缺陷与声束垂直或夹角较大时，声波发生反射，从而检测出缺陷。

在对板材探伤时，当探头距离板的端面较近时，会出现端面反射波；当遇到很大的缺陷时，端面反射波可能消失；当探头离端面较远时，声能在板内逐渐衰减完，也不会出现端面反射波。

横波检测也可使用双探头法，可以单收单发，也可以双收双发，这时应调整两个探头的相对位置，使一个探头发射的声波在工件内传播后恰为另一个探头所接收。

（4）表面波探伤法

表面波探伤法是表面波沿着工件表面传播检测表面缺陷的方法。表面波的能量随着表面下深度增加而显著降低，在大于一个波长的深度处，表面波的能量很小，已无法进行检测。表面波沿着工件表面传播的过程中，遇到裂纹、表面划痕或棱角等均会发生反射，在反射的同时，部分表面波仍继续向前传播。值得注意的是，用表面波探伤对工件表面的光洁度要求较高。

（5）兰姆波探伤法

兰姆波探伤法是使兰姆波沿着薄板（或薄壁管）两表面及中间传播来进行探伤的方法。当工件中有缺陷时，在缺陷处产生反射，就会出现缺陷波。

（6）穿透法检测

穿透法检测可以用连续波，也可以用脉冲波。在连续波穿透法中，当工件内无缺陷时，接收能量大；当工件内有缺陷时，因为部分能量被反射，接收能量减小；当缺陷很大时，声能全部被缺陷反射，则接收能量减小为零。这种方法由于缺陷阻止声波通过，在缺陷后形成声影，故又称为声影法探伤。

在脉冲波穿透法中，当工件内无缺陷时，接收能量大；当工件内有缺陷时，接收能量减小；当有很大的缺陷时，将声波全部阻挡，接收能量为零。

穿透检测法灵敏度低，不能检测小缺陷，也不能对缺陷定位，但适合于检测超声衰减大的材料，同时也避免了盲区。

## 6.3.3 射线检测

**1. 射线检测的物理基础**

在射线检测中应用的射线主要是 X 射线、γ 射线和中子射线。X 射线和 γ 射线属于电磁辐射，而中子射线是中子束流。

（1）X 射线

X 射线是射线检测领域中应用最广泛的一种射线，波长范围为 0.0006~100nm，在 X 射线检测中常用的波长范围为 0.001~0.1mm。X 射线的频率范围为 $3 \times 10^{9}$~$5 \times 10^{14}$MHz。

（2）γ 射线

γ 射线是一种波长比 X 射线更短的射线，波长范围为 0.0003 ~ 0.1mm，频率范围为 $3 \times 10^{12}$ ~ $1 \times 10^{15}$MHz。

工业上广泛采用人工同位素产生 γ 射线。由于 γ 射线的波长比 X 射线更短，所以具有更大的穿透力。在无损检测中，γ 射线常被用来对厚度较大和大型整体工件进行射线照相。

（3）中子射线

中子是构成原子核的基本粒子。中子射线是由某些物质的原子在裂变过程中逸出高速中子所产生的。工业上常用人工同位素、加速器、反应堆来产生中子射线。在无损检测中，中子射线常被用来对某些特殊部件（如放射性核燃料元件）进行射线照相。

**2. X 射线检测**

（1）X 射线检测的基本原理

X 射线检测是利用 X 射线通过物质的衰减程度与被通过部位的材质、厚度和缺陷的性质有关的特性，使胶片感光成黑度不同的图像来实现的。

当一束强度为 1 的 X 射线平行通过被检测试件（厚度为 d）后，其强度为

$$I_d = I_0 \mathrm{e}^{-\mu d}$$

(6-57)

若被检测试件表面有高度为 $h$ 的凸起，则 X 射线强度将衰减为

$$I_h = I_0 e^{-\mu(d+h)} \qquad\qquad (6\text{-}58)$$

又若在被检测试件内有一个厚度为 $x$、吸收系数为 $\mu'$ 的某种缺陷，则射线通过后，强度衰减为

$$I_x = I_0 e^{-[\mu(d-x)+\mu'x]} \qquad\qquad (6\text{-}59)$$

若缺陷的吸收系数小于被检测试件本身的吸收系数，则 $I_x > I_d > I_h$，于是，在被检测试件的另一面就形成一幅射线强度不均匀的分布图。通过一定方式对这种不均匀的射线强度进行照相或转换为电信号指示、记录或显示，就可以评定被检测试件的内部质量，达到无损检测的目的。

（2）X 射线检测方法

X 射线检测常用的方法是照相法，即将射线感光材料（通常用射线胶片）放在被检测试件的背面接受通过试件后的 X 射线，胶片曝光后经暗室处理，就会显示出物体的结构图像。根据胶片上影像的形状及其黑度的不均匀程度，就可以评定被检测试件中有无缺陷及缺陷的性质、形状、大小和位置。此法的优点是灵敏度高、直观可靠、重复性好，是 X 射线检测方法中应用最广泛的一种常规方法。由于生产和科研的需要，还可用放大照相法和闪光照相法以弥补其不足。放大照相法可以检测出材料中的微小缺陷。

X 射线和可见光之间没有本质的区别。它们都是电磁波，但 X 射线量子的能量远大于可见光，它能穿透可见光不能穿透的物体，同时与物质有复杂的物理化学相互作用。它能电离原子，使某些物质发出荧光，也能使某些物质产生光化学反应。如果工件局部有缺陷，会改变物体对光线的衰减，引起透射光线强度的变化。这样，利用一定的检测方法，就可以判断工件是否有缺陷，以及缺陷的位置和大小。

X 射线是非常短波长的电磁波并且是光子。X 射线可以穿透普通可见光无法穿透的物质。穿透能力与 X 射线的波长、穿透材料的密度和厚度有关。X 射线波长越短，穿透力越大；密度越低，厚度越薄，X 射线穿透越容易。

当 X 射线被物质吸收时，组成物质的分子被分解成正离子和负离子，这被称为电离。离子的数量与物质吸收的 X 射线的量成比例，可以通过空气或其他物质测量电离程度来计算 X 射线的量。

X 射线图像形成的基本原理是由于 X 射线的特性以及部件的密度和厚度的差异。目前 X 射线检测设备都可以实时成像，极大地提高了检测效率。

X 射线检测技术可分为质量检测、厚度测量、物品检查、动态研究四类应用。质量检测广泛应用于铸造、焊接工艺缺陷检测、工业、锂电池、电子半导体领域。厚度测量可用于在线、实时、非接触式厚度测量。物品检查可用于机场、车站、海关查验、结构尺寸的确定。动态研究可用于研究动态过程，如弹道、爆炸、核技术和铸造技术。

X 射线检测不会损坏被检查物体，方便实用，它可以实现其他检测手段无法实现的独特检测效果。

## 6.3.4　磁粉检测

### 1. 磁粉检测简介

磁粉检测是一种利用漏磁和合适的检验介质发现工件表面和近表面不连续性的方法。

当磁力线穿过铁磁材料及其制品时，在其磁性不连续处将产生漏磁场，形成磁极。此时撒上干磁粉或浇上磁悬液，磁极就会吸附磁粉，产生用肉眼能直接观察的明显磁痕，可借助于该磁痕来显示铁磁材料及其制品的缺陷情况，合适的光照下显示出不连续性的位置、大小、形状和严重程度。

磁粉检测可检测露出表面、用肉眼或放大镜不能直接观察到的微小缺陷，也可检测未露出表面，埋藏在表面下几毫米的近表面缺陷。磁粉检测不但能探查气孔、夹杂、未焊透等体积型缺陷，而且对面积型缺陷更灵敏，更适用于检测因淬火、轧制、锻造铸造，焊接、电镀、磨削、疲劳等引起的裂纹等。缺陷与磁力线作用产生磁的示意图如图6-42所示。

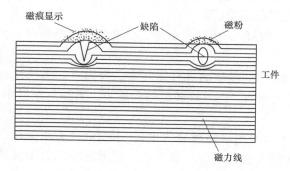

图6-42　缺陷与磁力线作用产生磁的示意图

磁粉检测与超声波检测和射线检测比较，具有灵敏度高、操作简单、结果可靠、重复性好、缺陷容易辨认等优点。但这种方法仅适用于检测铁磁性材料的表面和近表面缺陷，磁粉检测的深度也是有局限性的，属于表面探伤类。

**2. 磁粉检测材料**

（1）磁粉

1）磁粉的种类。按磁痕观察分类，磁粉可分为荧光磁粉和非荧光磁粉；按施加方式分类，磁粉可分为湿法磁粉和干法磁粉。

荧光磁粉是以磁性氧化铁粉、工业纯铁粉或羰基铁粉为核心，在铁粉外面用树脂黏附一层荧光染料而制成的。荧光磁粉发出的510～550mm黄绿荧光，是人眼最敏感的光，其对比度很高，从而可见度也高。纯白和纯黑在明亮环境中的对比系数为25∶1，而黑暗中荧光的对比系数可达1000∶1。荧光磁粉一般只适于湿法。

非荧光磁粉包括四氧化三铁黑磁粉、三氧化二铁红磁粉、以工业纯铁粉为原料黏附其他颜料的有色磁粉（如白磁粉等）、JCM系列空心磁粉（铁、铬、铝的复合氧化物，用于高温）共四种。前两种既适于湿法也适于干法，后两种只适于干法。

2）磁粉的性能。

① 磁性。磁粉被磁场吸引的能力称为磁粉的磁性，它直接影响缺陷处磁痕的形成能力。磁粉应具有高磁导率（易被吸附）、低矫顽力（易分散流动）、低剩磁（易分散流动）。

② 粒度。磁粉的粒度就是磁粉颗粒的大小。粒度细小的磁粉悬浮性好，容易被小

缺陷产生的漏磁场磁化和吸附，形成的磁痕显示线条清晰，定位准确。所以，检测工件表面微小缺陷时，宜选用粒度细小的磁粉；检测大缺陷时，宜选用粒度较大一点的磁粉。

③ 形状。要保证磁粉有好的磁吸附性能和流动性能。理想的磁粉应由一定比例的条形、球形磁粉和其他形状的磁粉混合。

④ 流动性。探伤时，磁粉的流动性要好。直流电不利于磁粉的流动，故直流电不适于干法；湿法时，磁粉的流动靠载液带动，故直交流电均可。

⑤ 密度。磁粉密度对磁吸附性、悬浮性、流动性有影响。

⑥ 识别度。指的是磁粉的光学性能，包括颜色荧光亮度、与工件表面颜色的对比度。

（2）载液、磁悬液及反差增强剂

1）载液。用来悬浮磁粉的液体称为载液。载液分为油基载液、水载液、乙醇载液（橡胶铸型法）。

① 油基载液（煤油）。油基载液具有低黏度、高闪点、无荧光、无臭味和无毒性等特点。在一定的使用温度范围内，尤其在较低的温度下，若油的黏度小，则磁悬液流动性好，检测灵敏度高。

② 水载液（添加了润湿剂、防锈油的水）。水载液具有润湿性、分散性、防锈性、消泡性、稳定性。水载磁悬液流动性好、成本低，但黏度小、灵敏度低，适用于一般性要求不高的设备磁粉检测；油载磁悬液黏度高、表面润湿性好、流动性亦较好，但难以清洗，适用于要求稍高的压力容器磁粉检测。

③ 橡胶铸型法。橡胶铸型法是对缺陷磁痕采用室温硫化硅橡胶加固化剂形成的橡胶铸型进行复制，对复制在橡胶铸型上的磁痕进行分析。

2）磁悬液。磁悬液为磁粉和载液按一定比例混合而成的悬浮液体。磁悬液的浓度包括配制浓度和沉淀浓度。配制浓度是指每升磁悬液中所含磁粉的质量，单位为 g/L，主要用于不回收的磁悬液。沉淀浓度是指每 100mL 磁悬液中沉淀出磁粉的体积，单位为 mL/100mL，主要用于循环使用的磁悬液。

磁悬液浓度对显示缺陷的灵敏度影响很大，浓度不同，检测灵敏度也不同。浓度太低，影响漏磁场对磁粉的吸附量，磁痕不清晰会使缺陷漏检；浓度太高，会在工件表面滞留很多磁粉，形成过度背景，甚至会掩盖相关显示。

橡胶铸型法非荧光磁悬液的配制浓度推荐为 4～5g/L。

磁悬液配制方法包括水磁悬液和油磁悬液的配制方法。

① 水磁悬液的配制方法。第一步：将少量的水加入称好的分散剂（水）中，搅拌均匀；第二步：将称好的荧光磁粉倒入与少量水混合的分散剂里，将磁粉全部润湿，搅拌成均匀的糊状；第三步：在搅拌中加入其余的水量，充分搅拌混合。

② 油磁悬液的配制方法。第一步：将称好的无味煤油取出少许与磁粉混合，将磁粉全部润湿，搅拌成均匀的糊状；第二步：边搅拌边加入剩余的无味煤油，并充分混合。

3）反差增强剂。反差增强剂是由丙酮、稀释剂、火棉胶、氧化锌粉混合而成的，它是为了提高缺陷磁痕与工件表面颜色的对比度，一般为一层 25～45μm 的白色薄膜。施加方式有三种，分别为浸涂、刷涂、喷涂。使用环境为背景不好，或为了检查细小缺陷、应力腐蚀裂纹等。

**3. 磁粉检测的应用**

（1）焊接件的磁粉检测

焊接过程中的磁粉检测主要包括以下几个方面：

1）层间检测。在焊接的中间过程中，每焊一层进行一次磁粉检测，检测范围是焊缝金属及临近的坡口，发现缺陷后将其除掉。中间过程检测时，由于工件温度较高，不能采用湿法，应该采用高温磁粉干法进行。磁化电流最好采用半波整流电。

2）电弧气刨面的检测。电弧气刨面检测的目的是检查电弧气刨造成的表面增碳导致产生的裂纹，检测范围应包括电弧气刨面和邻近的坡口。

3）焊缝表面质量的磁粉检测。焊缝表面质量检测的目的主要是检测焊接裂纹等焊接缺陷，检测范围应包括焊缝金属及母材热影响区。热影响区的宽度大约为焊缝宽度的一半，因此要求检测的宽度应为两倍的焊缝宽度。

4）机械损伤部位的磁粉检测。焊接结构在组装过程中，往往需要在焊接部件的某些位置焊上临时性的吊耳和卡具，施焊完毕后要割掉，这些部位有可能产生裂纹，因此需要进行检测。

（2）大型铸锻件的磁粉检测

1）铸钢件的磁粉检测。大型铸钢件通常采用支杆法或磁轭法，并用干磁粉进行检测。检测时主要注意以下几个问题：

① 不论用支杆磁化还是用磁轭磁化，每次都应有少量的重叠，并进行两次互相垂直方向的磁化和检测。

② 喷洒磁粉不要太急太快，否则会冲走已形成的干磁粉的显示或无法在不连续处集聚磁粉。

③ 铸钢件由于内应力的影响，有些裂纹延迟开裂，所以铸后不宜立即检测，而应等一两天再检测。

空心十字铸钢件的磁粉检测：根据工件的结构特点，为了发现各个方向的缺陷，采用的磁化方法是使用两次中心导体法周向磁化，并使用两次绕电缆法纵向磁化。磁化电流可采用交流电或整流电。根据钢材磁特性可采用连续法或剩磁法，并用湿法检测。

2）锻钢件的磁粉检测。锻钢件的工艺过程一般为：下料→加热→锻造→探伤→热处理→探伤→机械加工→表面热处理→机械加工→最终探伤→成品。

从以上的工艺过程可以看出，锻钢件经历了冷热加工工序，而且多数工件形状复杂，这就使锻钢件容易产生各种性质的缺陷。

锻钢件产生的缺陷主要有锻造裂纹、锻造折叠、淬火裂纹、磨削及矫正裂纹等，在使用过程中还可能产生应力疲劳引起的裂纹。

① 曲轴的磁粉检测。曲轴有模锻和自由锻两种，以模锻为多。由于曲轴形状复杂且有一定的长度，一般采用连续法轴通电方法进行周向磁化，线圈分段纵向磁化。

② 塔形试样的磁粉检测。塔形试样是用于抽样检测钢棒和钢管原材料缺陷的试验件，磁粉检测的主要目的是检查发纹和非金属夹杂物。

# 6.4　基于深度学习的检测技术

## 6.4.1　概论

### 1. 基本概念

深度学习（Deep Learning, DL）是机器学习（Machine Learning, ML）领域中一个新的研究方向，它被引入机器学习使其更接近于最初的目标——人工智能（Artificial Intelligence, AI）。

深度学习是学习样本数据的内在规律和表示层次，这些学习过程中获得的信息对诸如文字、图像和声音等数据的解释有很大的帮助。它的最终目标是让机器能够像人一样具有分析学习能力，能够识别文字、图像和声音等数据。深度学习是一个复杂的机器学习算法，在语音和图像识别方面取得的效果，远远超过先前的相关技术。

深度学习在搜索技术、数据挖掘、机器学习、机器翻译、自然语言处理、多媒体学习、语音、推荐和个性化技术，以及其他相关领域都取得了很多成果。深度学习使机器模仿视听和思考等人类的活动，解决了很多复杂的模式识别难题，使得人工智能相关技术取得了很大的进步。

深度学习的核心是深度神经网络。深度神经网络是一种模仿神经网络进行信息分布式并行处理的数学模型。神经网络是机器学习的一个重要分支，而深度学习就是深度神经网络在近年来的重要突破。深度学习只需要使用简单的网络结构就能够实现对复杂函数的逼近，同时，由于网络层次较深，多个隐藏层能够非常好地表达数据的特征。区别于传统的浅层学习，深度学习的不同在于：

1）强调了模型结构的深度，通常有5层、6层，甚至10多层的隐层节点。

2）明确了特征学习的重要性。也就是说，通过逐层特征变换，将样本在原空间的特征表示变换到一个新特征空间，从而使分类或预测更容易。与人工规则构造特征的方法相比，利用大数据来学习特征，更能够刻画数据丰富的内在信息。

通过设计建立适量的神经元计算节点和多层运算层次结构，选择合适的输入层和输出层，通过网络的学习和调优，建立起从输入到输出的函数关系，虽然不能100%地找到输入与输出的函数关系，但是可以尽可能地逼近现实的关联关系。使用训练成功的网络模型，就可以实现我们对复杂事务处理的自动化要求。

深度学习已被应用到多个领域。例如，用于图像生成、增强、风格化的生成对抗网络；用于游戏对战、网络结构搜索的强化学习网络；用于图像分类、检测、跟踪、分割、重识别的卷积神经网络（Convolutional Neural Networks, CNN）；用于自然语言处理、手写体识别的循环神经网络，甚至可以作为一个中间环节用于完成摄像机标定、人体模型参数化等工作。

### 2. 有监督学习

深度学习分为三个流派，分别是有监督学习、无监督学习和强化学习。接下来介绍深度学习在有监督学习中的相关概念和主要应用。

现假设一个数据集中有 $n$ 个数据，$m$ 个标签，由其组成的集合称为有标签数据集 $L = \{x_i, y_j\}$（$x$ 表示数据，$y$ 表示标签，$0<i\leqslant n$，$0<j\leqslant m$）。有监督学习通过对有标签数据集的学习或建立一个模型，输出这个数据的标签 $y_j{}'$，并把 $y_j{}'$ 与对应的 $y_j$ 进行差异比对，根据差异

对模型进行调整，以提高其精度，最终通过学习或建立的模型进行数据标签预测，即输入一个数据，通过模型将数据最后可能的标签输出。下面介绍深度学习在有监督学习领域的几个典型应用。

（1）图像分类

图像分类是指根据图像的语义信息将不同类别的图像区分开来。图像分类既是计算机视觉的基础问题，也是图像分割、目标检测、目标跟踪、行为分析等高层视觉任务的基础。

图像分类在很多领域都有应用，包括安防领域的人脸识别和智能视频分析、交通领域的交通场景识别、互联网领域的基于内容的图像检索、医学领域的图像识别等。本小节将重点围绕ILSVRC的图像分类项目介绍图像分类的发展过程。

（2）目标检测

目标检测可以理解为针对多个目标的目标定位和图像分类。在目标定位中，通常只有一个或数量固定的目标，而目标检测图像中出现的目标，种类和数量都不是固定的。因此，目标检测比目标定位具有更大的挑战性。

在2013年以前，目标检测大都基于手工提取特征的方法，人们大多通过在低层特征表达的基础上构建复杂的模型及多模型集成来缓慢地提升检测精度。当CNN在2012年的ILSVRC图像分类项目中大放异彩时，研究人员注意到，CNN鲁棒性非常强且具有一定表达能力的特征表示。于是，在2014年，Girshick等人提出了区域卷积神经网络目标检测（Regions with CNN Features，R-CNN）模型。从此，目标检测研究开始以前所未有的速度发展。

（3）人脸识别

早在20世纪50年代，就出现了利用人脸的几何结构，通过分析人脸器官特征点及其之间的拓扑关系实现的人脸识别方法。虽然这种方法简单、直观，但是，一旦人脸的姿态、表情发生变化，其精度就会严重下降。进入21世纪，随着机器学习理论的发展，许多机器学习方法都被应用到人脸识别上，基于局部描述算子进行特征提取的方法取得了当时最好的识别效果。同时，研究者的关注点开始从受限场景下的人脸识别转移到无约束自然场景下的人脸识别，无约束自然场景人脸识别数据集（Labeled Faces in the Wild home，LFW）人脸识别公开竞赛在此背景下开始流行。

LFW是人脸识别领域最权威的数据集之一，该数据集由13000多张自然场景中不同朝向、不同表情和不同光照条件的人脸图片组成，共有5000多人的人脸图片，其中有1680人有2张或2张以上的人脸图片，每张人脸图片都由唯一的姓名ID和序号加以区分。

2014年前后，随着大数据和深度学习的发展，神经网络重新受到关注，并在图像分类、手写体识别、语音识别等应用中获得了远超经典方法的结果。尤其是CNN被应用到人脸识别上，在LFW上第一次得到了超过人类水平的识别精度，成为人脸识别发展历史上的里程碑。此后，研究者们不断地改进网络结构，同时扩大训练样本的规模，将在LFW上的识别率提高到99.5%以上。

（4）语音识别

语音识别是深度学习的一个重要的应用方向。语音识别是指能够让计算机识别语音中携带的信息的技术。循环神经网络（Recurrent Neural Network，RNN）给处于瓶颈期的高斯混合模型和隐马尔可夫模型（Hidden Markoy Model-Gaussian Mixture Model，HMM-GMM）注入了新鲜血液，将语音识别的准确率提升到了一个新高度。在微软、谷歌、苹果的产品中，都能见到这种技术的使用。

语音识别框架如图6-43所示。在识别之前：一边是声学模型的训练，即根据数据库中已经存在的数据训练声学模型；另一边是语言模型的建立。语言模型能够结合所使用语言的语法和语义知识，描述各单词之间的内在关系，达到减少总体搜索范围、提高识别准确率的目的。

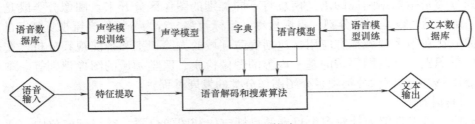

图6-43　语音识别框架

图6-43的下方展示了语音识别的流程。将一段语音输入计算机后，先要对原始的语音信息进行处理，例如过滤背景噪声、变换等。然后，使用算法提取这段语音信息的特征，即用一段固定长度的帧来分割语音波形，并从每一帧中提取梅尔频率倒谱系数（Mel Frequency Cepstrum Coefficient，MFCC）特征，将其作为一个特征向量。最后，结合声学模型和语言模型对特征向量进行识别并转换成文本输出。

**3. 无监督学习**

在有监督学习中，对数据进行划分的行为称为分类。在无监督学习中，将数据划分到不同集合的行为称为聚类。无监督学习所用的数据集有数据特征，但没有标签。

无监督学习会从大量的训练数据中分析出具有相似类别或结构的数据（即数据的相似性），并把它们进行归类，划分成不同的集合。这就好比我们对乐曲进行分类，或许我们并不清楚自己听到的乐曲是什么类型的，但是通过不断地欣赏，我们能够发现不同乐曲中相似的曲调等，并在此基础上将它们划分为抒情的、欢快的或悲伤的。

无监督学习为深度学习乃至人工智能的训练都提供了很大的帮助。专业的带标签数据既稀少又昂贵，有时候还不那么可靠。在这种情况下，无标签数据学习则展现了自己的价值——不仅量多、便宜，甚至可能挖掘出我们未曾想到的数据特征或关联，而这使得无监督学习的潜在价值更具探索性。无监督学习的成功案例比有监督学习的成功案例少了很多，生成对抗网络（Generative Adversarial Networks，GAN）就是一个典型的无监督学习的例子。对抗过程如图6-44所示。

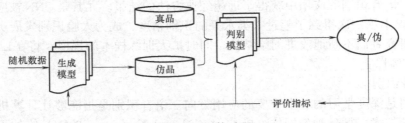

图6-44　对抗过程

**4. 强化学习**

尽管强化学习是针对没有标注的数据集而言的，但我们还是有办法来判断是否越来越接近目标（即回报函数）。

经典的儿童游戏Hotter or Colder就是这个概念的一个很好的例证。你的任务是找到一个隐藏的目标物件，而你的朋友会告诉你，你是越来越接近目标物件，还是越来越远离目标物件。Hotter和Colder就是回报函数，而算法的目标就是最大化回报函数。你可以把回报函数当成一种延迟和稀疏的标签数据形式，而不是在每个数据点获得特定的答案。你会得到一个延迟的反应，而它只会提示你是否在朝着目标方向前进。

## 6.4.2 深度学习的主要检测方法

基于CNN的目标检测方法，依据检测速度可以分为两阶段目标检测和单阶段目标检测。两阶段目标检测通常先做建议框修与背景剔除，然后执行建议框分类和边界框回归；单阶段目标检测则将这两个过程融合在一起，采用了"锚点＋分类精修"的实现框架。

相对于两阶段目标检测和单阶段目标检测，还有一种分类方法可用于进行目标检测，即端到端检测和非端到端检测。端到端检测是指通过一个神经网络完成从特征提取到边界框回归和分类的整个过程，例如Faster R-CNN和R-FCN。非端到端检测则将神经网络与选择性搜索建议框生成等方法结合使用，代表方法有R-CNN和Fast R-CNN。目前，单阶段目标检测都采用端到端检测方法。下面以R-CNN和基于神经网络的目标检测算法（Single Shot MultiBox Detector，SSD）为例分别介绍两阶段目标检测方法和单阶段目标检测方法。

**1. R-CNN**

在计算机视觉领域，建立图像的特征表达是一个研究重点。在R-CNN问世之前的数十年里，大部分视觉识别任务都在使用尺寸不变特征变换（Scale Invariant Feature Transform，SIFT）算法或方向梯度直方图（Histogram of Oriented Gradient，HOG）来提取特征。当CNN在2012年的ILSVRC分类项目中大放异彩时，研究人员注意到，CNN鲁棒性非常强且具有极强表达能力的特征。于是，在2014年，Girshick等人提出了R-CNN，而它也成了基于CNN的目标检测模型的开山之作。

（1）算法流程

R-CNN的算法流程如图6-45所示。在一幅图像上进行目标检测时，R-CNN首先使用选择性搜索建议框提取方法，在图像中选取大约2000个建议框。接着，将每个建议框调整为同一尺寸（227×227像素）并送入AlexNet中提取特征，得到特征图。然后，对于每个类别，使用该类别的支持向量机（Support Vector Machine，SVM）分类器对得到的所有特征向量进行打分，得到这幅图像中的所有建议框对应于每个类别的得分。随后，同样在每个类别上独立地对建议框使用贪心的非极大值抑制的方法进行筛选，过滤IoU大于一个特定阈值的分类打分较低的建议框，并使用边界框回归的方法对建议框的位置与大小进行微调，使之对目标的包围更加精确。

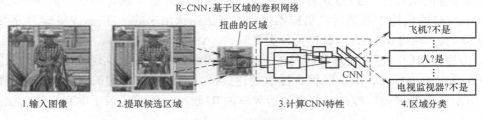

图6-45　R-CNN的算法流程

R-CNN 的重要贡献在于将深度学习引入目标检测，并将 Pascal VOC 2007 数据集上的平均精度均值（mean Average Precision，mAP）由之前最好的 35.1% 提升至 66.0%。在 R-CNN 之后，又提出了 FastR-CNN、Faster R-CNN 等改进模型，形成了 R-CNN 系列模型。

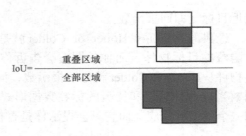

$$IoU = \frac{重叠区域}{全部区域}$$

图 6-46　IoU 的定义

（2）训练过程

下面详细介绍 R-CNN 算法的训练过程。

1）预训练与 CNN 参数调优。R-CNN 中使用的 AlexNet 是在 ILSVRC 2012 分类数据集上进行预训练的。在预训练过程中，AlexNet 的输入为 227×227 的 ILSVRC 训练集图像，输出的最后一层是 4096 维特征到 ILSVRC 分类数据集上 1000 类的映射。这样的预训练使得 AlexNet 在图像分类任务中获得了较强的特征提取能力。

为了使 CNN 适应新的任务和领域，预训练完成后，还需要在 Pascal VOC 数据集上进行参数的调优。在调优阶段，AlexNet 的输入不再是完整的图像，而是被调整到 227×227 的建议框（使用选择性搜索或其他外部方法在训练集图像上提取）。CNN 的输出也由原本包含 1000 个神经元的分类层替换成一个随机初始化的包含 $N+1$ 个神经元的分类层，其中 $N$ 代表类别个数，1 代表背景。对于 Pascal VOC 数据集，$N=20$。

在训练数据中，正样本为与某一标定的真值边界框的 IoU 大于或等于 0.5 的建议框，而负样本为与标定的真值边界框的 IoU 小于 0.5 的建议框。在进行 CNN 调优训练时，一个 mini-batch 中有 128 个样本（32 个为正样本，96 个为负样本）。

2）SVM 训练。在 R-CNN 中，CNN 用于提取特征，在对目标进行分类时使用的是 SVM 分类器。因为 SVM 是二分类器，所以，对于每个类别，都要训练一个 SVM 分类器。SVM 分类器的输入是经过 CNN 提取的 4096 维的特征向量，输出是属于该类别的得分。在训练时，正样本为标定的真值边界框经过 CNN 提取的特征向量，而负样本为与所有标定的真值边界框的 IoU 都小于 0.3 的建议框经过 CNN 提取的特征向量。因为负样本的数量非常多，所以应采用难负样本挖掘的方法选取有代表性的负样本，即把每次检测结果为错误的情况作为难负样本送回去继续训练，直到模型的成绩不再提升。

此处选择负样本时，IoU 的阈值（0.3）与微调时 IoU 的阈值（0.5）并不相同。因为 CNN 在样本数量较少时容易发生过拟合，所以需要大量的训练数据，故在微调时不对 IoU 进行严格的限制。而 SVM 更适用于小样本训练，故对样本 IoU 的限制严格，同时能提高定位的准确度。

另外，R-CNN 使用 SVM 进行分类，而不使用 CNN 最后一层的 softmax 函数进行分类，原因是微调 CNN 和训练 SVM 时采用的正负样本的阈值不同。调优训练的正样本定义宽松，并不强调位置的精确性，SVM 正样本只有标定的真值边界框。调优训练的负样本是随机抽样的，而 SVM 的负样本是通过难负样本挖掘的方法筛选出来的。在将 SVM 作为分类器时，mAP 为 54.2%。在将 softmax 函数作为分类器时，mAP 为 50.9%。

3）边界框回归。通过误差分析发现，会有如图 6-47 所示的定位误差出现。外层的框为标定的真值目标边界框，里层的框为提取的建议框。即使建议框中的内容被分类器识别为飞机，但由于框的定位不准确，与真值边界框的 IU 较小，此时相当于没有正确地检测出飞机（或目标）。

图 6-47　错误位置检测

我们可以使用边界框回归的方法来减小目标定位的误差。边界框回归的思路就是将图6-47所示定位不准确的建议框进行微调，使调整后的边界框与真值边界框更接近，从而提升定位的准确度。

训练一组特定类别的线性回归模型（包括 Pascal VOC 数据集中的全部 20 个类别），在使用 SVM 给建议框打分之后，通过建议框在 CNN 的顶层预测一个新的目标边界框的位置。实验结果表明，使用边界框回归的方法后，大量错误的位置检测结果被修复了，mAP 相应地提升了 3% ~ 4%。

如图 6-48 所示为边界框回归预测，其中，最小的框代表原始的建议框，最大的框代表目标的真值边界框。边界框回归的目标是：寻找一种映射关系，使得原始的建议框经过映射变为一个与真值边界框更接近的边界框（即较大的框）。一个矩形框通常可以用 $x$、$y$、$w$、$h$ 四个参数表示（它们分别表示窗口中心点的坐标及矩形框的宽和高），因此这个映射关系可以表示为

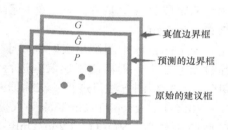

图 6-48　边界框回归预测

$$f(P_x, P_y, P_w, P_h) = (\hat{G}_x, \hat{G}_y, \hat{G}_w, \hat{G}_h) \approx (G_x, G_y, G_w, G_h) \qquad (6\text{-}60)$$

边界框 $\hat{G}$ 可以通过式（6-61）得到，其中 $P_i = (P_x^i, P_y^i, P_w^i, P_h^i)$，边界框的变换由 $d_x(P)$、$d_y(P)$、$d_w(P)$、$d_h(P)$ 四个函数实现。

$$\begin{aligned}
\hat{G}_x &= P_w d_x(P) + P_x \\
\hat{G}_y &= P_h d_y(P) + P_y \\
\hat{G}_w &= P_w e^{d_w(P)} \\
\hat{G}_h &= P_h e^{d_h(P)}
\end{aligned} \qquad (6\text{-}61)$$

前两个函数实现的是平移变换 $(\Delta x, \Delta y)$：

$$\Delta x = P_w d_x(P), \quad \Delta y = P_h d_y(P) \qquad (6\text{-}62)$$

后两个函数实现的是一个对数空间的尺寸缩放变换 $(S_w, S_h)$：

$$S_w = e^{d_w(P)}, \quad S_h = e^{d_h(P)} \qquad (6\text{-}63)$$

四个函数 $d_*(P)(* = x、y、w、h)$ 通过建议框在 CNN 的最高层特征图上建模，因此可表示为

$$d_*(P) = w_*^{\mathrm{T}} \phi_5(P) \qquad (6\text{-}64)$$

式中，$w_*$ 是参数向量；$\phi_5(P)$ 是建议框 $P$ 的最高层特征图，$w_*$ 参数通过岭回归来固定：

$$w_* = \arg_{\hat{w}_*} \min \sum_i^N \left[ t_*^i - \hat{w}_*^\mathrm{T} \phi_5\left(P^i\right) \right]^2 + \lambda \left\| \hat{w}_* \right\|^2 \tag{6-65}$$

式中，$t_*$是指经过真值边界框$G$和建议框$P$计算得到的真正需要的平移量$(t_x, t_y)$和尺寸缩放量$(t_w, t_h)$。

$$\begin{aligned} t_x &= (G_x - P_x)/P_w \\ t_y &= (G_y - P_y)/P_h \\ t_w &= \log(G_w/P_w) \\ t_h &= \log(G_h/P_h) \end{aligned} \tag{6-66}$$

其损失函数为

$$Loss = \sum_i^N \left[ t_*^i - \hat{w}_*^\mathrm{T} \phi_5\left(P^i\right) \right]^2 \tag{6-67}$$

当模型训练完成后，就能通过建议框在CNN的顶层特征$\phi_5(P)$中预测出$d_*(P)$，进而得到需要进行的平移变换和尺寸缩放$\Delta x$、$\Delta y$、$S_w$、$S_h$，最终实现更精确的目标定位。

**2. SSD**

从R-CNN到R-FCN，都是目标检测中基于候选区域的方法。该类目标检测方法的工作通常分为两步：第一步是从图像中提取建议框，并剔除一部分背景建议框，同时做一次位置修正；第二步是对每个建议框进行检测分类与位置修正。因此，基于候选区域的方法又称为两阶段目标检测方法。虽然两阶段目标检测方法的性能比较高，但其速度与实时相比仍有一些差距。

为了使目标检测满足实时性要求，研究人员提出了单阶段目标检测方法。在单阶段目标检测方法中，不再使用建议框进行"粗检测＋精修"，而采用一步到位的方式得到结果。单阶段目标检测方法只进行一次前馈网络计算，因此在速度上有了很大的提升。

2015年，Joseph和Girshick等人提出了一种仅进行一次前向传递的目标检测模型，这个模型被命名为"YOLO"（You Only Look Once）。YOLO是第一个单阶段目标检测方法，也是第一个实现了实时检测的目标检测方法。

Wei Liu等人在YOLO诞生的同年提出了SSD方法。SSD吸收了YOLO快速检测的思想，同时结合Faster R-CNN中RPN的优点，并改善了多尺寸目标的处理方式（不再只使用顶层特征图进行预测）。由于不同卷积层所包含特征的尺寸不同，SSD使用了特征金字塔预测的方式，综合多个卷积层的检测结果来实现对不同尺寸目标的检测。在Faster R-CNN中使用的是单层特征图预测，即只在基础网络顶层的特征图上进行预测。SSD则在多层特征图上进行预测，并在不同尺寸的特征图上实现对不同尺寸目标的检测。

（1）default box

在Faster R-CNN中，使用RPN在顶层特征图上对建议框进行了预测。为了使建议框能代表不同形状和大小的目标，RPN对特征图上的每个点都提供了3种比例和3种尺寸——共9种anchor。SSD作为单阶段目标检测方法，不对建议框进行预测，而直接对目标的边界框进行预测。在预测目标的边界框时，SSD引入了default box的概念（其作用相当于Faster R-CNN中的anchor）。SSD在不同尺寸的特征图上检测不同尺寸的目标，因此，不同尺寸的default box会由不同尺寸的特征图来表示，越靠近顶层的特征图上的default box的尺寸越大，而越靠近底层的特征图上的default box的尺寸越小。如图6-49所示，在8×8的特征图上default box的尺寸较小，而在4×4的特征图上的default box的尺寸较大，因此，在8×8的特征图上会检测出尺寸较小的猫，而在 4×4 的特征图上会检测出尺寸较大的狗。对每个特征图上的每个点，同样可以使用不同比例的 default box 来对应不同的形状。

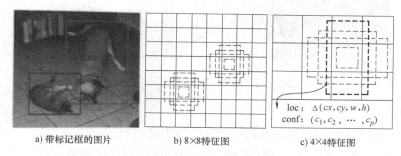

a) 带标记框的图片　　　b) 8×8特征图　　　c) 4×4特征图

图 6-49　SSD 中在不同的特征图上检测不同尺寸的目标

Faster R-CNN 与 SSD 根据 anchor 和 default box 进行预测的过程类似，不同之处体现在两阶段与单阶段上。在 Faster R-CNN 中，RPN 根据 anchor 预测建议框的过程包含两个任务：一是判断该 anchor 中的内容属于前景还是背景；二是根据该 anchor 预测建议框的形状与位置。在第二个阶段，Faster R-CNN 要针对建议框进行目标分类和位置精修。SSD 则在 default box 一步到位，即直接进行目标的多分类判断和边界框预测。

（2）网络结构

SSD 的网络结构如图 6-50 所示。SSD 在 6 层特征图上进行检测，其选择的底层是 VGG 16 网络中的 conv4_3，这是因为 SSD 的作者发现选择这一层可以使 mAP 增加 2.5%。对得到的候选边界框集合，可通过非极大值抑制（Non Maximum Suppression，NMS）算法过滤 loU 大于一个特定阈值的分类打分较低的建议框，得到检测结果。

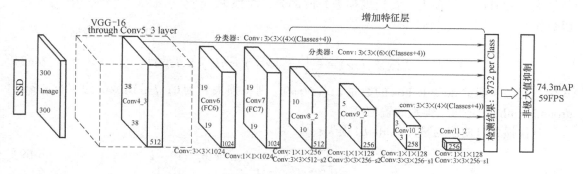

图 6-50　SSD 的网络结构

SSD 在每一层的特征图上进行检测的过程如图 6-51 所示，包括边界框回归和分类两个并行步骤。SSD 根据输入图像大小的不同，分为 SSD 300 和 SSD 512，分别表示输入图像为 300 像素×300 像素的 SSD 模型和输入图像为 512 像素×512 像素的 SSD 模型。两者在速度与精度上都取得了不错的成绩，相对来说，SSD300 的速度更快，SSD512 的精度更高。SSD 在 Pascal VOC 2007 数据集上的表现比 Faster R-CNN 略好，而速度是 Faster R-CNN 的 6.6 倍。使用增强数据进行训练，SSD 300 与 SSD 512 的 mAP 分别达到了 77.2% 与 79.8%。

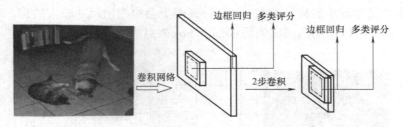

边框回归 多类评分  边框回归 多类评分

卷积网络  2步卷积

图6-51　SSD在每一层的特征图上进行检测

（3）训练过程

本小节将从样本选取和损失函数两个方面介绍训练过程。

1）样本选取。在训练之前，对default box与标准数据（ground truth）进行匹配，并划分正负样本。匹配策略是：将ground truth和与其有着最大IoU的default box进行匹配；在未匹配的default box中，只要与任意ground truth的IoU大于0.5，就进行匹配。能与ground truth匹配的default box为正样本，不能与ground truth匹配的default box为负样本。

值得注意的是，这样划分之后，一般情况下负样本的数量远大于正样本的数量，直接训练会使模型变得不稳定。因此，SSD在训练时也采用了难负样本挖掘的方法选择负样本，并使正负样本的比例接近1∶3。

如图6-52所示为边缘框，其中，虚线框在Faster R-CNN中没有被使用，但提出SSD网络的作者发现，边缘框能带来精度的提升。

2）损失函数。SSD的总损失包括边界框回归损失（定位损失）和目标分类损失（置信度损失）两部分。总损失函数如下

图6-52　边缘框

$$L(x,c,l,g) = \frac{1}{N}\big[ L_{conf}(x,c) + \alpha L_{loc}(x,l,g) \big] \qquad (6\text{-}68)$$

式中，$N$是匹配的default box的数量，若$N=0$，则将损失置为0；$l$是预测的边界框；$g$是ground truth；$c$是每个类别的置信度。

定位损失时使用的是smooth $L1$损失：

$$L_{loc}(x,l,g) = \sum_{i \in Pos}^{N} \sum_{m \in \{cx,cy,w,h\}} x_{ij}^{k} \, \text{smooth}_{L1} \, (l_i^m - \hat{g}_j^m) \qquad (6\text{-}69)$$

$$\hat{g}_j^{cx} = \frac{g_j^{cx} - d_i^{cx}}{d_i^w} \qquad \hat{g}_j^{cy} = \frac{g_j^{cy} - d_i^{cy}}{d_i^h}$$
$$\hat{g}_j^{w} = \log\left(\frac{g_j^w}{d_i^w}\right) \qquad \hat{g}_j^{h} = \log\left(\frac{g_j^h}{d_i^h}\right) \qquad (6\text{-}70)$$

式中，$x_{ij}^k = \{1,0\}$是第$i$个default box匹配到类别$k$的第$j$个ground truth的指示器（若匹配则为1，若不匹配则为0）；$d$是default box；$(cx,cy)$是中心偏移量；$w$、$h$分别是宽度和高度。定位损失衡量了预测边界框与真值边界框之间的差距。

计算分类损失时使用的是softmax函数：

$$L_{conf}(x,c) = -\sum_{i \in Pos}^{N} x_{ij}^P \log(\hat{c}_i^P) - \sum_{i \in Neg} \log(\hat{c}_i^0) \qquad (6\text{-}71)$$

$$\hat{c}_i^P = \frac{\exp(c_i^P)}{\sum_P \exp(c_i^P)} \qquad (6\text{-}72)$$

式中，$x_{ij}^P = \{1,0\}$ 是第 $i$ 个 default box 匹配到类别 $p$ 的第 $j$ 个 groundtruth 的指示器（若匹配则为1，若不匹配则为0）。

## 6.4.3 深度学习检测应用——肋骨骨折检测

肋骨骨折是胸部损伤中比较常见的一种情况，主要分为移位性骨折、非移位性骨折和陈旧性骨折。目前，通常通过胸部电子计算机断层扫描（Computed Tomography，CT）对肋骨骨折进行诊断。由于胸部 CT 切片数量巨大，诊断工作耗时很长。同时，由于肋骨在 CT 切片中的走向是倾斜的，需要医生连续观察、评估，给确诊带来了一定的难度，尤其对细微的非移位性肋骨骨折及同一个患者有多处肋骨骨折的情况，漏诊率可达30%。基于此，本小节描述了一种图像处理与 CNN 相结合的肋骨骨折检测方法。本方法将胸部 CT 图像中的肋骨区域提取和基于三维卷积核的图像分类相结合，以达到提升目标检测精度的目的。如图 6-53 所示为胸部 CT 横切面图像。

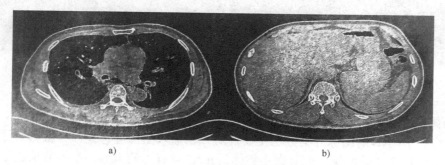

a)                                         b)

图 6-53 胸部 CT 横切面图像

**1. 解决方案**

流行的基于 CNN 的目标检测方法（例如 YOLO v33、Refine Det），对细微特征（例如骨折位置）的检测效果一般。为此，本小节描述了一种图像分割和 CNN 相结合的肋骨骨折检测方法。本方法最显著的特点是将医学影像分割和基于三维卷积核的 CNN 图像分类方法相结合，相对于目前流行的基于 CNN 的目标检测方法，本方法在检测精度上有10%的提升。

本方法先通过计算 CT 值将肋骨轮廓从胸部 CT 图像中分离，然后将肋骨区域分割，最后利用基于 CNN 的图像分类方法判断分割区域中是否存在骨折。

**2. 预处理**

如图 6-54 所示为肋骨框架分割，在训练过程中，先依据 CT 值对整个集合中所有的胸部 CT 图像提取肋骨框架（见图 6-54a 和图 6-54b），然后对每幅图片进行形态学膨胀操作（见图 6-54c，其中结构元为圆形，半径为1），进而构建 2D 连通区域，最后依据连通区域的面积，剔除面积过小的连通区域，同时依据连通区域的形态学特征，将胸腔冠状结构剔除，保证只有肋骨被保留。

a) 源图像      b) 分割图像      c) 膨胀图像

图6-54 肋骨框架分割

形态学膨胀操作非常重要，因为它可以抚平有裂纹的肋骨。从图6-54c中所示的肋骨框架中分割出肋骨区域，如图6-55a所示，再对应到原始切片中，得到图6-55b所示的待分类区域。

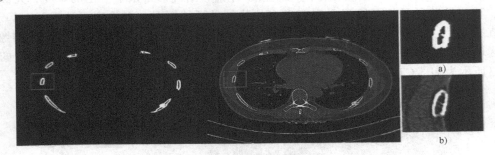

图6-55 肋骨区域提取

### 3. 肋骨骨折检测

传统的基于CNN的图像分类方法主要针对二维输入图像进行设计，虽然对体积较大的物体取得了很好的分类效果，但对微小物体的mAP只有不到40%。本小节描述了一种基于三维卷积核的图像分类方法，本方法利用胸部CT序列的三维特征，选取一定数量的连续肋骨区域图像序列，将其送入图像分类网络，通过三维卷积核提取肋骨的三维特征，依据三维特征得到更好的分类结果。

如图6-56所示为基于三维卷积核的肋骨骨折分类网络，本分类网络主要由三组连续的卷积池化操作组成。因为小尺寸的卷积核能够保留更多的细节特征，所以我们选取3×3×3的卷积核。经过一系列卷积池化操作，将特征图拉直，最后通过一次全连接操作和softmax操作得到分类结果。在这里，我们通过实验验证：以5幅连续肋骨区域图像为一组，以48像素×48像素作为输入图像的大小，能够得到最高的分类精度。

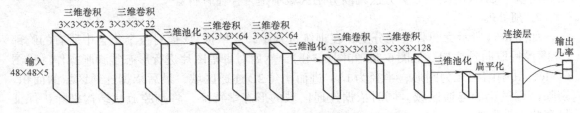

图6-56 基于三维卷积核的肋骨骨折分类网络

### 4. 实验结果分析

如图6-57所示的实验结果表明，6.4.3小节介绍的方法对细微骨折甚至多处骨折的情况都取得了很好的检测效果。在实验中，我们选取120个病例（每个病例都有360幅CT图像）作为样本。

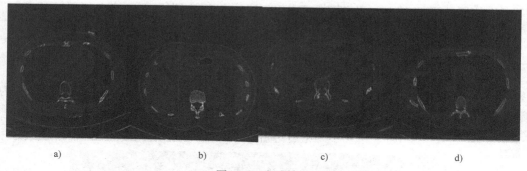

a)         b)         c)         d)

图6-57　实验结果

首先，统计每个病例的检测时间。如图6-58所示为每个病例的平均执行时间，其中，总的执行时间是14.2s；耗时最长的是肋骨轮廓分割，占用了48.6%的执行时间；肋骨区域提取和骨折检测，均占用了12%的执行时间。每个病例包含360幅CT图像，图像的平均处理时间是39ms。

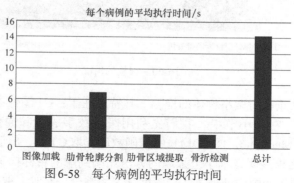

图6-58　每个病例的平均执行时间

随着训练样本数量的增加，准确率和召回率的变化情况如图6-59所示。在从80个病例增加到120个病例的过程中，准确率和召回率也有了一定的提升，但受到样本数量的限制，无法判断当样本规模达到何值时准确率和召回率不再增加或者开始减小。

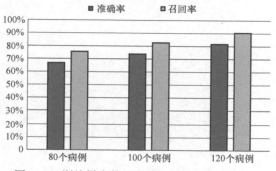

图6-59　训练样本数量对检测结果的影响

接下来，分别统计采用2D卷积核和3D卷积核时的检测精度。实验证明：采用3D卷积核在检测精度上有20%~30%的提升。选取一个具有代表性的基于CNN的目标检测方法YOLO v3进行比较，见表6-1，SCRFD方法相对于YOLO v3，其耗时缩短了2.4倍。

表6-1　本方法与YOLO v3方法的比较

| 方法 | 准确率(%) | 召回率(%) | 耗时/s |
|------|-----------|-----------|--------|
| SCRFD | 81.4 | 90.4 | 14.2 |
| YOLO v3 | 51.6 | 46.3 | 33.6 |

最后，分析一下导致误检的原因。如图6-60a所示是将肩胛骨误检为肋骨骨折的情况，如图6-60b所示是与之类似的陈旧性骨折，显然，肩胛骨被归入了陈旧性骨折的情况。为了简单有效地降低误检率，需要增加训练样本的数量、丰富训练样本的种类，但是，训练样本往往是很难获取的。

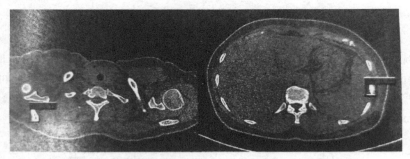

a) 将肩胛骨误检为肋骨骨折　　　　　　　b) 陈旧性骨折

图6-60　误检的情况

骨折检测问题属于针对微小物体的检测。其特点在于：CT图像中有大量的噪声，而且骨折位置细微。所以，在本小节中，我们先利用医学数字成像和通信（Digital Imaging and Communications in Medicine，DICOM）图像函数库提取CT值，将肋骨区域提取出来，再接入分类网络。实验结果表明，本小节采取的方法比端到端的目标检测方法有更高的精度和效率。这也说明，将传统的图像处理方法和深度学习相结合，有时会取得更好的检测效果。

# 第 7 章 信息技术承载下的智能制造系统

在信息时代，信息技术与传统制造技术相结合而形成的先进制造技术，为制造业注入了新的活力，带来了新的工业革命。信息技术的发展使制造业焕发青春，以信息技术为标志的先进制造技术正在使制造业日益成为新技术革命的载体和巨大推动力。本章主要介绍智能制造系统中的信息系统、工业大数据与物联网、数据中心与云计算技术等相关内容，具体内容如下：

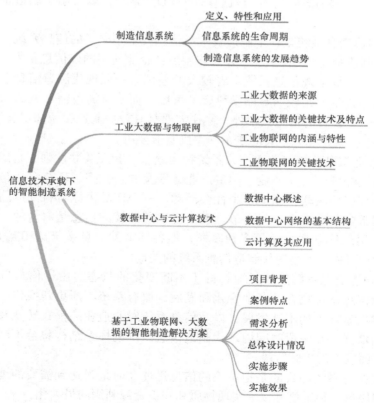

# 7.1 制造信息系统

## 7.1.1 定义、特性和应用

现代制造信息系统泛指用于制造企业、适应现代制造模式的信息系统，是制造系统的一个子系统；是迅猛发展的信息技术与传统制造技术相结合的一个交叉学科的产物；是现代制造企业信息流的主要载体和表现形式；是利用现代信息技术，对信息资源的认识、开发和利用，不断提高制造企业的生产经营、管理、决策的水平和效益，使企业能以信息经济和知识经济的思维方式在现代市场竞争环境中选择正确定位、确立竞争优势的辅助制造系统。它是信息技术用在制造企业而形成的特定系统，与常规在非制造类企业及政府、金融等领域的信息系统不同，存在着如下几个方面的特点：

1）制造领域的专业特色形成了一些特定的制造信息系统。由于制造企业生产经营的特殊性，围绕着产品全寿命周期的各个制造环节的相应信息技术应用的不断深入，已经形成了制造领域特定的或为主要应用领域的现代制造信息系统产品和产业。如专门用于工程类产品设计的各类 CAD 系统，与制造设备关联的加工制造的 CAM 系统，产品性能分析的 CAE 系统（CAE 系统同时也用于建筑、桥梁等工程领域，侧重点不同），用于产品加工工艺的 CAPP 系统，用于制造企业产品数据管理的 PDM 系统，以及用于制造企业资源规划管理的 ERP 系统等。

2）现代制造信息系统是一个制造技术与信息技术相交叉的信息系统。这些系统与常规的用于自动化制造企业的 OA 系统，以及非制造类企业使用的以信息录入、检索、报表输出为主线的 MIS 系统等常规信息系统有着较大的差别。一般现代制造信息系统中含有较深的制造领域知识和背景，是较明显的学科交叉系统，而不是简单信息或数据的处理系统。它的应用和开发除了必要的信息技术外，往往需要具有较好制造领域知识和背景的人员参与，如 CAD/CAM 系统就是起源于大的汽车、飞机制造公司。

3）现代制造信息系统覆盖面广，系统种类繁多，相互关联性强，自成体系。制造业是工业化国家国民经济的支柱产业，制造产业链涉及的企业多、环节多，与海关、银行、税务等社会多个部门相关联，制造是个社会活动。一个产品由原材料到产品，再到销售和报废全寿命周期常常包含多个中间环节。整个过程所涉及的信息是海量的，企业在信息流的各个环节中使用的信息系统也是多种多样，但各环节的信息系统是相互关联而成体系的，系统的开放性和可集成性是现代制造信息系统的关键。

4）现代制造信息系统发展迅速，处于不断变化的状态。由于信息技术日新月异的发展，现代制造信息系统也在不断地变化和发展，原有系统不断更新换代，新的系统层出不穷。随着近年信息技术的不断发展，以及信息系统对制造业的模式转变及竞争力提高等方面的作用不断增强，在一段时间内现代制造信息系统的体系结构将会不断完善，信息系统将会有一个全面发展的兴旺阶段。

现代制造信息系统的目的是把正确的信息迅速及时地送达到需要的地点和人，提高信息流的速度和质量，利用信息技术实现物质和知识资源利用的最大化。

其在制造业方面，应用最广泛的是CAD技术，它起始于20世纪60年代中期的美国。我国CAD技术的应用开始于20世纪70年代末期，20世纪80年代逐步应用于机械制造、建筑、管道、电子、建材、纺织等众多领域。进入20世纪90年代以后，随着技术的成熟、工程成本的大幅度下降以及国产软件技术的迅速跟进，CAD大规模推广应用条件基本具备。目前我国大中型建筑规划设计院已基本普及了CAD技术，全国已有一万多家单位甩掉了图板，取得了良好的社会效益和经济效益。到2000年我国国民经济主要部门的科研、设计单位和企业已全面普及推广CAD技术，其中机械等行业的普及率达到70%以上，全国70%的工业炉窑、耗能高的机电设备均采用计算机进行节能控制。

CAD的应用仅仅是一个方面，随着国际互联网的飞速发展，应用网络分布式开发得到了很大进步，身处我国的专家可以和身处美国、澳大利亚的专家一起，研讨一个产品的可行性。

## 7.1.2  信息系统的生命周期

任何事物都有产生、发展、成熟、消亡（更新）的过程，信息系统也不例外。信息系统在使用过程中随着其生存环境的变化，要不断维护、修改，当它不再适应的时候就要被淘汰，会有新系统代替老系统，这种周期循环称为信息系统的生命周期。图7-1所示为信息系统的生命周期以及相应的工作步骤。

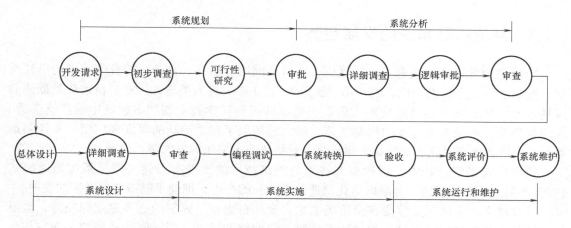

图7-1  信息系统的生命周期以及相应的工作步骤

从图7-1可见，信息系统的生命周期可以分为系统规划、系统分析、系统设计、系统实施、系统运行和维护五个阶段。

1）系统规划阶段。系统规划阶段的任务是对企业的环境、目标、现行系统的状况进行初步调查，根据企业目标和发展战略，确定信息系统的发展战略，对建设新系统的需求做出分析和预测，同时考虑建设新系统所受的各种约束，研究建设新系统的必要性和可能性。根据需要与可能，给出拟建系统的备选方案。对这些方案进行可行性分析，写出可行性分析报告。可行性分析报告审议通过后，将新系统建设方案及实施计划编写成系统设计任务书。

2）系统分析阶段。系统分析阶段的任务是根据系统设计任务书所确定的范围，对现行系统进行详细调查，描述现行系统的业务流程，指出现行系统的局限性和不足之处，确

定新系统的基本目标和逻辑功能要求，即提出新系统的逻辑模型。这个阶段又称为逻辑设计阶段。这个阶段是整个系统建设的关键阶段，也是信息系统建设与一般工程项目的重要区别所在。系统分析阶段的工作成果体现在系统说明书中，这是系统建设的必备文件。它既是给用户看的，也是下一阶段的工作依据。因此，系统说明书既要通俗，又要准确。用户通过系统说明书可以了解未来系统的功能，判断是不是其所要求的系统；系统说明书一旦讨论通过，就是系统设计的依据，也是将来验收系统的依据。

3）系统设计阶段。简单地讲，系统分析阶段的任务是回答系统"做什么"的问题，而系统设计阶段要回答的问题是"怎么做"。该阶段的任务是根据系统说明书中规定的功能要求，考虑实际条件，具体设计实现逻辑模型的技术方案，即设计新系统的物理模型。这个阶段又称为物理设计阶段，而且这个阶段又可分为总体设计和详细设计两个阶段，另外，这个阶段的技术文档是"系统设计说明书"。

4）系统实施阶段。系统实施阶段是将设计的系统付诸实施的阶段。这一阶段的任务包括计算机等设备的购置、安装和调试，程序的编写和调试，人员培训，数据文件转换，系统调试与转换等。这个阶段的特点是几个互相联系、互相制约的任务同时展开，必须精心安排、合理组织。系统实施是按实施计划分阶段完成的，每个阶段应写出实施进度报告。系统测试之后写出系统测试分析报告。

5）系统运行和维护阶段。系统投入运行后，需要经常进行维护和评价，记录系统运行的情况，根据一定的规格对系统进行必要的修改，评价系统的工作质量和经济效益。

## 7.1.3 制造信息系统的发展趋势

20世纪中叶以来，微电子、计算机、通信、网络、信息、自动化等科学技术的迅猛发展，掀起了以信息技术为核心的"第三次浪潮"，正牵引着人类进入工业经济时代最鼎盛的时期，并已叩响知识经济时代的大门。正是这些高新科学技术在制造领域中的广泛渗透、应用和衍生，推动着制造业的深刻变革，极大地拓展了制造活动的深度和广度，促使制造业日益向着高度自动化、智能化、集成化、网络化和虚拟化的方向蓬勃发展。

其中，人工智能技术、虚拟现实技术与网络技术的发展有力地支撑了新型制造模式（如智能制造、虚拟制造、分散网络化制造等模式）的产生，推动了制造信息系统的发展。

随着越来越多的国家接受自由市场思想，全球自由贸易体制的逐步建立和完善，世界大市场的逐步形成以及全球交通运输系统和通信网络的建立，国际间的经济贸易交往与合作更加频繁和紧密，竞争愈来愈激烈。这股全球化的洪流正推动着世界经济稳健、快速、持续地增长。

市场竞争是合作基础上的竞争。由于一个企业的资金、人员素质与知识和技能、设施与设备、设计与开发、制造能力、营销能力等都存在着局限性，在全球范围内日趋激烈的市场竞争中不可能取胜，因此必须进行企业间的合作，形成以竞争为基础、合作协同为主导、风险共担、利益共享、共存共荣的机制，充分实现资本、资源、技术、人才、信息和知识的交流与共享，优势互补、分工协作，才能积极有效、主动、快速响应和适应市场，夺取竞争胜利。

以这种竞争与合作机制为基础，借助于计算机网络、远程通信技术及装备，以及四通八达的交通运输网络，使在地域上分布的企业组成能适应当今和跨世纪市场需求变化的、有竞争能力的、动态可变的企业联盟，是实现在远比过去更广阔的范围内，充分有效利用比过去更广泛的资源，灵活快速响应全球范围内的用户需求，提供优质服务的最佳模式。

制造全球化推动了分散网络化制造模式的发展，因而推动了以集成化、标准化为基础的分散网络化制造信息系统的研究与发展。

## 7.2 工业大数据与物联网

### 7.2.1 工业大数据的来源

在工业生产和监控管理过程中无时无刻不在产生海量的数据，比如生产设备的运行环境、机械设备的运转状态、生产过程中的能源消耗、物料的损耗、物流车队的配置和分布等。而且随着传感器的推广普及，智能芯片会植入每个设备和产品中，如同飞机上的"黑匣子"将自动记录整个生产流通过程中的一切数据。专家们认为，包括人、财、物、信息、知识、服务等在内的生产要素在制造全系统和全生命周期中的组合、流动会持续不断地产生 Volume（体量浩大）、Velocity（生成快速）、Variety（模态繁多）和 Value（价值密度低）的大数据。工业大数据的主要来源，主要来自以下三个方面（见图7-2）。

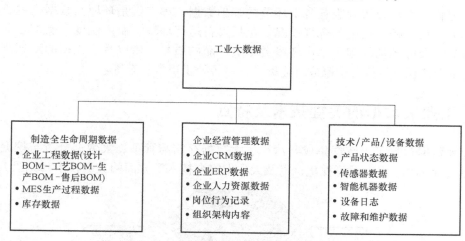

图7-2　工业大数据的主要来源

无论是德国的工业4.0、美国的"工业互联网"还是中国的"两化融合"战略，工业大数据的分析和应用都是基础和落脚点，而大数据的分析与应用离不开数据的采集和传输。随着大数据行业的发展，工业数据收集呈现时间维度不断延长、数据范围不断扩大、数据粒度不断细化的趋势。而以上三个维度的变化使得企业所积累的数据量以加速度的方式在增加，最终构成了工业大数据的集合。而工业大数据也具备大数据的全部4V特征。

Volume（体量浩大）：数据体量巨大。以典型智能工厂项目工控网络数据存储为例，一个传感器每秒产生8000个数据包，网络中超1万个传感器，每秒产生800MB的传感数据，每月产生的传感数据为2.5TB。如此庞大的传感数据对数据存储、并发处理的要求极高。

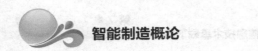

Velocity（生成快速）：数据产生速度快、处理速度快。目前智慧制造云运行中产生的数据从 PB 级至 EB 级不等，并呈现快速增长的趋势，从这些海量的数据中提取数据速度的快慢决定了智慧制造云平台提供服务的效率。

Variety（模态繁多）：数据类型繁多。智慧制造云产生的数据由结构化数据和非结构化数据组成。其中结构化数据以网络数据包为主，非结构化数据则包括音频、视频、图片及地理位置信息等。这些复杂的数据类型需要有更高的数据存储、提取及加工分析能力。

Value（价值密度低）：价值密度是指有价值的数据址与数据总量的比值，如何在智慧制造云产生的海量数据中提取有价值的信息是大数据平台建设的关键所在。以设备远程运维为例，在不间断的监控过程中，可能有用的数据仅仅只有 1~2ms。

从数据产生频度的视角来看，工业大数据可分为三类：第一类是静态数据，如企业信息、资料数据、经验公式及专家知识等不变化或者极少变化的数据；第二类是动态数据，如设计模型数据、库存管理、用户反馈等由个人或群体维护的数据，其产生频度在多数情况下通常远低于计算机处理的指令频度；第三类是实时数据，由产品、设备、传感器等实时产生的模拟、数字信息，产生频度较高。

从企业生产经营的视角看，工业大数据按照不同环节和不同用途可分为三类。第一类是经营性数据，主要反映企业的经营管理资源和经营成果，包括企业内部的人、财、物及与企业经营活动密切相关的供应商、客户和其他合作伙伴等基础信息；第二类是生产性数据，主要反映企业的生产能力，覆盖产品的整个生命周期，包括产品研发设计、原材料准备、工艺流程、产品及售后服务各个环节的基础数据；第三类是环境类数据，主要反映生产保障能力、质量控制及生产合规情况、包括设备运行环境、温度湿度、噪声、空气、废水废气排放以及能源消耗等。生产环境会影响产品的质量，所以环境数据的动态监测可以反映工业生产过程是否符合国家或行业标准，是否处于正常状态等。

## 7.2.2　工业大数据的关键技术及特点

工业大数据包括了大数据集成与清洗、大数据存储与管理、大数据分析与挖掘、大数据标准与质量体系、大数据可视化，以及大数据安全技术等方面的关键技术（见图 7-3）。

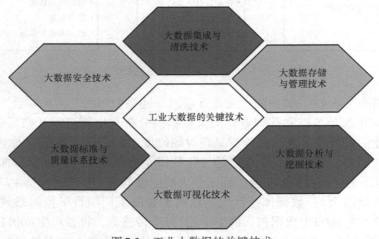

图 7-3　工业大数据的关键技术

1）大数据集成与清洗技术。大数据集成是把不同来源、格式、特点性质的数据有机集中，这种集中包括在逻辑和物理两种形式。大数据清洗是将在平台集中的数据进行重新审查和校验，发现和纠正可识别的错误，处理无效值和缺失值，从而得到干净、一致的数据。经过大数据的集成和清洗，数据才可以发送到数据中间件系统或存储系统进行后续处理。已有成果包括：多数据源媒成，如Gobbiin/Kettle/Sqoop；数据提纯清洗，如Data Wrangler/Google Refine；实时数据采集，如Kafka/Flume等。技术特点包括：能够清洗海址实时数据；工业场景中实时数据源（制造设备、产品及现场产生的大址传感器和工业现场）占比很高；能够实现异构数据类型集成，包括传感数据等轻掀结构化数据以及监控视频、图片等非结构化数据。

2）大数据存储与管理技术。采用分布式存储、云存储等技术将数据进行经济、安全、可靠的存储管理，确定数据优先级，并采用高吞吐量数据库技术和非结构化访问技术支持云系统中数据的高效快速访问。已有成果包括：异地数据存储，如GFS/Lustre；大数据快速访问，如Fast RAQ/Super Block。技术特点包括：能够实现海量数据分布式存储，接入工业互联网的单个智慧工厂每天产生数PB数据；为保证实时制造决策与工控指令反馈，需要对各类存储数据快速访问。

3）大数据分析与挖掘技术。从海量、不完全、有噪声、模糊及随机的大型数据库中发现隐含在其中有价值的、潜在有用的信息和知识。已有成果包括：分布式计算引擎，如Spark/JDBC/ODBC；数据分析算法，如Q-Leaming/Brief Networks；机器学习、交互式分析等。技术特点包括：应用目标导向，工业大数据应用目标广泛，需深度结合应用目标进行特征算法设计；需要建立云制造应用的定量解析或人工智能分析模型。

4）大数据可视化技术。利用包括二维综合报表、VR/AR等计算机图形图像处理技术和可视化展示技术，将数据转换成图形、图像并显示在屏幕上，使得枯燥、抽象的数据变得直观且易于理解，并通过交互处理实现基于可视化数据的分析、交流和决策支持。已有成果包括：多维数据分析展示，如Analytics/Pentaho；交互式数据展示，如Tableau/ManyEyes；虚拟现实/增强现实数据展示。技术特点包括：能够综合处理显示多维度数据，涉及多种维度数据的综合处理与显示；交互式需求迫切，能够支撑制造或企业经营管理决策者基于视觉的交互。大数据标准与质量体系技术包括了工业互联网中大数据通用技术、平台、产品、行业、安全等方面的标准与规范，涉及数据规范、标准、控制、监督等技术。已有成果包括：大数据标准体系框架、大数据交易规范体系以及大数据质量管控（数据铁笼）等。技术特点包括：多类型标准需求迫切；交换和交易过程为导向，标准与质量体系聚焦于跨领域数据交换集成和应用数据交易。

5）大数据安全技术。涉及大数据采集、传输、存储、挖掘、发布及应用等安全，以及用户管控、数据溯源、隐私数据保护及安全态势感知等。已有成果包括：大数据隐私保护，如RBAC（Rule-based Access Control）；数据水印，如Patchwork/NEC；数据应用追溯和安全防护，如区块链技术等。技术特点包括：隐私保护要求高、难度大、关联性强；数据产生及应用过程的追溯与保护；大数据交易中的安全技术。

与传统的互联网大数据分析技术相比，工业大数据具有更强的专业性、关联性、流程性、时序性和解析性等特点，而这些特点都是传统的互联网大数据处理手段所无法满足的。

因此，有别于互联网大数据，工业大数据的分析技术核心是要解决重要的"3B"问题：

1）Below Surface—隐匿性，即需要洞悉特征背后的意义。工业环境中的大数据与互联

网大数据相比，最重要的不同在于对数据特征的提取。工业大数据注重特征背后的物理意义以及特征之间关联性的机理逻辑，而互联网大数据则倾向于仅仅依赖统计学工具挖掘属性之间的相关性。

2）Broken—碎片化，即需要避免断续、注重时效性。相对于互联网大数据的"量"，工业大数据更注重数据的"全"，即面向应用要求具有尽可能全面的使用样本，以覆盖工业过程中的各类变化条件，保证从数据中能够提取出反映对象真实状态的全面性信息。然而，从大数据环境的产生端来看，感知源的多样性与相对异步性或无序性，导致能够获得的工业数据尽管量大，但在分析过程中，针对数据特征或变化要素却仍然呈现出遗漏、分散、断续等特点，这也是为什么大量数据分析师90%以上的工作时间都会被贡献给不良数据的"清洗"。因此，工业大数据一方面需要在后端的分析方法上克服数据碎片化带来的困难，利用特征提取等手段将这些数据转化为有用的信息；另一方面更需要从前端的数据获取上以价值需求为导向制定数据标准，进而在数据与信息流通的平台中构建统一的数据环境。与此同时，工业大数据的价值又具有很强的实效性，即当前时刻产生的数据如果不迅速转变为可以支持决策的信息，其价值就会随时间流逝而迅速衰退。这也就要求工业大数据的处理手段具有很高的实时性，对数据流需要按照设定好的逻辑进行流水线式的处理。

3）Bad Quality—低质性，即需要提高数据质量、满足低容错性。数据碎片化缺陷来源的另一方面也显示出对于数据质量的担忧，即数据的"量"并无法保障数据的"质"，这就可能导致数据的低可用率，因为低质量的数据可能直接影响到分析过程而导致结果无法利用。但互联网大数据则不同，其可以只针对数据本身进行挖掘和关联而不考虑数据本身的意义，挖掘到什么结果就是什么结果，最典型的例子就是对超市购物习惯的数据进行挖掘后，啤酒货架就可以摆放在尿不湿货架的对面，而不用考虑它们之间有什么机理性的逻辑关系。

换句话说，相比于互联网大数据，工业大数据通常并不要求有多么精准的结果推送，而且对预测和分析结果的容错率远远比互联网大数据低得多。互联网大数据在进行预测和决策时，考虑的仅仅是两个属性之间的关联是否具有统计显著性，其中的噪声和个体之间的差异在样本量足够大时都可以被忽略，这样给出的预测结果的准确性就会大打折扣。比如，当有70%的显著性应该给某个用户推荐A类电影，即使该用户并非真正喜欢这类电影也不会造成太严重的后果。但是在工业环境中，如果仅仅通过统计的显著性给出分析结果，哪怕仅仅一次的失误都可能造成严重的后果。

因此，简单地照搬互联网大数据的分析手段，或是仅仅依靠数据工程师，解决的只是算法工具和模型的建立，还无法满足工业大数据的分析要求。工业大数据分析并不仅仅依靠算法工具，而是更加注重逻辑清晰的分析流程和与分析流程相匹配的技术体系。这就好比一个很聪明的年轻人如果没有成体系的思想和逻辑思维方式的培养，很难成功完成一件复杂度很高的工作。然而很多专业领域的技术人员，由于接受了大量与其工作相关的思维流程训练，具备了清晰的条理思考能力及完善的执行流程，往往更能胜任复杂度较高的工作。互联网大数据与工业大数据的对比分析见表7-1。

**表7-1 互联网大数据与工业大数据的对比分析**

| | 互联网大数据 | 工业大数据 |
| --- | --- | --- |
| 数据量需求 | 大量样本数 | 尽可能全面地使用样本 |
| 数据质量要求 | 较低 | 较高，需要对数据质量进行预判和修复 |

（续）

| | 互联网大数据 | 工业大数据 |
|---|---|---|
| 对数据属性意义的解读 | 不考虑属性的意义，只分析统计显著性 | 强调特征之间的物理关联 |
| 分析手段 | 以统计分析为主，通过挖掘样本中各个属性之间的相关性进行预测 | 具有一定逻辑的流水线式数据流分析手段。强调跨学科技术的融合，包括数学、物理、机器学习、控制、人工智能等 |
| 分析结果准确性要求 | 较低 | 较高 |

## 7.2.3　工业物联网的内涵与特性

物联网（Internet of Things，IOT）是麻省理工学院 Ashton 教授在 1999 年最先提出来的。2005 年国际电信联盟（ITU）发布过一篇报告，名为《ITU互联网报 2005：物联网》。该报告中提到，物联网时代即将来临。该报告还指出：世界上所有的物体都能通过 Internet 主动进行信息交换，不管是一页纸那样的微小物件，还是像一座房屋那样的大型物体，都是可以进行信息交换的。随后，世界许多国家都提出了自己的物联网发展战略，包括 2009 年美国 IBM 提出的"智慧地球"、欧盟的《Internet of Things—An Action Plan for Europe》行动方案、日本的《i-Japan 战略 2015》信息化战略等。因此，物联网正式成为了继互联网后的下一个新型的产业革命。

自 2009 年温家宝总理在无锡提出了"感知中国"的概念后，物联网在我国进入了一个高速发展的阶段，2012 年工业和信息化部发布了《"十二五"物联网发展规划》，自此物联网成为了我国经济发展的又一个新动力。我国作为一个工业大国，每年的工业生产总值占全国 GDP 总额的近一半，近年来，新型工业化的快速发展要求工业的智能化程度越来越高，因此物联网给智能工业的发展提供了可行、便捷的服务。

物联网现在还没有一个公认和明确的定义，但从普遍意义上来说，物联网是一个基于互联网、传统电信网络等信息承载体，让所有能够被独立寻址的普通物理对象实现互联互通的网络；也就是说，在物联网世界，每一个物体均可寻址，每一个物体均可通信，每一个物体均可控制。普遍认为物联网是继计算机、互联网和移动通信后引领信息产业革命的新一次浪潮。

不同于我们通常所说的，也就是传统意义上的互联网，物联网的特性显得比较突出。

1）传感器技术的综合应用。数量庞大的不同种类的传感器都被连接和部署到物联网上。这些被部署安装的传感器成为信息源，传感器按照自己的类型区别分别捕获到各自格式和内容的信息。这些被捕获到的信息是不断变化的，通过特定的频率循环，不断采集信息，从而使得数据可以持续更新。

2）基于互联网的普通性网络。互联网依旧是一个核心要素，也是一个十分重要的基础。互联网融合不同种类的有线网络和无线网络以后，可以将获取到的数据信息精确地传递到网络上。由于信息源数据数量繁多，要想确保这些数据传输快速无误，在传输过程中，就一定要能和各种异构网络和协议相适应匹配。

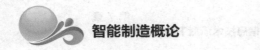

3）智能处理与智能控制能力。物联网利用各种智能技术，比如云计算、校式识别等，使得它的应用范围和领域得以拓展。因为物联网可以将传感器和智能处理结合起来，获取和捕捉到庞大的数据源，对这些数据源进行加工处理、高级分析，从而得到想要的信息数据。通过这种方式去探索物联网的应用领域和模式。

## 7.2.4　工业物联网的关键技术

工业物联网技术是一个跨学科的工程，它涉及自动化、通信、计算机以及管理科学等领域。工业物联网的广泛应用还面临着众多的问题，图7-4所示为工业物联网所涉及的技术领域问题。而其中，通信技术与传感器技术是所有相关技术中的关键技术。

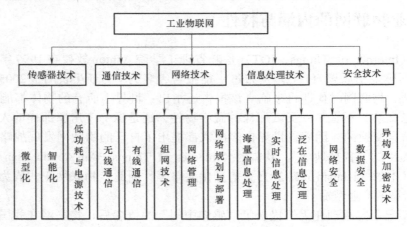

图7-4　工业物联网所涉及的技术领域问题

（1）无线射频识别技术（RFID）

RFID技术是利用射频信号通过空间耦合（交变磁场或电磁场）来实现无接触信息传递并通过所传递的信息来达到自动识别目的的技术。无线RFID技术有很多种类，主要是以下几种：光符号识别技术、语音识别技术、生物计量识别技术、IC卡技术、条形码技术和RFID技术等。其中条形码技术在我们的生活中应用得十分广泛，几乎在每件商品上都有条形码的身影。但是它也有例如读取速度慢、储存能力小、工作距离近等很明显的缺点。

RFID的雏形甚至可以追溯到第二次世界大战时期雷达系统为了区分敌我而使用的敌我飞机识别器（IFF）。20世纪60年代，人类对RFID的研究正式拉开大幕。发达国家如美国、德国等在RFID上起步较早也发展较快，因此具有比较成熟和先进的RFID系统。而在中国，RFID也已经广泛应用于铁路机车识别、二代身份证、危险品管理等多个领域。相信随着RFID产品种类的不断丰富和价格的逐渐降低，RFID将更加大规模地应用到我们的生活中，深刻影响各行各业。

近年来无线RFID技术逐渐完善，它有许多独特的优势，例如防水防磁、读取速度快、储存能力强和识别距离远等，因此RFID能很好地替代现有的条形码技术。特别是当有通信能力的RFID和赋予任何物体IP地址的IPv6技术相结合后，充分释放了它们两者的优点，使物联网所倡导的人和人、人和物、物和物的互联成为可能。

（2）传感器技术

传感器扩展了人感知周围环境的能力，是现代生活中人类获取信息的重要手段，无线传感器节点就是一个很具有代表性的例子。它和通常人们所说的传感器有很大的区别，因为无线传感器除了有传感器部件之外，还包括与微处理器和无线通信芯片做了集成。因此无线传感节点不但能从外界获取信息，还能对信息进行分析和传输。

无线传感网是由大量微型、低成本、低功耗的传感器节点组成的多跳无线网络。无线传感网的作用很广，比如最主要的是环境监测，尤其是长时间的、大范围的。它还可以实时更新数据并且可以实现自动化。随着节点软硬件技术的发展，节点的价格更加低廉，所以节点的部署也可以更加广泛，计算能力也可以更强更智能。一方面，传感器将朝着低价格、微体积的方向发展；另一方面，传感器将和智能手机、医疗设备等结合，朝着智能化、人性化的方向发展。而物联网的兴起也带给无线传感网新的发展契机。通过物联网扩展应用模式，无线传感网可实现更透彻的感知，拥有更深入的智能，最终达到"物物相联"。

## 7.3    数据中心与云计算技术

### 7.3.1    数据中心概述

数据中心是一个聚集了大量服务器、存储设备、网络设备等IT设备的场所，是实现数据信息的集中处理、存储、传输、交换、管理等业务的服务平台。从物理层次看，数据中心主要由IT设备、配电系统和空调系统三部分构成。IT设备用于数据处理（服务器）、数据存储（存储设备）以及通信（网络设备），是实现数据中心功能的核心部分。配电和空调系统，用以保障IT设备系统的正常运行。配电系统用于直流、交流转换，并确保为IT设备提供可靠、高质量的电源。空调系统保证IT设备在正常的温度和湿度下工作。

数据中心的发展大致经历了几个阶段。早期，计算机领域巨大的计算机房是数据中心的雏形。20世纪90年代，客户端/服务器的计算模式逐步普及，服务器开始被单独放置，数据中心开始流行。21世纪初，随着互联网的发展，互联网数据中心（Internet Data Center，IDC）快速兴起，所能提供的服务不断升级。近年来，气候变暖、能源紧张等问题，使数据中心面临着降低能耗、节约成本的严峻挑战，数据中心节能受到前所未有的关注，"绿色数据中心"的概念应运而生，并将成为数据中心新的发展方向。

数据中心的产生致使人们的认识从定量、结构的世界进入不确定和非结构的世界中，它将和交通、网络通信一样逐渐成为现代社会基础设施的一部分，进而对很多产业都产生了积极影响。不过数据中心的发展不能仅凭经验，还要真正地结合实践，促使数据中心发挥真正的价值作用，促使社会的快速变革。

### 7.3.2    数据中心网络的基本结构

数据中心网络（Data Center Network，DCN）是指数据中心内部通过高速链路和交换机连接大量服务器的网络。传统数据中心网络主要采用层次结构实现，且承载的主要是客户机/服务器模式应用。多种应用同时在同一个数据中心内运行，每种应用一般运行在其特定的服务器/虚拟服务器集合上。每个应用与一个或者多个因特网可路由的IP地址绑定，用于接收来自因特网的客户端访问。在数据中心内部，来自因特网的请求被负载均衡器分配到这个应用对应的服务器池中进行处理。根据传统负载均衡的术语，接受请求的IP地址称为虚拟IP地址（Virtual IP Address，VIP），负责处理请求的服务器的集合称为直接IP地址（Direct IP Address，DIP）。一个典型的传统数据中心网络体系结构如图7-5所示。

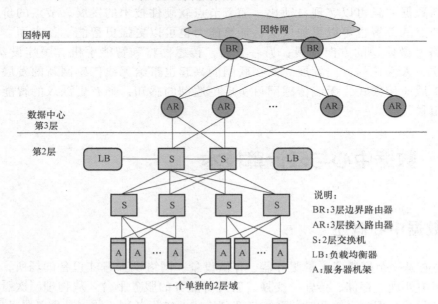

图7-5　传统的数据中心网络层次体系结构

在图7-5中，根据其VIP地址，来自因特网的请求通过3层边界路由器（BR）和3层接入路由器（AR）被路由到2层域。应用对应的VIP地址被配置在图7-5中连接在上层交换机（S）的负载均衡器（LB）中。对于每个VIP，负载均衡器为其配置了一个DIP列表，这个列表包含的通常是服务器（A）的内部私有地址。根据这个列表，负载均衡器将接收到的请求分配到DIP对应的服务器池中进行处理。

面向云计算等新型计算模式的数据中心已经不同于企业数据中心，它呈现出许多新的特点：

1）规模不断扩大，需要支持的服务器数量达到数十万或更高的量级。

2）在流量特征方面，MapReduce应用、虚拟机迁移以及其他带宽密集型应用等触发的数据中心内部流量显著增加，达到总流量的80%左右，从而使得网络带宽经常成为稀缺资源。

3）出于成本考虑，数据中心规模的急剧扩大要求其采用成熟的普通商业化网络设备达到横向扩展，而不是采用昂贵的高性能设备进行纵向扩展。

4）一些新型数据中心网络结构具有不同于传统网络的结构，比如立方体、随机图、无标度网络、多根树等，这些网络结构可以用来辅助设计高效的路由算法。

5）为了保证服务质量和安全性，需要为各个服务的流量提供一定的流量隔离。

6）虚拟化已经成为数据中心的重要理念，其需要数据中心网络支持任意一个虚拟机的任意迁移和部署，且不影响已经存在的应用层状态。

7）在大量服务器和交换机存在的前提下，数据中心网络不应该引入过多的交换机配置开销，需要做到即插即用。

8）一方面，数据中心网络已经成为全球能耗不可忽视的部分；另一方面，数据中心超过80%的链路负载非常轻。

9）由于数据中心网络中广泛采用了低成本的低端设备，从而存在链路失效、服务器失效和交换机失效等多种故障和差错，而持续的可靠服务能力需要数据中心网络提供高效的失效恢复策略和容错机制。

根据这些特点以及图7-5展示的网络体系结构，可以总结出传统层次数据中心网络体系结构的不足，主要包括以下几个方面：

1）服务器到服务器的连接和带宽受限。层次体系结构意味着隶属不同2层域的服务器间的通信流量需要经过3层。但出于成本考虑，2~3层的链路经常是超额认购的，也就是说，接入路由器与边界路由器的链路容量显著低于连接到接入路由器的服务器的总输出容量。这就导致了隶属不同2层域的服务器间的可用带宽非常受限（取决于3层的超额认购比值以及流量分布情况）。

2）规模较小。如图7-5所示，所有连接到1对接入路由器的服务器构成单个2层域。如果使用传统的网络体系结构和协议，受限于快速失效恢复的需要，单个2层域的规模约为4000个服务器。由于广播流量（由ARP等引起）的开销的限制，2层域大多被配置于2层交换机上的VLAN划分为子网。这个规模难以用来构建十万级甚至百万级规模的数据中心。

3）资源分散。目前流行的负载均衡技术，比如目的NAT（半NAT）和直接服务器返回等，要求所有VIP的DIP池位于同一个2层域。这个限制意味着应用不能使用其他2层域的服务器，这导致了资源的分散和较低的资源利用率。通过源NAT或者全NAT的负载均衡允许服务器分散在2层域。但这种情况下，服务器通常不能看到客户端的IP，这使得服务器无法利用客户端的IP地址信息提供个性化服务或者进行数据挖掘类的工作，这对于服务器来说是无法接受的。

4）采用专用硬件纵向扩展成本高。在传统的体系结构中，负载均衡器成对使用。当负载变得太大时，运营商使用新的拥有更大容量的均衡器代替现有的均衡器，这个纵向扩展的策略成本很高。另外，3层的路由器在超额认购比例发生变化或者拓扑发生变化时，需要纵向升级到更昂贵的路由器，而不是横向升级。由于目前的高端设备与普通商业交换机/路由器的价格差别巨大，因此这种策略的升级成本高昂。

5）流量工程难度大。数据中心流量是高动态和突发的，约80%的流量都是内部流量，且流量持续变化，难以预测，从而使得传统流量工程方法无法有效工作。

6）自动化程度不高。当服务需要在服务器间重分配时，传统数据中心网络的地址空间分片会导致巨大的人工配置成本，且人工操作出错的概率很高。在云服务数据中心网络中，提高自动化程度可以控制IT员工与服务器成本的比值，并且能够降低由于员工操作失误带来的风险，使得网络更加健壮。

7）配置开销大。3层结构需要为每个交换机配置子网信息，并同步DHCP服务器以基于主机的子网分配IP地址；另外，VIP与DIP列表的对应关系需要配置在负载均衡器上。当交换机或者网络设备故障或VIP与DIP对应关系发生变化时，引入的配置开销较大，同时

增加了误操作的风险。

8）不提供服务间的流量隔离。在数据中心承载多个服务的同时，网络并没有阻止一个服务的流量影响其周围的其他服务。当一个服务经历了流量泛洪时，位于其同一个子树的其他服务就会承担泛洪引起的伤害。

9）网络协议待改进在数据中心中大量沿用网络传输协议（TCP），而原有的TCP协议是面向互联网开发的，没有考虑数据中心网络的低时延和高带宽特点。研究发现，在多对一通信模式时，TCP会出现链路利用率不足的吞吐量崩溃现象。

为了满足新型计算模式和应用的需求，新型数据中心网络需要满足如下的要求：

1）服务器和虚拟机的便捷配置和迁移。允许部署在数据中心的任何地方的任何服务器作为VIP服务器池的一部分，使得服务器池可以动态地缩减或扩展；并且，任意虚拟机可以迁移到任何物理机。迁移虚拟机时无须更改其IP地址，从而不会打断已经存在的应用层状态。

2）服务器间的高传输带宽，大多数数据中心应用的服务器间的流量总量远大于数据中心与外部客户端的流量。这意味着体系结构应该提供任意对服务器间尽可能大的带宽。

3）支持数十万甚至上百万台的服务器。大的数据中心拥有数十万级或者更多的服务器，并允许增量的部署和扩展。

4）低成本且高扩展。第一，物理结构可扩展，需要以较小的成本物理连接服务器，不依赖于高端交换机来纵向扩展，而是采用普通商业化的组件实现横向扩展；第二，可以通过增加更多的服务器到现有结构上实现增量扩展，且当添加新的服务器时，现有的运行服务器不受影响；第三，协议设计可扩展，比如路由协议可扩展。

5）健壮性。数据中心网络必须能够有效地处理多种失效，包括服务器失效、链路断线或者机架失效等。

6）低配置开销。网络构建不应引入过多的人工配置开销。理想情况下，管理员在部署前无须配置任何交换机。

7）高效的网络协议。根据数据中心结构和流量特点，设计高效的网络协议。

8）灵活的拓扑和链路容量控制。数据中心网络流量是高动态和突发的，从而使得网络中某些链路由于超额认购产生拥塞，成为瓶颈链路，而很多其他链路则负载很轻，因此，网络需要能够灵活地调配负载或者灵活地调整自身拓扑和链路容量，从而适应网络流量变化的需求。

9）绿色节能。新一代数据中心在当今能源紧缺与能源成本迅猛增长的情况下需要综合考虑能源效率问题，提高利用率、降低流量传输和制冷开销。

10）服务间的流量隔离。某服务的流量不应被其他服务的流量所影响，从而提供安全性和服务质量保证。根据这些需求，研究者从多个角度出发，提出了多种设计方案。由于每个工作的出发点不同，为了能够清晰地描述。本章着重综述数据中心网络体系结构方面的研究，并分析其存在的问题。

## 7.3.3　云计算及其应用

云计算（Cloud Computing，CC）是分布式计算的一种，指的是通过网络"云"将巨大的数据计算处理程序分解成无数个小程序，然后，通过多部服务器组成的系统进行处理和分析这些小程序得到结果并返回给用户。云计算早期，简单地说，就是简单的分布式计算，解决任务分发，并进行计算结果的合并。因而，云计算又称为网格计算。通过这项技术，可以在很短的时间内（几秒钟）完成对数以万计的数据的处理，从而达到强大的网络服务。

现阶段所说的云服务已经不单单是一种分布式计算，而是分布式计算、效用计算、负载均衡、并行计算、网络存储、热备份冗杂和虚拟化等计算机技术混合演进并跃升的结果，是基于互联网相关服务的增加、使用和交付模式，云计算可以将虚拟的资源通过互联网提供给每一个有需求的客户，从而实现拓展数据处理。

云计算对于个人和企业的应用才刚刚开始，云计算为移动终端提供了一个新的发展机遇，未来的移动终端将不再依赖智能终端的模式，而是要依靠云计算中心的发展而不断提升，所以今后可能会出现为手机提供服务的应用服务商，他们会专门针对手机用户，开发诸如游戏、聊天、照片修改等服务，而手机 APP 也不用像现在这样需要从应用商店下载安装之后才可以使用，我们可以尽情地拍照而不必担心手机内存空间不足的问题。其实，这些便捷的服务功能都可以来自于一个巨大的资源池，用户所要用到的资源都可以由手机应用服务提供商来间接提供，我们只需要使用现在的手机就可以得到云计算的支持，手机就成为了一种类似于遥控器的设备，只需要选择相应的服务就可以了。这种智能化才是真正实现了世界的信息化。

云计算目前依旧存在一些问题。首先，云计算需要持续的网络连接，也就是说在离线状态下云计算是不能够起作用的，而且对于网速的要求也很高。其次，云计算的灵活性和便利性使得云计算的安全成为一个值得考量的方面，许多企业会担心自己公司的数据和系统是否会被泄露。除此之外，怎样有效地提供计算和提高存储资源的利用率也是云计算面临的一个重要问题，所有的数据和存储都放在云端，对于云服务提供商服务器集群本身也是一个大的挑战。实际上，在云计算发展的过程中，应用到的都不是新技术，关键在于如何使之与云计算这个大的概念融入整合。

## 7.4 基于工业物联网、大数据的智能制造解决方案

### 7.4.1 项目背景

移动互联网、物联网、云计算和大数据技术的发展和成熟，对于推动中国制造由大变强、向中高端水平迈进，具有重要的意义，同时又对传统制造业提出了挑战和机遇。

浪潮公司于 2014 年 12 月起，开始承建中国航天科技集团公司第四研究院的（以下简称航天四院）智能制造解决方案，以物联网、大数据技术进行生产制造流程优化，改造数字化车间，建立"智慧工厂"，探索出一条以"精细协同、智能互联、数据共享"为核心的智能制造发展路线。方案通过深入实施数字化工程，并从设计、工艺、生产、服务保障、管理的智能化等方面入手，实现车间数字化、网络化、智能化，最终达到提高生产质量、降低生产成本、缩短产品研制生产周期的目的，从而达到生产数据可视化、生产设备

网络化、生产文档无纸化、生产过程透明化、生产现场智能化的目标，提高了航天四院在国内外同类企业中的竞争力，为航天四院的集团发展战略提供支撑，响应了国家"制造强国"的战略指引。

## 7.4.2 案例特点

围绕"研制生产数字化、经营管理信息化、信息处理网络化"的IT战略目标，构建面向院级集中管控，覆盖院、厂所、车间三级单位的一体化科研生产数字化管控平台，实现科研生产业务的综合、协同管理，有效提升科研生产效率与产品制造质量。

从业务方面，以固体发动机科研生产业务为核心，实现覆盖全院及厂所的计划管理、生产管理、车间执行、质量管理、物资管理、在制品管理和生产指挥调度与辅助决策，全面打通计划、质量、实物（原材料、在制品）、资源信息流，实现航天四院型号项目的设计、生产、管理一体化。

从管理方面，全面提升科研生产管理竞争力，有效提升产品研制效率，缩短生产周期，保证产品质量和可靠性。

从流程方面，梳理完善业务管理流程，将航天四院型号产品研制生产过程优化规范并固化执行，实现工作的标准化、规范化，提高全院工作效率和质量，控制企业风险，并能持续优化流程和工作方法。

从信息化建设方面，建设院所统一的科研生产数字化管理平台，建立一个集中数据库，消除"信息孤岛"，实现全面信息的良好互通与共享，及时掌握科研生产进展，为领导决策提供支持。

## 7.4.3 需求分析

中国航天科技集团公司第四研究院是我国最大的固体火箭发动机设计、研制、生产和试验的专业研究院，是国家重点国防科研单位，也是"十五""十一五"期间国防科工委重点统筹规划建设单位之一。项目实施前，航天四院正面临战略转型、市场竞争不断加剧的形势，已有的管理信息系统建设与航天四院持续提升的管理要求存在较大的差距，这种差距突出体现在各系统间不衔接，导致难以满足各业务流程一体化，系统功能难以满足多部门、多层级业务管理需求，管理系统平台不一。借鉴国际一流企业集团的信息化实践，航天四院迫切需要通过建设一套智能制造整体解决方案来满足企业的需求，关键需求要点如下：

1）提升集团纵向管控能力。平台标准化、统一化，建立以战略为导向的集团化管控体系。

2）提升企业内部精益管理能力。建立航天制造模式，适应多品种、多型号、多状态、多变化、多批次、小批量的生产环境对制造模式的要求。建立航天特色的过程跟踪，对型号产品的科研生产全过程进行工序级任务管理。

3）提升型号项目跨单位协同研制生产能力。实现院、厂所、具体执行单元三级型号科研任务的信息共享、业务集成和协同作业，打造一个设计、制造、经营一体化的高效经营管理信息系统。

4）提升企业高效的决策分析能力。建立战略指标预测、预警模型，实现战略目标分解及事前、事中、事后绩效考核，支撑集团战略规划管理。

## 7.4.4 总体设计情况

基于总体规划思路，并参考TOGAF、FEAF等科学的规划方法论，形成了航天四院科研生产管理平台顶层的总体架构设计，包含业务覆盖范围、系统应用架构、系统功能架构。

（1）业务覆盖范围

固体发动机是导弹、运载火箭以及航天器产品的重要组成部分，其研制过程涉及壳体结构、复合材料、推进剂、火工装备等多个学科专业，以及设计、仿真、工艺、制造、装配、装药、试验等多个环节，产品工序多、工艺复杂、生产周期长。业务范围涉及院本部、总装厂、配套厂、设计所，既包含院本部与下属厂所的纵向协同，又包含厂所间的横向协同。

浪潮公司为帮助航天四院对各厂所科研生产的综合管控以及厂所对产品生产全周期全要素的过程管理（含厂所自揽项目），进入各厂所及软件厂商进行了深入的需求调研分析，并对建设统一的科研生产管理信息平台建设方案进行了论证（纵向业务线、横向厂所线），确定科研生产管理平台覆盖的范围主要包含：

1）实现纵向的三层管控，即科研生产指挥调度与辅助决策层、科研生产业务管控、车间科研生产执行层，满足院、厂所、车间一体化管理，加强院科研生产管控力度及各厂所业务协同，提升院生产制造能力和生产快速反应能力。

2）横向搭建科研计划管理、物资管理、质量管理、资源设备管理、车间MES管理等业务管控系统，解决科研计划、生产计划、物资配套、资源使用、质量控制信息数字化管理，加强信息共享与一致性，优化资源配置，提高厂所、各业务部门协同效率。同时，实现与科研设计系统集成应用，实现设计生产一体化管理，有效地提升生产效率与产品制造质量。

（2）系统应用架构

科研生产管理系统为多级应用，分别为院级应用、厂所级应用、车间级应用，其三级应用架构如图7-6所示。每个层级因关注视角的不同，应用的功能应分级展现。

院级应用：管理的重点是院管型号项目、预研课题，重点建设的内容包含产品及部段级型号计划的编制、下发及进度的反馈，产品配套情况；质量体系管理及质量目标的分解、反馈、考核及型号质量信息；物资及资源设备的标准化管理，关键设备的状态及负荷。

厂所级应用：除院管型号项目、预研课题外，还涉及厂所自揽项目，重点建设内容包含零件级生产计划的编制、一级工艺路线（车间流转级或重点工序级）及计划执行进度；质量检验、质量问题处理、质批数据包、质量评审及质量分析；精细的物资保障管理；设备资源动态、全周期管理。

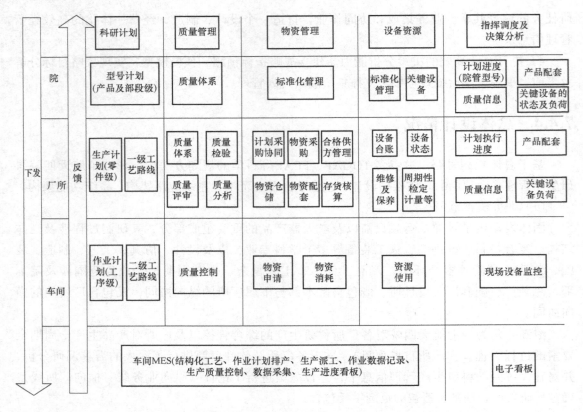

图 7-6　三级应用架构

车间级应用：关注的重点为车间的现场管理，主要包含结构化工艺、作业计划排产、生产派工、作业数据记录、生产质量控制、数据采集及直观的生产进度看板。

（3）系统功能架构

本次科研生产管理系统整体上分为四个层次，分别为决策层、管理层、执行层和设备控制层，其系统功能架构如图7-7所示。

决策层主要为指挥调度与决策支持系统，包括远程指挥调度平台、管理驾驶舱等进行数据综合分析和集团数据直报，通过对院及厂所的科研生产业务数据实时采集和分析，方便院领导实时掌控全院科研生产动态和科学决策。

管理层主要实现院和厂所各职能部门之间的科研生产综合管理，包括科研计划管理、型号物资管理、质量体系与控制以及设备资源管理等功能。

执行层主要为数字化车间（MES）实现车间加工、热表、装配、装药等业务的执行跟踪和过程控制与管理。

设备控制层主要实现车间设备联网以及设备数据采集与监控，包括MDC/DNC及DCS等系统。

平台通过集成与外部系统进行信息交互，通过与AVPLAN的集成实现集团型号任务的接收，通过与AVIDM的集成实现产品物料清单（BOM）的集成，通过与AVMPM的集成实现与结构化工艺的集成，通过与TDM系统的集成实现与试验数据的集成。

通过本次科研生产指挥与决策支持平台建设，航天四院实现了计划、质量、物资的院、厂所、车间三级贯通，以及以计划为核心的技术、物资、工装、人员的横向协同管理。

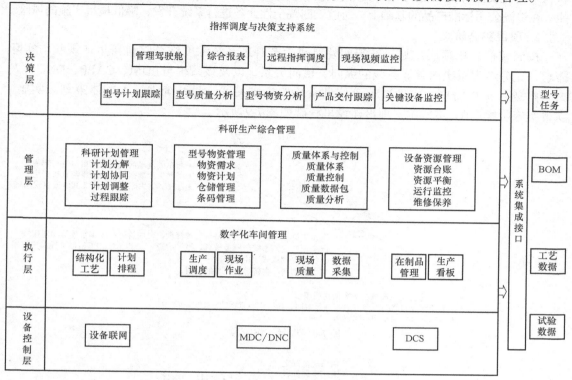

图 7-7   系统功能架构

## 7.4.5   实施步骤

**1. 项目实施策略**

（1）统一规划、试点先行

在需求调研时，对院机关及各厂所业务进行了充分的调研，建设方案统一规划，为降低全院铺开实施的难度，降低项目的实施风险，先选取 7414 厂进行试点实施。

在 7414 厂试点实施的过程中，考虑各类型号产品结构与管理特点的不同，又选取 XX-A、XX-B 两个典型型号，进行 BOM、结构化工艺、检验项目等基础数据的拆解，拆解的数据在系统中试点运行。

（2）明确目标、逐步实现

先实现基本/关键需求，保证主要业务流程能走通，再逐步实现扩展需求。注重项目规划、系统模拟和知识转移，贯穿于项目的每个阶段。

（3）积累经验、全院推广

在 7414 厂试点实施过程中逐步积累经验，完善系统功能，充分准备后再进行全院推广实施，保证项目顺利完成。

（4）标准产品+个性开发

根据航天四院科研生产管理的特点，在系统开发过程中，既考虑航天四院科研生产管理现

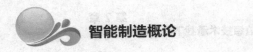

状，不对主要业务流程进行大的变革，降低项目实施的难度，又考虑ERP标准业务流程与功能。在浪潮公司标准产品的基础上，对航天四院个性业务进行系统开发，降低项目实施的风险。

**2. 项目实施阶段**

按照院信息化顶层规划，航天四院科研生产管理系统深度结合院科研生产现状与实际需求，充分考虑系统内各业务线的纵向、横向关系，以及该系统与PDM、CAPP、DNC、人力、财务、工程门户、辅助决策等信息系统的集成关系，对系统进行了整体策划与实施。项目实施阶段如图7-8所示，项目建设里程碑如图7-9所示。

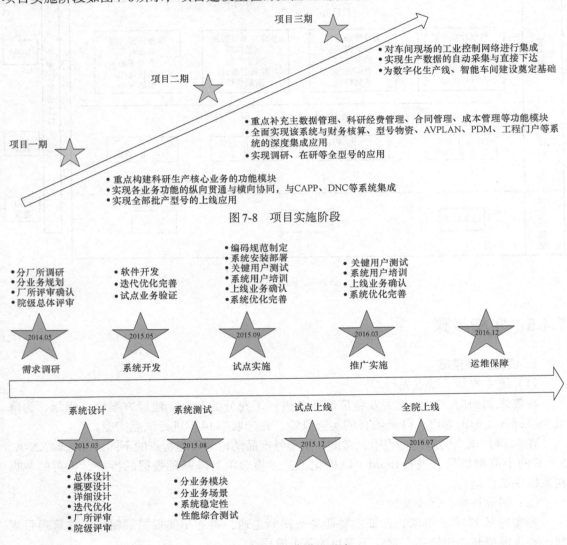

图7-8　项目实施阶段

图7-9　项目建设里程碑

**3. 建设内容和关键技术应用**

（1）基础数据标准化

航天四院科研生产管理系统作为一项大型的综合性管理系统，基础数据的标准化、规范化非常重要，其目的是确保基础数据的高质量、唯一性和流通的便利性，为各业务系统的数据流转、分析汇总提供基础，提高数据集成能力。图7-10所示为基础数据标准化的示意图。

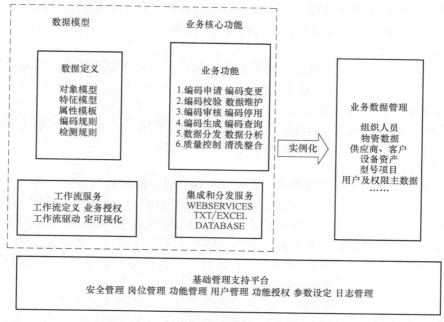

图7-10　基础数据标准化的示意图

主要内容是制定各类编码和标准，实现编码规范化、标准化及管理过程的标准化。

1）基础数据管理范围。

主要基础数据包括型号项目、物料字典、物料清单（BOM）、检验项目、检验标准、往来单位、组织机构、人员信息等。

2）标准化体系建设。

基础数据管理首先是数据标准化体系建设，整个体系包括组织、制度、流程、信息分类标准、编码标准五个部分。

3）基础数据标准化体系。

① 组织。每个基础数据都要有相应的管理组织，组织中包括组织结构、岗位职责、成员要求，标准化首先确定的就是落实管理组织、责任人，明确岗位分工。

② 制度。院牵头制定相应的管理制度来保证标准流程的执行，制定相应的管理制度、配套的考核制度、运营制度，才能使标准真正落地。

③ 流程。确定增加、变更、发布等管理流程来规范基础数据维护，避免数据的各自为政，这是数据统一的操作原则。

④ 标准。建立信息分类标准。按照每个基础数据的含义及属性特征，定义其分类标准，作为数据收集、整理、归类的依据。

⑤ 编码标准。信息编码有各种方式，有各种国家标准、企业标准、行业标准，但每家企业都会有区别，按照企业的不同，同时遵从一些常规编码原则，比如易识别、易理解、易使用且编码统一并唯一等原则，制定各类基础数据的编码规则，以约束纳入系统的基础数据编码并保证基础数据的质量。制定基础数据的属性规范，保证进入基础数据系统数据的完整性和规范性。

4）基础数据申请及校验。

系统提供基础数据新增流程，用户可以在基础数据平台申请编码，然后系统会对数据进行合法性检查，对于检查失败的数据，系统会进行提示。

5）基础数据变更。

基础数据变更需要走变更流程，同时基础数据可对变更后的档案进行版本管理，基础数据变更时，系统会做更详细的检查。

6）基础数据管理过程标准化。

实现基础数据过程管理规范化流程，明确编码管理的组织（审核、下发、变更），只有管理过程标准化才能保障后续基础数据的规范性和唯一性。

（2）科研计划管理

科研计划管理是为了保证高质量、高效地按期完成全院的各项科研任务，作为一个两级管控、三级计划的平台，在院管层面向上接收集团公司型号科研生产任务，向下将部段研制任务分解、下达给各承研厂所，并协调厂所间的任务协作，在厂所层面将院下达的部段级研号计划及厂所自揽的任务分解为零部组件及大工序计划，下达给各车间，并协调各车间的任务流转。各责任主体及时反馈生产任务（各级计划）的进度，并进行分析考核，以确保科研生产任务的有序进行。

科研计划从产品的角度来划分，包含院级的型号计划（部段级）、厂所的生产计划（零组件级）、车间作业计划（工序级）；从周期的角度来划分，包含年度计划、月度计划、周计划。

科研计划管理系统功能架构如图7-11所示，科研计划管理主要包括生产数据管理、项目数据管理、计划管理、生产准备管理、产品交付管理等功能模块。

| 外部 | | 指挥调度与决策支持系统 | | | | | 内部 |
|---|---|---|---|---|---|---|---|
| AVPLAN | 院本部 | 生产数据 | 项目数据 | 计划管理 | 生产准备 | 产品交付 | 指挥调度与辅助决策支持 |
| | | | 质量目标质检组织公有检验项目质量原因专家库 | 质量信息采集卡 | 质量信息采集卡 | 直方图柱状图饼图帕累托图单值移动差图 | |
| AVMPM | 厂所 | 物料清单管理工艺器线管理标准工序配方管理工艺定额工作中心班组工作日历班制 | 项目(军协)项目厂所项目任务任务号管理厂所WBS模板 | 厂所年度计划管理厂所年度计划公告厂所月度计划管理厂所月度计划公告型号专题计划厂所周计划管理考核计划管理月度计划管理周计划变更计划进度反馈计划日程管理 | 年度物料需求运算年度准备计划月度物料需求运算月度准备计划齐套计划备料单技术通知单材料转移 | 装药交付统计总装交付统计车间产出入库 | 物资管理车间MES |
| TDM | | | | | | | |
| | | GSP开发平台 | | | | | |

图7-11  科研计划管理系统功能架构

1）生产数据管理。生产数据管理主要包括型号物料清单、工艺路线和配方等数据的编制、审核和工作中心、班组、工作日历等生产基础数据的管理。

2）项目数据管理。项目数据管理主要包括院管型号和厂所协作军品的项目库以及项目阶段、任务号、WBS分解模板等数据的标准化管理。

3）计划管理。计划管理主要包括院年、月型号计划和厂所年、月、周生产计划的协同编制，以及对各级计划的进度跟踪及实时反馈。

4）生产准备管理。生产准备管理主要包括物料需求运算（MRP）和生产准备计划的编制、审核和下发，以及厂所技术通知单的编制、审核和下发等管理。

5）产品交付管理。产品交付管理主要包括产品交接单、紧急和例外放行申请与16厂的装药生产任务、总装交付任务等功能。

同时科研计划管理和内部物资管理、资源管理、车间 MES、指挥调度与辅助决策支持形成一体化应用，外部和AVPLAN、AVMPM以及TDM系统集成，实现跨部门、跨厂所的信息流转，为航天四院提供一个集中的生产计划管理平台。

（3）物资管理

以满足科研生产任务为前提，以"型号项目"为主线，各厂所建立了集中式的物资管理系统，实现对生产主材、辅材、半成品、成品等物资的采购、库存管理以及成本核算，并实现物资的规范化、精细化、动态化管理，确保物资的质量、进度、成本的全方位受控，加速库存周转，提高型号物资配套效率，解决不同厂所、不同部门、不同业务间的协同困难，有效保障科研生产的顺利进行。物资管理系统内容涵盖采购管理、库存管理、存货核算、外协管理、供应商管理等。

物资管理系统功能架构如图7-12所示，物资管理主要包括基础设置、采购管理、库存管理、存货核算、外协管理、数据上报等功能。

1）基础设置。基础设置为物资管理的顺利运行提供业务基础的支撑，只有在业务基础数据规范设置后，物资系统才能有效且高效地运行。基础设置主要包括计划员定义、采购员定义、仓库定义、货位定义等功能。

2）采购管理。采购管理为科研生产提供物资保证。系统满足生产类物资和生产辅助用物资的一般采购管理模式，也支持专项采购管理模式，即以型号项目为主线的管理；支持依据科研计划及产品定额形成物资采购需求、依据安全库存生成采购计划；具备比质比价的功能，从而降低采购成本；实现采购到货与质量管理系统无缝集成；具备付款结算、费用分摊功能；实现了采购供应商的动态管理；实现采购计划执行情况的跟踪，实时统计采购计划的完成率、采购订单的按期到货率，为供应商的考核提供依据。

3）库存管理。库存管理能够处理各种库存事务，实现对主材、辅材、半成品、成品等物资的日常仓库管理，如出入库管理、盘点、报废、项目间转移、仓库间转移、货位间转移等；可以多维度、精细化管理库存物料，主要有货位管理、批次管理、单件序列号管理和有效期管理；可以管理库存状态，如可用库存、质检库存、冻结库存（不合格库存）、在途库存等，实现物资配套发放管理。

4）存货核算。存货核算主要是从价值的角度管理物料，能够支持多个独立核算单位的存货集中核算。其主要功能是在库存管理的基础上，完成对采购暂估业务的处理、对存货金额的调整；完成对采用计划价核算存货成本差异的计算分摊，计划价格的调整。可以准确、及时地反映企业的存货水平，提供各厂所的存货余额、明细查询，收发存汇总查询，资金占用分析等。实现库存物资与财务的一体化核算，付款结算及生产领料自动生成财务

凭证，为成本管理提供依据。

| 指挥调度与决策支持系统 | | | | | | 科研计划 |
|---|---|---|---|---|---|---|
| 基础设置 | 采购管理 | 库存管理 | 存货核算 | 外协管理 | 数据上报 | 物资管理 |
| | 采购计划执行单元查询 订单完成统计 逾期未到货统计 | 库存余额月报 库存详细明细查询 收发存汇总 | 存货余额账查询 存货明细账查询 | 直方图 柱状图 饼图 帕累托图 单值移动差图 | 直方图 柱状图 饼图 帕累托图 单值移动差图 | |
| 计划员定义 采购员定义 仓库定义 货位定义 | 采购需求管理 采购计划管理 采购过程管理 采购到货管理 到货清验管理 付款结算管理 采购供应商动态管理 采购计划执行情况查询 订单完成统计 逾期未到货统计 | 采购入库管理 生产入库管理 生产领用申请管理 领用出库管理 厂所间调拨管理 仓库间转移管理 货位间调拨管理 盘点管理 账务处理 库存月结处理 库存余额月报 库存详细明细查询 可用库存查询 | 入库成本确认 出库成本计算 金额调整 差异处理 暂估冲销处理 计划价调整 存货月结处理 存货余额查询 存货明细账查询 | 外协加工申请管理 外协加工询价、比价管理 外协加工合同管理 外协加工到货管理 外协加工质检管理 外协加工入库管理 外协加工到货查询 外协申请执行情况查询 | 供应商评价 型号物资使用情况 | 资产管理 车间MES |
| GSP开发平台 | | | | | | |

（左侧纵向标注：AVPLAN；院本部；AVPLAN；厂所）

图7-12　物资管理系统功能架构

5）外协管理。外协管理实现了对工装外协、整件外协、工序外协件加工过程的全过程管理，可以准确、及时地反映外协件的加工状况，并对外协加工件与质量管理进行无缝集成，进一步加强了外协件的质量把控。

6）数据上报。依据集团对数据上报的要求，从物资系统中实时地抽取业务数据，以规定的格式上报给集团，进一步提高了数据上报的及时性、准确性、高效性。数据上报主要包括供应商评价、型号物资使用情况等。

（4）质量管理

航天四院的质量管理从质量管理和监控方面提供全面的业务支持。通过预设检验标准的执行，可随时查询采购的原料、库存物资、生产过程中零部件的检验记录。可对原材料、在制品、产成品进行质量跟踪。支撑质量问题的及时报告、规范传递、闭环管理、充分共享，为航天四院建立了一个上下同构、一体化的型号质量问题信息服务平台。通过优化流程，疏通信息传递的渠道，改进质量问题信息的闭环管理技术手段，将质量问题的发生、归零措施落实、质量问题的反馈形成一个完整的工作流程，提升质量问题信息管理能力。根据航天四院管理的特点，全面部署材料入厂检验、生产过程检验等各质量控制环节的管理职能，实现检验过程规范化、标准化。通过质量检验信息的关联查询，实现产品、型号的全过程质量追溯；并通过质量信息的统计分析，帮助发现质量形成过程中的管理薄弱环节，为管理持续改进提供信息支持。

质量管理系统功能架构如图 7-13 所示，主要包括质量体系、质量检验、质量过程控制、产品知识库、质量分析五个部分。

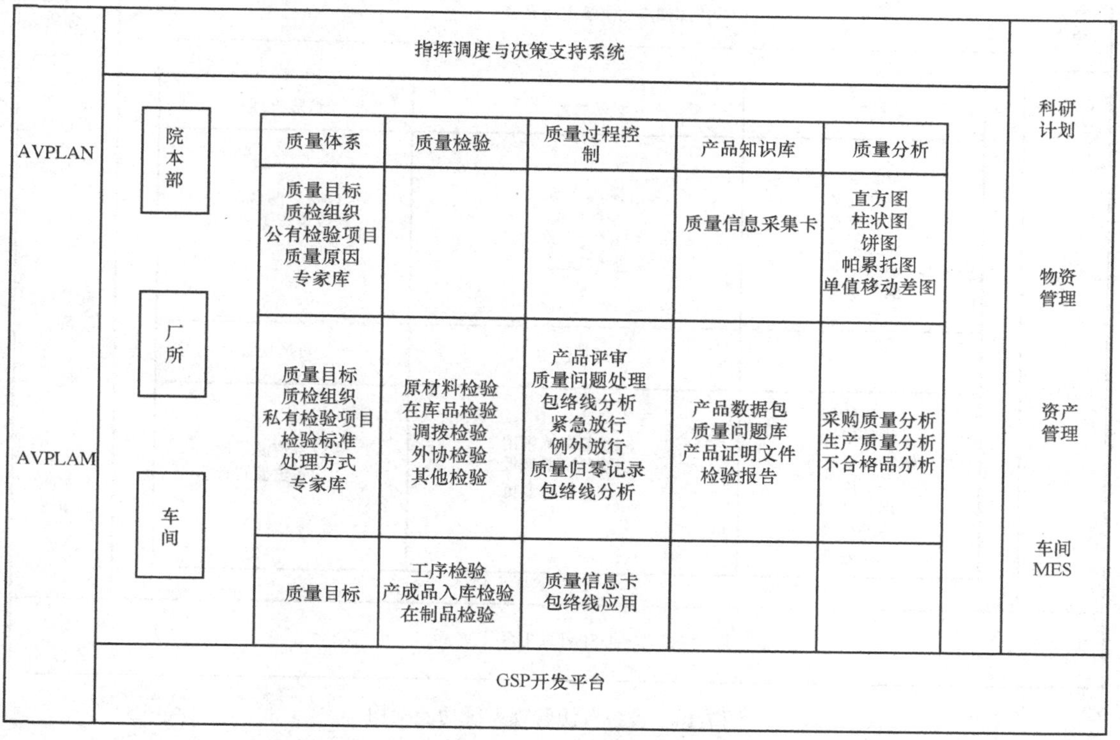

| 指挥调度与决策支持系统 | | | | | | |
|---|---|---|---|---|---|---|
| AVPLAN | 院本部 | 质量体系 | 质量检验 | 质量过程控制 | 产品知识库 | 质量分析 |
| | | 质量目标<br>质检组织<br>公有检验项目<br>质量原因<br>专家库 | | | 质量信息采集卡 | 直方图<br>柱状图<br>饼图<br>帕累托图<br>单值移动差图 |
| AVPLAM | 厂所 | 质量目标<br>质检组织<br>私有检验项目<br>检验标准<br>处理方式<br>专家库 | 原材料检验<br>在库品检验<br>调拨检验<br>外协检验<br>其他检验 | 产品评审<br>质量问题处理<br>包络线分析<br>紧急放行<br>例外放行<br>质量归零记录<br>包络线分析 | 产品数据包<br>质量问题库<br>产品证明文件<br>检验报告 | 采购质量分析<br>生产质量分析<br>不合格品分析 |
| | 车间 | 质量目标 | 工序检验<br>产成品入库检验<br>在制品检验 | 质量信息卡<br>包络线应用 | | |
| GSP开发平台 | | | | | | |

（右侧栏：科研计划　物资管理　资产管理　车间MES）

图 7-13　质量管理系统功能架构

1）质量体系。质量体系主要实现质量模块基础数据的定义，质量目标的定义，检验标准的定义、下发等。

2）质量检验。质量检验主要对外购件、外协件、厂所间调拨件依据检验标准进行质量过程检验，达到检验过程的精细化管理。

3）质量过程控制。质量过程控制主要实现质量问题的处理，产品包络线分析、产品出厂前的质量评审以及生产过程中的其他处理、原材料的紧急放行和零部件的例外放行等。

4）产品知识库。产品知识库主要实现产品数据包的数据整合，重大产品问题的案例收集以及按照各厂所要求设置的打印格式模板。

5）质量分析。质量分析主要实现以日常检验数据为基础，对原辅料、在制品、零部件、产成品以及在库物资进行多角度、全方位的数据分析。

（5）设备资源管理

设备资源管理系统实现对设备资源从采购、安装调试、入账、日常管理到处置报废的全生命周期的管理，同时明确管理流程，建立完整详细的设备资源台账，并且通过与其他系统的数据交换，提高设备资源的运行可靠性与使用价值，有效地配置设备资源，使设备资源物尽其用、安全运行。

设备资源管理系统功能架构如图 7-14 所示，包括基础设置、采购管理、台账管理、运行维护、日常使用、资产处置等功能。

 **智能制造概论**

1）设备资源的验收管理。设备资源验收管理指的是，新购置的设备需要由设备管理部门完成开箱验收、安装调试后结合财务发票入账。

| 外部系统 | 指挥调度与决策支持系统 | | | 内部系统 |
|---|---|---|---|---|
| | 基础设置 | 采购管理 | 台账管理 | 科研计划 |
| DNC | 组织定义<br>类别定义<br>属性定义<br>部门定义<br>资源定义<br>部位定义 | 采购计划<br>采购申请<br>开箱验收<br>安装调试 | 设备资源台账<br>设备资源树 | |
| | 运行维护 | 日常使用 | 资产处置 | 物资管理 |
| TDM | 维修计划<br>维修申请<br>维修反馈处理<br>运行记录<br>保养计划<br>保养记录<br>点检管理 | 设备资源领用<br>设备资源调拨<br>设备资源变更 | 设备资源报废<br>设备资源封存 | 车间MES |
| | GSP开发平台 | | | |

图7-14　设备资源管理系统功能架构

2）设备资源的台账管理。设备资源台账建立完整的设备资源卡片档案，详细的设备资源台账可以将一本台账划分为院级、厂所级、车间级、个人级不同级管理层次，实现同一设备资源的不同使用者权限管理。

3）设备资源的运行维护管理。设备资源根据管理部门制订的维修计划发起维修申请，并由管理部门制作维修工单反馈结果，同时车间也将参照管理部门制订的设备资源的保养计划完成保养记录，特种设备和计量器具根据定期检验标准，生成定期检验计划，根据检验计划把设备、计量送检验部门检验，并记录检验结果。

4）设备资源的日常使用管理。设备资源的日常使用管理主要对设备资源生命周期过程中期的日常使用情况进行管理，包括设备资源领用、设备资源变更、设备资源盘点、设备资源调拨等业务。

5）设备资源的资产处置管理。通过系统及时发起设备资源处置报废，对过程进行监督，报废后同步台账情况，实时更新台账。

（6）车间MES管理

车间MES定位于车间级管理应用，以生产任务为主线，以工艺的实施和执行为核心，通过结构化工艺数据的分解和运用，实现生产过程控制精细化，实时在线监控生产现场的作业情况和质量情况，真正实现工艺指导生产、工艺控制质量。

车间MES管理系统功能架构如图7-15所示，车间MES管理主要包括结构化工艺管理、车间计划、生产调度管理、现场作业模块、现场质量管理、数据采集管理、在制品管理以及车间看板管理等功能。

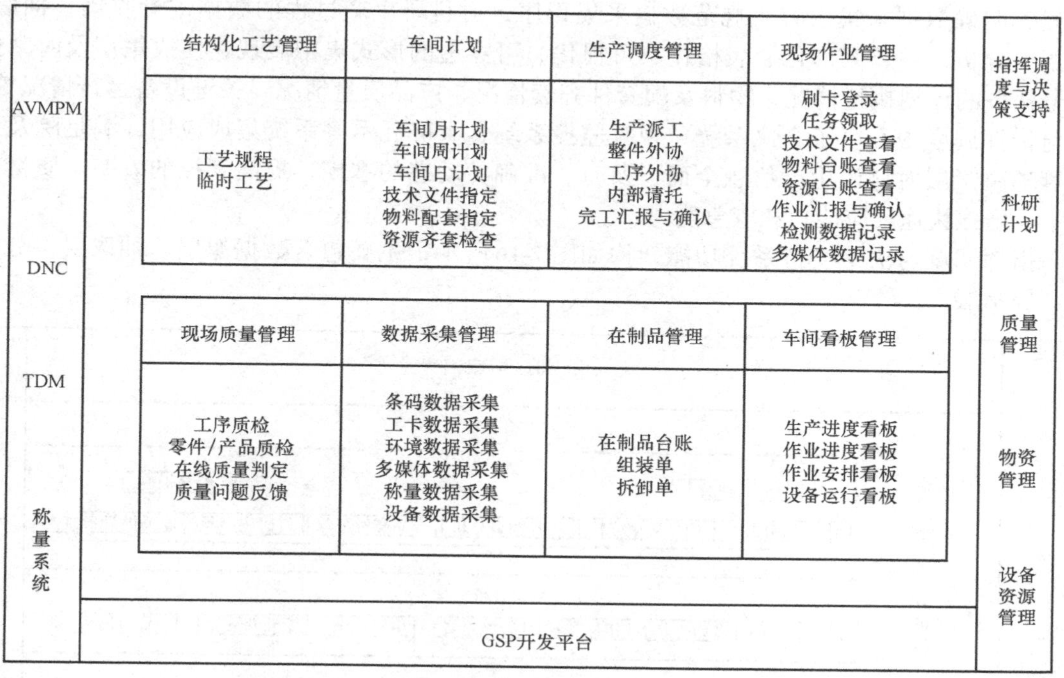

图 7-15　车间 MES 管理系统功能架构

1）结构化工艺管理。结构化工艺管理主要实现型号工艺规程和临时工艺的结构化数据的分解、编制、审核和下发管理。

2）车间计划。车间计划主要实现车间作业计划的排程、进度跟踪以及计划的技术文件和物料配套指定以及资源齐套检查。

3）生产调度管理。生产调度管理主要包括生产派工、整件/工序外协、内部请托以及完工汇报与确认。

4）现场作业管理。现场作业管理包括刷卡登录、任务领取、技术条件查看、物料台账查看、资源台账查看、作业汇报与确认、检测数据记录、多媒体数据记录等功能。

5）现场质量管理。现场质量管理包括工序质检、零件/产品质检、在线质量判定、质量问题反馈。

6）数据采集管理。数据采集管理包括条码数据采集、工卡数据采集、环境数据采集、多媒体数据采集、称量数据采集、设备数据采集。

7）在制品管理。在制品管理包括在制品台账定义和完工台账信息，以及在制品的组装拆卸管理。

8）车间看板管理。车间看板管理包括生产进度看板、作业进度看板、作业安排看板、设备运行看板。

同时车间 MES 管理内部和指挥调度与决策支持、科研计划、质量管理、物资管理、设备资源管理形成一体化应用，外部和神软 AVIDM 系统及 AVMPM 系统集成，实现从产品设计、生产规划、制造执行到质量保证等各环节全周期的有效管理。

（7）指挥调度与决策支持

指挥调度与决策支持系统面向院及厂所管理决策层，通过系统的搭建，优化数据采集流程、明确数据采集内容、规范数据采集程序，对科研生产过程的数据进行收集、抽取、挖掘、分析，并以图形化、表格化、可视化、可穿透的形式集中展现，使决策层及时掌握型号任务的计划执行情况、物料及配套件齐套情况、产品质量情况、关键设备运行情况等，并与指挥调度中心电子会议系统、视频监控系统、大屏展示等系统集成应用，满足院及厂所管理决策层对科研生产信息全面、及时、准确、动态的掌控，提高管控的效率、质量和水平，增强快速反应能力和应急能力。

指挥调度与决策支持系统功能架构如图 7-16 所示，主要包含数据源层、抽取层、分析层、展示层。

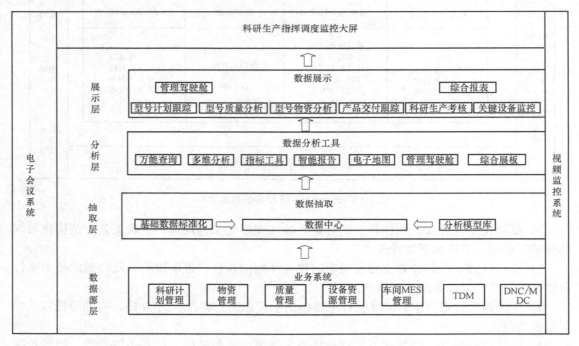

图 7-16　指挥调度与决策支持系统功能架构

1）数据源层。指挥调度与决策支持系统分析的数据一部分来源于科研生产管理系统中的科研计划管理子系统、物资管理子系统、质量管理子系统、设备资源管理子系统、车间MES 管理子系统，另一部分来源于 TDM、DNC/MDC 等异构系统。

2）抽取层。数据抽取层基于基础数据标准化及分析模型库对数据源层业务系统数据进行抽取，形成业务数据中心，为科研生产数据的分析提供数据支撑。

3）分析层。数据分析层应用 BI 开发工具，包括万能查询、多维分析、指标工具、智能报告、电子地图、管理驾驶舱、综合展板等，针对不同的场景对科研生产过程的数据进行分析。

4）展示层。数据展示层通过直观图表形式，分主题展示科研生产过程的数据，分析统计结果，包括型号计划跟踪、型号质量分析、型号物资分析、产品交付跟踪、科研生产考核、关键设备监控、管理驾驶舱、综合报表等内容，为院及厂所管理决策层提供数据支撑。

## 7.4.6　实施效果

项目实施效果

（1）消除"信息孤岛"，建立院级集中管控平台，打造院、厂所、车间三级一体化智能科研生产管理平台

通过一体化信息管理平台打破各业务单位或部门之间的信息壁垒，航天四院科研生产管理从以往手工管理或单系统局部应用转变到院级整体优化应用，实现内部信息的互联互通与共享管理，消除"信息孤岛"，实现更大范围内的信息共享和资源配置优化，提升科研生产的工作效率，实现院与各厂所，厂所与车间的计划协同、生产协同、生产过程可视化，提升院对下属厂所，厂所对下属车间的服务支持和监控。

智能化科研生产管理平台实现基于模型、计划、执行和控制信息的数字化集中共享，打通 EBOM/PBOM 和 MBOM 数据信息链路，有机地贯通设计、工艺、生产计划、生产制造各环节，实现产品协同研制生产，使人、财、物、购、存、产、销等各个方面的资源能够得到合理的配置与利用，提升生产制造精细化、智能化管理能力与产品快速交付能力。

航天四院智能化科研生产管理平台分为四个层次，分别为决策层、管理层、执行层和设备控制层，其平台架构如图 7-17 所示。

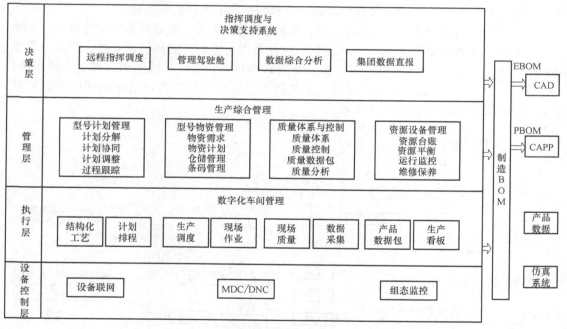

图 7-17　平台架构

决策层主要为指挥调度与决策支持系统，包括远程指挥调度、管理驾驶舱、数据综合分析和集团数据直报，通过对院及厂所的科研生产业务数据实时采集和分析，方便院领导实时掌控全院科研生产动态和科学决策。

管理层主要为生产综合管理，实现院和厂所各职能部门之间科研生产业务协同管理，包括型号计划管理、型号物资管理、质量体系与控制以及资源设备管理等功能。

执行层主要为数字化车间管理，实现车间加工、装配、试验等业务的执行跟踪和过程控制与管理。

设备控制层主要实现车间设备联网以及设备数据采集与监控，包括MDC/DNC及组态监控等系统。

平台通过与CAPP、PDM、仿真设计等系统集成，实现数据的互联互通，为科研生产管理精细化及生产过程智能化提供数据支撑。

（2）结合互联网+、大数据思维，实现科研生产核心业务集成及数据互联共享，以数据驱动生产制造智能化

制造过程数据的标准化、规范化、结构化是智能化制造的基础和关键路径，有利于数据的统计分析以及同构异构系统之间的数据流转与数据共享，为实现业务协同与数据挖掘分析奠定基础。

在航天四院智能科研生产管理平台实施的过程中，制定了原材料、在制品、设备仪器、工装夹具、工具量具等制造资源的编码规范，使全院在生产制造过程中统一语言。另外，BOM、工艺数据的结构化是实现生产制造数字化管理的关键，真正实现 "工艺指导生产，工艺控制质量" 的目标。

基于以上标准语言的统一及 BOM、工艺的结构化管理，通过 ERP、MES 与 PDM、CAPP 系统的一体化集成，打通设计、工艺、制造三级 BOM、车间流转及制造过程的两级工艺，实现院、厂所、车间三级计划联动，以数据驱动生产制造智能化。

（3）全业务协同作业、全过程可追溯、全流程管理与监控，推动管理模式的转型与升级

智能化科研生产管理平台，以产品生产过程管理为核心，实现信息互联、互通、集成、协同，以生产过程中的人、机、料、法、环为管理对象，实现协同生产，对生产过程中安全、质量、产品、人员、物资、设备、工艺技术、生产过程等各环节全周期的有效管理。生产协同制造过程示意如图7-18所示。

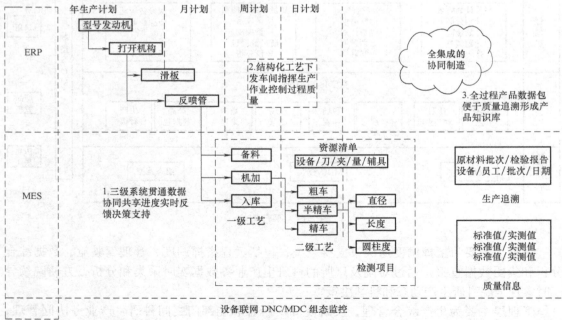

图 7-18　生产协同制造示意图

通过智能化科研生产管理平台的建设，航天四院纵向打通院、厂所、车间三级计划管控，通过科研生产任务的逐级、自动分解，上下关联、实时反馈，形成全院科研生产"一本"计划；横向打通工艺技术准备、物资供应、设备资源配置、质量过程管控、零部件配套等协同作业。

通过计划、生产、工艺、物资供应、资源配套、质量管控等在同一平台下协同作业，实现从生产计划、结构化工艺、车间现场管理到完工入库，从物资需求获取、资源配套到采购过程、库存发放、付款报销等业务的全过程管理。实现生产进度、采购、生产质量检验业务全过程、全流程的监控管理（进度监控），推动管理模式的转型与升级。

（4）设备互联互通、数据自动采集、现场无纸化作业，打造数字化车间，开启智能工厂

智能是互联网+生产制造企业的又一关键特性，航天四院基于浪潮公司车间 MES，采用物联网技术，对生产设备进行改造、互连，与 DNC、MDC 系统进行集成，使现场管理与 ERP、MES 紧密结合，使生产计划自动下达到车间，实现现场无纸化作业及所有作业环节信息的自动采集与自动现场控制，开启智能工厂。

1）生产计划合理优化。根据企业资源状态，现有任务进度将插入订单快速纳入滚动排产。采用面向离散企业的高级调度算法，进行资源负荷均衡，形成优化合理的生产作业计划。

2）生产进度实时可控。采用条码、刷卡器、触摸屏终端、DNC 等多种方式实时采集现场生产数据，提供多种图表形式的监控看板，确保重要的生产数据随时可视、易用。

3）质量过程完备追溯。根据质量过程控制的特点，定义质量管理要素，实现生产过程关键要素的全面记录以及完备地追溯质量过程，自动形成产品电子质量数据包。

4）技术文件可视下厂。与技术、工艺信息浑然一体集成，使得技术文件可以在第一时间发布到制造现场。制造人员能够依据权限查阅全三维模型、仿真，获得更逼真、更全面的技术指导信息。

5）设备互连数据采集自动化。车间设备进行联网，通过 DNC、MDC 及条码、传感器、智能工卡对设备及生产过程数据自动采集，提高生产自动化水平。数字化车间设备连接与数据采集方式如图 7-19 所示。

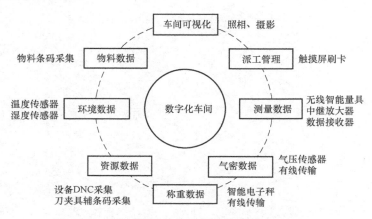

图 7-19　数字化车间设备连接与数据采集方式

6）领导决策有理有据。月报、日报、周报等多种生产报表点击即成，为领导的量化管理提供最大的决策支持，有理有据地分析历史、改进未来。

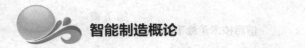 

（5）建立远程指挥调度中心，实时监控生产进度，运用大数据技术进行数据分析、辅助领导决策

通过智能化科研生产管理平台与视频监控系统的集成，在院、厂所、车间建立具有管理驾驶舱特点的信息化集控与远程指挥调度中心，通过远程视频可以直接地观看车间现场生产及设备运行情况；通过对生产过程数据的采集及大数据分析技术，使院、厂所等各级领导在指挥调度大厅或办公室就能直观、精细、实时地了解型号任务进度与现场实况、产品质量情况、关键设备使用情况、业务异常预警等信息，充分发挥系统平台对决策管理层的决策支持作用，打造指挥管理数字化、生产排产智能化、车间现场看板化、数据采集自动化、质量管理透明化、物料管理精细化，实现物联网+条件下管理模式的升级。

# 参 考 文 献

[1] 葛英飞. 智能制造技术基础 [M]. 北京：机械工业出版社，2019.

[2] 范君艳，樊江玲. 智能制造技术概论 [M]. 武汉：华中科技大学出版社，2019.

[3] 杨文玉，尹周平，孙容磊，等. 数字制造基础 [M]. 北京：北京理工大学出版社，2005.

[4] 杨平，廖宁波，丁建宁，等. 数字化设计制造技术概论 [M]. 北京：国防工业出版社，2005.

[5] 苏春. 数字化设计与制造 [M]. 北京：机械工业出版社，2010.

[6] 杨海成. 数字化设计制造技术基础 [M]. 西安：西北工业大学出版社，2007.

[7] 王玉新. 数字化设计 [M]. 北京：机械工业出版社，2003.

[8] 杨占尧，赵敬云. 增材制造与3D打印技术及应用 [M]. 北京：清华大学出版社，2017.

[9] 戴凤智，乔栋. 工业机器人技术基础及其应用 [M]. 北京：机械工业出版社，2020.

[10] 刘志东. 工业机器人技术与应用 [M]. 西安：西安电子科技大学出版社，2019.

[11] 韩建海. 工业机器人 [M]. 4版. 武汉：华中科技大学出版社，2019.

[12] 刘小波. 工业机器人技术基础 [M]. 北京：机械工业出版社，2019.

[13] 朱洪前. 工业机器人技术 [M]. 北京：机械工业出版社，2019.

[14] 侯守军，金陵芳. 工业机器人技术基础 [M]. 北京：机械工业出版社，2018.

[15] 李俊文，钟奇. 工业机器人基础 [M]. 广州：华南理工大学出版社，2016.

[16] 德州学院，青岛英谷教育科技股份有限公司. 智能制造导论 [M]. 西安：西安电子科技大学出版社，2016.

[17] 祝林，陈德航. 智能制造概论 [M]. 成都：西南交通大学出版社，2019.

[18] 范君艳，樊江铃. 智能制造技术概论 [M]. 武汉：华中科技大学出版社，2020.

[19] 王隆太. 先进制造技术 [M]. 北京：机械工业出版社，2019.

[20] 陈明，梁乃明. 智能制造之路——数字化工厂 [M]. 北京：机械工业出版社，2020.

[21] 孙延明，赖朝安. 现代制造信息系统 [M]. 北京：机械工业出版社，2005.

[22] 魏毅寅，柴旭东. 工业互联网技术与实践 [M]. 北京：电子工业出版社，2017.

[23] LEE J 工业大数据 [M]. 邱伯华，译. 北京：机械工业出版社，2015.

[24] 康世龙，杜中一，雷咏梅，等. 工业物联网研究概述 [J]. 物联网技术，2013（6）：80-82.

[25] 周倩文，张隽. 数据中心：数字化时代的"幕后英雄" [N]. 人民日报，2020-08-03（19）.

[26] 许子明，田杨锋. 云计算的发展历史及其应用 [J]. 信息记录材料，2018，19（8）：66-67.

[27] 罗晓慧. 浅谈云计算的发展 [J]. 电子世界，2019（8）：104-104.

[28] 陈韦凯. 智能制造系统解决方案案例集 [M]. 北京：电子工业出版社，2019.

[29] 郭戈，颜旭涛，唐果林. 快速原型技术 [M]. 北京：化学工业出版社，2005.

[30] 王秀峰，罗宏杰. 快速原型制造技术 [M]. 北京：中国轻工业出版社，2001.

[31] 许智钦，孙长库. 3D逆向工程技术 [M]. 北京：中国计量出版社，2002.

[32] 郭戈，颜旭涛，唐果林. 快速原型技术 [M]. 北京：化学工业出版社，2005.

[33] 王秀峰，罗宏杰. 快速原型制造技术 [M]. 北京：中国轻工业出版社，2001.

[34] 刘伟军，孙玉文. 逆向工程原理、方法与应用 [M]. 北京：机械工业出版，2009.

[35] 王庆明. 先进制造技术导论 [M]. 上海：华东理工大学出版社，2007.

[36] 赵汝嘉. 先进制造系统导论 [M]. 北京：机械工业出版社，2003.

[37] 张继焦，吕江辉. 数字化管理 [M]. 北京：中国物价出版社，2001.

[38] 邓超. 产品数据管理（PDM）指南 [M]. 北京：中国经济出版社，2007.

[39] 李彦熹，王建宏. 数字化、智能化，助推高质高效发展——2020航空航天先进制造技术在线论坛成功举办 [J]. 金属加工（冷加工），2020（7）：23-26.

[40] 关金华. 以逆向工程技术为基础的工业产品数字化设计和制造 [J]. 海峡科技与产业，2020（4）：29-31.

[41] 孙骞. 机械设计制造技术与数字化智能化发展分析 [J]. 湖北农机化，2019（23）：25.

[42] 郑媛，于梅. 数字化制造技术在汽车行业的应用研究 [J]. 汽车文摘，2019（8）：1-5.

[43] 黄国光. 3D打印——数字化制造技术 [J]. 丝网印刷，2013（5）：32-38.

[44] 吕琳. 数字化制造技术国内外发展研究现状 [J]. 现代零部件，2009（3）：76-79.

[45] 张伯鹏. 数字化制造是先进制造技术的核心技术 [J]. 制造业自动化，2000（2）：1-5，9.

[46] 尧永春. 虚拟制造技术在汽车装配工艺中的应用 [J]. 汽车实用技术，2020（6）：155-157.

[47] 曹起川. 虚拟制造技术发展策略及应用 [J]. 湖北农机化，2020（4）：29.

[48] 陶东娅. 农机设计中虚拟制造技术的应用 [J]. 农业工程，2019，9（11）：43-45.

[49] 关彦齐，王芳芳. 浅析3D打印的现状与前景 [J]. 科学技术创新，2020（18）：78-79.

[50] 王硕，宋胜利. 增材制造技术及其应用现状分析 [J]. 科学技术创新，2020（17）：170-171.

[51] 王雪，吴标. 基于PLM系统的产品模块化设计应用 [J]. 现代制造技术与装备，2020（6）：210-213.

[52] 胡鑫. 基于产品生命周期管理的协同研发平台 [J]. 机械制造，2020，58（5）：11-13，34.

[53] 高志华，刘旸，潘春生，等. 基于逆向工程的工业产品数字化设计与数控加工应用研究 [J]. 新技术新工艺，2019（6）：33-36.

[54] 乔良，李妍江，吕许慧. 基于PDM系统的汽车数字化设计理念的研究 [C]// 河南省汽车工程学会. 第十五届河南省汽车工程科技学术研讨会论文集. 2018：84-86.

[55] 王明武. 对产品档案数字化管理的探究 [J]. 中外企业家，2018（27）：95.

[56] 张容磊. 智能制造装备产业概述 [J]. 智能制造，2020（7）：15-17.

[57] 周宽忠. 工业机器人的技术发展与智能焊接应用 [J]. 数字技术与应用，2020，38（6）：1-2.

[58] 闫珊，姚立波，杨志晖. 基于智能相机的工业机器人引导与抓取 [J]. 常州信息职业技术学院学报，2020，19（3）：43-46.

[59] 孙红英. 工业机器人在智能制造中的应用研究 [J]. 电子测试，2020（12）：129-130.

[60] 常浩，顾振超，窦岩，等. 智能工业搬运机器人的设计与研究 [J]. 科技创新导报，2020，17（15）：69-71.

[61] 刘心. 智能控制技术在工业机器人控制领域中的应用 [J]. 科技创新与应用，2020（15）：177-178.

[62] 焦波. 智能制造装备的发展现状与趋势 [J]. 内燃机与配件，2020（9）：214-215.

[63] 刘毅龙. 工业机器人在智能制造中的运用 [J]. 湖北农机化，2020（9）：67-68.

[64] 郭和伟. 工业机器人技术的发展与应用研究 [J]. 造纸装备及材料，2020，49（2）：78.

[65] 梁耀光，黄珊珊. 工业机器人智能制造的探索 [J]. 南方农机，2020，51（6）：9.

[66] 徐浩. 我国智能制造装备产业发展问题研究 [J]. 计算机产品与流通，2019（9）：89-90.

[67] 王丽春. 特种加工技术的应用及优势 [J]. 科学技术创新，2019（18）：173-174.

[68] 刘泽祥，张斌. 微小深孔加工综述 [J]. 新技术新工艺，2019（1）：1-10.

[69] 许敏. 我国智能制造技术发展现状及展望 [J]. 科技创新与应用，2018（27）：146-147.

[70] 何成奎，郎朋飞，康敏. 我国智能制造的发展展望 [J]. 机床与液压，2018，46（16）：126-129.

[71] 施智德. 我国智能装备制造发展概况和展望 [J]. 山东工业技术，2018（14）：70.

[72] 高刚. 智能CAPP中的决策技术研究 [D]. 秦皇岛：燕山大学，2018.

[73] 黄鑫茂，陈大伟. 基于CAPP技术的智能工艺设计模型 [J]. 电子技术与软件工程，2017（10）：89.

[74] 周杨. 轴类零件的智能化CAPP系统设计及研究 [D]. 上海：上海工程技术大学，2015.

[75] 王凯. 基于智能化技术的CAPP系统的研究与开发 [D]. 西安：西安建筑科技大学，2011.

[76] 王军. 智能集成CAD/CAPP系统关键技术研究 [D]. 秦皇岛：燕山大学，2010.

[77] 孟庆智. 智能CAPP系统关键技术研究 [D]. 秦皇岛：燕山大学，2010.

[78] 马安. 基于知识的协同CAPP系统若干关键技术研究 [D]. 南京：南京航空航天大学，2007.